Zu diesem Buch

Dieses Skriptum beschreibt den Transistor im praktischen Einsatz als analoger Verstärker.

Beim Leser werden die im ersten Band dargelegten Transistorgrundlagen und mathematische Grundkenntnisse, die elementaren Grundlagen über Gleich- und Wechselstrom sowie der Stoff des zweiten Bandes vorausgesetzt.

Aufgrund der sehr ausführlichen Darstellung eignet es sich besonders zum Selbststudium.

Durch die zahlreichen Beispiele, denen stets Daten, Diagramme und Kennlinien der Industrie zugrunde liegen, wird der Leser mit den Anwendungen des behandelten Stoffes vertraut gemacht. Viele dieser Beispiele führen zu vollständig dimensionierten charakteristischen Verstärkerschaltungen.

Dieses Buch wendet sich an die Studierenden der Elektrotechnik, Regelungstechnik und Physik an Fachhochschulen und Technischen Universitäten sowie an alle Interessenten, die eine breite, praxisnahe Darstellung der Grundlagen bevorzugen.

Transistorverstärker

3 Schaltungstechnik Teil 2

Von Dr.-Ing. H.-D. Kirschbaum

Professor an der Fachhochschule
Rheinland-Pfalz Abteilung Koblenz

3., überarbeitete Auflage
Mit 91 Bildern, 32 Beispielen
und 2 Tabellen

Springer Fachmedien Wiesbaden GmbH 1992

Dr.-Ing. Hans-Dieter Kirschbaum

1936 geboren in Kehl a.Rh. Studium der Elektrotechnik (Studien-
richtung Nachrichtentechnik) an der Technischen Hochschule
Karlsruhe. 1963 Dipl.-Ing. 1963 bis 1970 Wissenschaftlicher
Assistent am Institut für Hochfrequenztechnik und Hochfrequenz-
physik der Technischen Hochschule Karlsruhe. SS 66 und WS 66/67
Lehrbeauftragter für Grundlagen der Elektrotechnik an der Staatlichen Ingenieurschule in Karlsruhe. 1970 Promotion. 1970 Dozent
für Hochfrequenztechnik an der Staatlichen Ingenieurschule Koblenz
mit nachfolgender Berufung zum Professor (1972). Von 1983 bis 1991
Rektor der Fachhochschule in Koblenz.

Die Deutsche Bibliothek - CIP-Einheitsaufnahme

Kirschbaum, Hans-Dieter:
Transistorverstärker / von H.-D. Kirschbaum.

3. Schaltungstechnik. - Teil 2 : mit 32 Beispielen und 2
Tabellen. - 3., überarb. Aufl. - 1992
  (Teubner-Studienskripten ; 76 : Elektrotechnik)
  ISBN 978-3-519-20076-5   ISBN 978-3-663-12409-2 (eBook)
  DOI 10.1007/978-3-663-12409-2

NE: GT

© Springer Fachmedien Wiesbaden 1992

Ursprünglich erschienen bei B.G. Teubner Stuttgart 1992

Gesamtherstellung: Druckhaus Beltz, Hemsbach/Bergstraße
Umschlaggestaltung: W. Koch, Sindelfingen

Vorwort zur 3.Auflage

Dieser dritte Band schließt sich als Ergänzungsteil unmittelbar an den zweiten Band an. Daher wurde - außer bei den Seitenzahlen - die Numerierung der Abschnitte, Bilder, Gleichungen, Beispiele und Tabellen nicht neu begonnen.

In mathematisch einfacher, aber exakter Form wird die in den ersten beiden Bänden begonnene Vermittlung der unverzichtbaren Grundkenntnisse über Transistoren fortgesetzt, die für das Verständnis und die Berechnung analoger Verstärker erforderlich sind.

Einerseits bleibt aufgrund des stark wachsenden und kurzen Innovationszyklen unterworfenen Stoffgebietes der Elektrotechnik in den Vorlesungen oft zu wenig Zeit, um noch ausführlich auf die diskrete Schaltungstechnik eingehen zu können. Andererseits ermöglicht aber nur das Basiswissen über die mit Einzelbauelementen aufgebauten analogen Verstärkerschaltungen den verständnismäßigen Zugang zu den hochkomplizierten, monolithisch integrierten Schaltungen (IC). Die gründliche Darstellung in drei Bänden gibt hier eine Hilfestellung, weil sie besonders gut zur autodidaktischen Erarbeitung des Grundlagenstoffes geeignet ist.

Die Abhandlung beginnt mit der Darstellung, daß in einer Verstärkerschaltung eine Selbsterregung auftreten kann. Anhand exemplarisch ausgewählter Neutralisationsschaltungen wird gezeigt, wie ein absolut stabiler Verstärker aufzubauen ist. Der sich anschließende Teil vermittelt ausführlich die grundlegenden Beziehungen eines Parallelresonanzkreises. Darauf aufbauend werden selektive Verstärker behandelt. In die Selektion wird zunächst mit einem Parallelresonanzkreis eingeführt und über den mehrstufigen Verstärker mit n Parallelresonanzkreisen bis n Bandfilter weiterentwickelt. Ein kurzer Abschnitt erklärt die Grundlagen der automatischen Verstärkungsregelung. Dem Leistungsverstärker ist ein größeres Kapitel gewidmet. Es zeigt, wie man durch relativ einfache Betrachtungen im Kennlinienfeld des Transistors zu brauchbaren Dimensionierungsanweisungen kommt. Das 6. Kapitel erweitert den im zweiten Band für bipolare Transistoren behandelten Stoff auch auf Feldeffekttransistoren: Ersatzschaltbilder, Vierpolparameter, Grundschaltungen, Gegenkopplung, Neutralisation. Das letzte Kapitel bietet eine Einführung in das wichtige Thema des Rauschens anhand einfacher mathematischer Zusammenhänge ohne die Heranziehung der Wahrscheinlichkeitsrechnung und der Statistik.

Durch die Erstellung des Manuskriptes im Computersatz wurde die Lesbarkeit des Skriptums wesentlich verbessert.

Dem Verlag B.G.Teubner danke ich für die gute Zusammenarbeit.

Besonderen Dank schulde ich meiner Frau für ihren Einsatz bei der Textverarbeitung und meinem Sohn Andreas für den Fleiß und die Sorgfalt bei der Satzerstellung mit dem Computer.

Koblenz, im Januar 1992   H.-D.Kirschbaum

4.8 Stabilitätsbedingung für Transistorverstärker

Durch die innere Rückkopplung, [2] Abschn.4.2.2, ist der Transistor
nicht rückwirkungsfrei. Aufgrund dieser Tatsache ist z.B. die Eingangsadmittanz $Y_1 = G_1 + jB_1$ des Transistors abhängig von der am
Transistorausgang angeschlossenen Lastadmittanz $Y_{lw} = G_{lw} + jB_{lw}$, [2]
Gl.(76). Diese Abhängigkeit kann unter bestimmten Bedingungen sogar dazu führen, daß der Realteil G_1 der Betriebs-Eingangsadmittanz
Y_1 negative Werte annimmt. Für den, der zum ersten Mal mit diesem Problem konfrontiert wird, klingt diese Behauptung unglaubhaft.
Um diesbezügliche Zweifel auszuräumen, kann man folgendes Beispiel
durchrechnen:

Beispiel 59:

Für den Transistor, dessen y-Parameter in [2] Bild 17 gegeben sind,
ist der Realteil G_1 seiner Eingangsadmittanz zu berechnen, wenn sein
Ausgang mit der induktiven Admittanz $Y_{lw} = 120\mu S - j260\mu S$ abgeschlossen und bei der Betriebsfrequenz $f = 450kHz$ der Arbeitspunkt
$I_C = 3mA$, $U_{CE} = 10V$ eingestellt ist.

Lösung:

Aus [2] Bild 17 wird abgelesen:

$$y_{11e} = 0,8mS + j0,11mS \qquad y_{12e} = 2,8\mu Se^{-j90°}$$
$$y_{21e} = 95,5mSe^{j0°} \qquad y_{22e} = 10,9\mu S + j5\mu S$$

Setzt man diese komplexen Parameter und die gegebene Last Y_{lw} in
[2] Gl.(76) ein, so ergibt sich als Realteil der Eingangsadmittanz der
negative Wert $G_1 \approx -30\mu S$.

Bei einem negativen Realteil G_1 der Eingangsadmittanz Y_1 besteht die
Gefahr einer unerwünschten Selbsterregung der Verstärkerstufe (wildes
Schwingen). Ist z.B. am Transistoreingang ein Parallelresonanzkreis
mit dem Resonanzleitwert G angeschlossen, so wird dieser Kreis durch
den negativen Realteil G_1 entdämpft und zu Schwingungen angeregt,
wenn das Größenverhältnis $G < |G_1|$ vorliegt.

Eine Verstärkerschaltung die schwingt, bezeichnet man als *instabil.* Da
ein Transistorverstärker mit $G_1 < 0$ nicht notwendigerweise instabil sein

muß (in dem oben angeführten Parallelresonanzkreis treten z.B. keine Schwingungen auf, wenn $|G_1| < G$ ist), bezeichnet man ihn als *bedingt stabil* bzw. auch *bedingt instabil*, weil eine Instabilität möglich ist.

Im folgenden soll untersucht werden, unter welchen Bedingungen der Realteil G_1 der Eingangsadmittanz negative Werte annimmt und dadurch der Verstärker instabil werden kann.

Hierzu berechnen wir zunächst einmal die Beziehung, die erfüllt sein muß, damit der Realteil G_1 Null wird. Daraus läßt sich dann leicht die Bedingung ableiten, für die ein negativer Realteil G_1 auftritt, d.h. $G_1 < 0$ ist.

Der Realteil G_1 kann nach [2] Gl.(76) durch die komplexen y-Parameter des Transistors und durch die Lastadmittanz Y_{lw} ausgedrückt werden. Hierzu ersetzen wir zunächst in [2] Gl.(76) alle vier y-Parameter und die Last Y_{lw} jeweils durch ihre arithmetische Form, [2] Gl.(63) und [2] Gl.(73). Im Zähler des Bruches aus [2] Gl.(76) steht die komplexe Größe $y_{12}y_{21} = Re(y_{12}y_{21}) + jIm(y_{12}y_{21})$, wobei

$$g_{12}g_{21} - b_{12}b_{21} = Re(y_{12}y_{21}) \tag{335}$$

$$g_{12}b_{21} + g_{21}b_{12} = Im(y_{12}y_{21}) \tag{336}$$

gilt. Multipliziert man diesen Bruch im Zähler und Nenner mit dem konjugiert komplexen Nenner $(g_{22} + G_{lw}) - j(b_{22} + B_{lw})$ und ordnet den Gesamtausdruck nach Real- und Imaginärteil, so ergibt sich für den Realteil G_1 der Eingangsadmittanz

$$G_1 = g_{11} - \frac{(g_{22} + G_{lw})Re(y_{12}y_{21}) + (b_{22} + B_{lw})Im(y_{12}y_{21})}{(g_{22} + G_{lw})^2 + (b_{22} + B_{lw})^2} \tag{337}$$

Die Realteile g_{11} und g_{22} der Parameter y_{11} und y_{22} sind bei allen Transistoren positiv, [2] Bild 21. Außerdem darf für alle praktischen Fälle vorausgesetzt werden, daß der Realteil der Lastadmittanz positiv ist, $G_{lw} \geq O$. Der Imaginärteil B_{lw} von Y_{lw} kann jedoch kapazitiv oder induktiv sein, B_{lw} ist also beliebig anzusetzen.

Da der Transistor sich an der Grenze der möglichen Instabilität befindet, wenn der Realteil G_1 Null wird, setzen wir die Gl.(337) gleich Null. Verwendet man hierbei die Abkürzungen

$$x = g_{22} + G_{lw} = Re(y_{22} + Y_{lw}) \tag{338}$$

$$y = b_{22} + B_{lw} = Im(y_{22} + Y_{lw}) \tag{339}$$

$$x_M = \frac{Re(y_{12}y_{21})}{2g_{11}} \; ; \; y_M = \frac{Im(y_{12}y_{21})}{2g_{11}} \tag{340}$$

d.h.

$$x_M^2 + y_M^2 = \left(\frac{|y_{12}y_{21}|}{2g_{11}}\right)^2 \tag{341}$$

so lautet die mit der positiven Größe $(x^2 + y^2)/g_{11}$ multiplizierte Bedingungsgleichung

$$x^2 - 2x_M x + y^2 - 2y_M y = 0 \tag{342}$$

Die Terme mit x und y auf der linken Seite lassen sich jeweils zum Quadrat eines Binoms ergänzen, wenn auf der rechten Seite die quadratische Ergänzung addiert wird:

$$(x - x_M)^2 + (y - y_M)^2 = x_M^2 + y_M^2 \tag{343}$$

Dies ist die Gleichung eines Kreises in der x, y-Ebene mit dem Mittelpunkt $M(x_M; y_M)$ und dem Radius $r_M = \sqrt{x_M^2 + y_M^2}$. Mit den ursprünglichen Bezeichnungen läßt sich die Gl.(343) auf die Form

$$\left[G_{lw} - \left(\frac{Re(y_{12}y_{21})}{2g_{11}} - g_{22}\right)\right]^2 + \left[B_{lw} - \left(\frac{Im(y_{12}y_{21})}{2g_{11}} - b_{22}\right)\right]^2$$

$$= \left(\frac{|y_{12}y_{21}|}{2g_{11}}\right)^2 \tag{344}$$

bringen. Die Gl.(344) stellt in der Komponentenebene (G_{lw}, B_{lw}-Ebene) der Lastadmittanz Y_{lw} also einen Kreis dar. Der Kreismittelpunkt $M(a; b)$ hat unter Verwendung der Abkürzung in [2] Gl.(88) die Abszisse

$$a = \frac{Re(y_{12}y_{21})}{2g_{11}} - g_{22} = \frac{g_{22}}{2}(\rho - 2) \qquad (345)$$

und mit der Abkürzung in [2] Gl.(87) die Ordinate

$$b = \frac{Im(y_{12}y_{21})}{2g_{11}} - b_{22} = \frac{g_{22}}{2}\sigma - b_{22} \qquad (346)$$

Für den Radius findet man die Beziehung

$$r = \frac{|y_{12}y_{21}|}{2g_{11}} = \frac{g_{22}}{2}\sqrt{\rho^2 + \sigma^2} \qquad (347)$$

Für jeden Y_{lw}-Wert, dessen Darstellung in der G_{lw}, B_{lw}-Ebene auf dem Umfang des Kreises nach Gl.(344) liegt, wird der Realteil G_1 der Eingangsadmittanz gleich Null.

Es ist leicht einzusehen, daß durch die Forderung $G_1 < 0$ an den Ausdrücken links und rechts von Gl.(344) nichts geändert wird. Aus der Gleichung wird lediglich eine Ungleichung: die linke Seite muß kleiner sein als die rechte Seite. Dies bedeutet, daß für jeden Y_{lw}, dessen Darstellung in der G_{lw}, B_{lw}-Ebene innerhalb des Kreises zu liegen kommt, die Eingangsadmittanz einen negativen Realteil G_1 aufweist. Außerhalb des Kreises liegen die Y_{lw}-Werte, die zu einem positiven Realteil G_1 führen.

Beispiel 60:

In einer Verstärkerschaltung soll der Transistortyp verwendet werden, dessen y-Parameter in [2] Bild 17 gegeben sind. Als Arbeitspunkt sind für den Transistor die Werte $I_C = 3mA$ und $U_{CE} = 10V$ vorgesehen. Man untersuche, für welche Lastadmittanzen Y_{lw} mit positivem Realteil G_{lw} der Verstärker bei den Betriebsfrequenzen $450kHz$, $100MHz$ und $200MHz$ möglicherweise instabil werden kann.

Lösung:

Die y-Parameter bei $450kHz$ wurden bereits in Beisp.59, die bei $100MHz$ in [2] Beisp.35 und diejenigen bei $200MHz$ in [2] Beisp.36 aufgeführt. Die Daten für den Kreis aus Gl.(344) sind in Tab.13 zusammengestellt.

Gl.	ρ [2]Gl.(88)	σ [2]Gl.(87)	a (345)	b (346)	r (347)
f=450kHz	0	-30,67	-10,9 μS	-172μS	167μS
f=100MHz	-45,8	-15,8	-1,51mS	-1,6mS	1,53mS
f=200MHz	-15,2	3,5	-1,1mS	-2,0mS	1,0mS

Tabelle 13   Rechenergebnisse zu Beispiel 60

Nur der Kreis für $200MHz$ (Bild 81b) verläuft vollständig in der linken Halbebene. Weil bei den anderen zwei Frequenzen $|a| < r$ ist, verlaufen die zugehörigen Kreise (Bild 81) teilweise in der rechten Halbebene. Für induktive Lastadmittanzen Y_{lw} ist demnach eine Instabilität möglich. Der Punkt A in Bild 81a markiert z.B. die Lastadmittanz aus Beispiel 59. In der Praxis hat nur die rechte Halbebene eine Bedeutung, weil der Realteil G_{lw} der Last stets positiv ist. Wenn also - wie im obigen Beispiel bei der Frequenz $200MHz$ - der Kreis vollständig in der linken Halbebene verläuft, kann die Schaltung nicht mehr instabil werden. Die Schaltung ist nur dann bedingt instabil, wenn der Kreis die B_{lw}-Achse schneidet. Aus dieser Erkenntnis läßt sich offensichtlich eine Bedingung herleiten, die gewährleistet, daß der Verstärker für jede Last mit positivem Realteil absolut stabil arbeitet. Dies ist der Fall, wenn

1.) die Abszisse des Kreismittelpunktes negativ ist, $a < 0$ und außerdem

2.) der Abstand des Kreismittelpunktes von der Ordinatenachse gleich groß ist wie der Kreisradius bzw. größer als r ist, $|a| \geq r$.

Wegen der 1. Bedingung folgt aus Gl.(345) die Forderung $\rho < 2$. Beide Bedingungen sind erfüllt für $a + r \leq 0$. Mit Gl.(345) und (347) muß also die Ungleichung

$$\sqrt{\rho^2 + \sigma^2} \leq 2 - \rho \qquad (348)$$

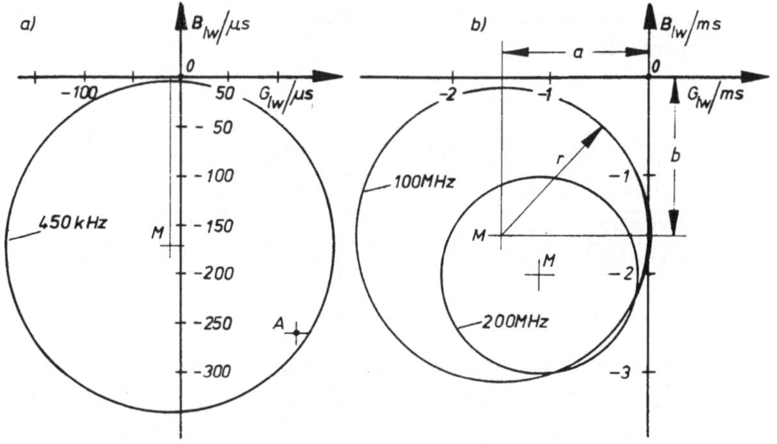

Bild 81   Ortskurven für eine rein imaginäre Eingangsadmittanz
des Transistors. Parameter: Frequenz

gelten. Durch beiderseitiges Quadrieren und Umformen folgt hieraus
die *Stabilitätsbedingung*

$$\rho + \frac{1}{4}\sigma^2 \leq 1 \qquad (349)$$

Wir erkennen, daß mit $\rho \leq 1 - \sigma^2/4$ (d.h. $\rho \leq 1$) die 1. Bedingung von
oben erfüllt ist.

Untersucht man das Verhalten der Ausgangsadmittanz Y_2 in analoger
Weise, so stellt man fest, daß auch ihr Realteil G_2 für bestimmte In-
nenadmittanzen Y_{iw} der Steuerquelle negativ und damit der Verstärker
instabil werden kann, falls an seinem Ausgang ein Resonanzkreis geschaltet ist.   Ausgangspunkt dieser Berechnung ist die Gl.(77) aus
[2].   Vergleicht man sie mit der oben verwendeten Beziehung für Y_1,

15

[2] Gl.(76), so ist festzustellen, daß lediglich die Parameter y_{11} und y_{22} ihre Plätze vertauscht haben und anstelle von Y_{lw} jetzt Y_{iw} zu finden ,ist. Dies bedeutet, daß sich aus der Bedingung $G_2 = 0$ wieder eine zu Gl.(344) analoge Kreisgleichung ergibt. Statt g_{11} steht jetzt g_{22} und umgekehrt, für b_{22} steht b_{11} und anstelle von G_{lw} steht G_{iw} sowie für B_{lw} jetzt B_{iw}. Die Größen ρ und σ ändern ihre Werte nicht. Die Ortskurve für eine rein imaginäre Ausgangsadmittanz stellt also ebenfalls einen Kreis dar; jetzt aber in der Komponentenebene (G_{iw}, B_{iw}-Ebene) der Innenadmittanz des Steuergenerators. Die Mittelpunktskoordinaten lauten

$$a' = \frac{g_{11}}{2}(\rho - 2) \ ; \ b' = \frac{g_{11}}{2}\sigma - b_{11} \tag{350}$$

und für den Radius gilt

$$r' = \frac{g_{11}}{2}\sqrt{\rho^2 + \sigma^2} \tag{351}$$

Der Verstärker wird wiederum möglicherweise instabil, wenn der Admittanz Y_{iw} ein Punkt im Inneren des Kreises entspricht. Er ist für $G_{iw} \geq 0$ absolut stabil, wenn $a' + r' \leq o$. Aus dieser Bedingung folgt wieder die Gl.(349).

Wenn die Realteile G_{iw} und G_{lw} positiv sind, werden weder der Realteil G_1 der Eingangsadmittanz Y_1 noch der Realteil G_2 der Ausgangsadmittanz Y_2 negativ, falls die Bedingung in Gl.(349) erfüllt ist. Der Verstärker ist dann *absolut stabil*.

Es fällt sofort auf, daß die Stabilitätsbedingung in Gl.(349) identisch ist mit der aus [2] Gl.(91) ableitbaren Bedingung für die Möglichkeit der beiderseitigen Leistungsanpassung eines Transistors. Daraus folgt das Ergebnis:

Nur bei absolut stabilen Verstärkerstufen können die Innenadmittanz Y_{iw} und die Lastadmittanz Y_{lw} so gewählt werden, daß gleichzeitig am Ein- und Ausgang Leistungsanpassung herrscht.

Durch Umschreiben läßt sich die Bedingung in Gl.(349) auch noch in eine andere Form bringen:

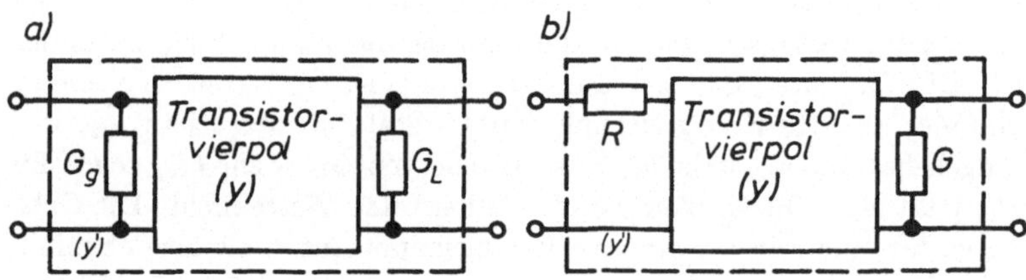

Bild 82   Einfache Stabilisierung eines Transistors

Wir verwenden hierfür die Schreibweise aus Gl.(348). Die linke Seite entspricht nach Gl.(347) der Größe $|y_{12}y_{21}|/(g_{11}g_{22})$. Mit der Abkürzung [2] Gl.(88) erhält dann die *Stabilitätsbedingung* die oft verwendete Form

$$|y_{12}y_{21}| + Re(y_{12}y_{21}) \leq 2g_{11}g_{22} \tag{352}$$

Falls diese hinreichende aber nicht notwendige Bedingung nicht erfüllt ist, gibt es einfache Möglichkeiten, die eventuell auftretende Instabilität zu unterdrücken. Man muß hierzu lediglich den Transistor durch Zuschalten von geeigneten Widerständen in einen neuen Gesamtvierpol überführen, dessen y-Parameter (wir kennzeichnen sie hier durch einen hochgestellten Strich) die Ungleichung (352) erfüllen. Im einfachsten Fall genügt es, wenn dem Ein- und Ausgang des Transistors je ein Widerstand parallelgeschaltet wird, Bild 82a).

Die y-Matrix für den Gesamtvierpol lautet jetzt (ausgedrückt durch die y-Parameter des Transistors):

$$(y') = \begin{pmatrix} y_{11} + G_g & y_{12} \\ y_{21} & y_{22} + G_L \end{pmatrix} \tag{353}$$

Es werden also lediglich die Realteile von y_{11} und y_{22} vergrößert, $g'_{11} = g_{11} + G_g$ und $g'_{22} = g_{22} + G_L$. Die Parameter y_{12} und y_{21} bleiben unverändert, $y'_{12} = y_{12}$ und $y'_{21} = y_{21}$.

Schreibt man die Ungl.(352) für den Gesamtvierpol mit seinen Parametern y' auf, so ergibt sich unter Berücksichtigung der Gl.(353) die Forderung

$$|y_{12}y_{21}| + Re(y_{12}y_{21}) \leq 2(g_{11} + G_g)(g_{22} + G_L) \tag{354}$$

Man kann die Leitwerte G_g und G_L also stets so wählen, daß die Ungl.(354) erfüllt wird. Die Schaltung ist dann für beliebige Belastungen (mit positivem Realteil) am Ein- und Ausgang stabil.

Da diese Methode für den Transistor eine Fehlanpassung bedeutet (der eigentliche Transistorvierpol wurde ja als bedingt stabil, d.h. als nicht anpassbar vorausgesetzt), wird die Stabilität auf Kosten der Leistungsverstärkung des Transistors erreicht.

Die Stabilität der Schaltung ist umso besser gewährleistet, je größer die rechte Seite in der Ungl.(354) gegenüber der linken Seite ist, d.h. je größer der sog. *Stabilitätsfaktor*

$$s = \frac{2(g_{11} + G_g)(g_{22} + G_L)}{|y_{12}y_{21}| + Re(y_{12}y_{21})} \tag{355}$$

gewählt werden kann. Parameteränderungen, die z.B. durch Speisespannungs- oder Temperaturschwankungen bzw. durch Exemplarstreuungen entstehen, können dann keine Selbsterregung auslösen.

Der Stabilitätsfaktor s gibt an, wie weit der Verstärker von der Schwinggrenze bei $s = 1$ entfernt ist. Der Verstärker ist stabil für $s > 1$. Je größer der Wert von s ist, umso weiter ist er von einer eventuellen Selbsterregung entfernt. Bei einem rückwirkungsfreien Transistor mit $y_{12} = 0$ geht s gegen Unendlich.

Da der Gesamtvierpol in Bild 82 die Stabilitätsbedingung erfüllt, kann bei ihm die beiderseitige Leistungsanpassung erreicht werden. Für einen vorgegebenen Stabilitätsfaktor s lassen sich daher die optimalen Werte für die Admittanzen Y_{iw} und Y_{lw} berechnen, [3] Abschn.4.3. Der sehr umfangreiche Rechengang und die unhandlichen Ergebnisse werden hier nicht wiedergegeben.

Das Bild 82b) zeigt eine weitere in [4] S.196 angegebene einfache Stabilisierungsmöglichkeit. Diese äußere Beschaltungsart verändert alle y-Parameter und zwar so, daß sich die Größenverhältnisse

$$|y'_{12}y'_{21}| < |y_{12}y_{21}|; \qquad Re(y'_{12}y'_{21}) < Re(y_{12}y_{21}) \qquad (356)$$
$$g'_{11} < g_{11} \qquad\qquad g'_{22} > g_{22}$$

ergeben. Die Stabilitätsbedingung ist auf diese Weise also auch zu erfüllen. Wenn die Ungl.(352) mit den h-Parametern des Transistors angeschrieben wird, [4] Gl.(6.83)

$$|h_{12}h_{21}| + Re(h_{12}h_{21}) \leq Re(h_{11})Re(h_{22}), \qquad (357)$$

ist dies leichter einzusehen: Die Beschaltung gem. Bild 82b) vergrößert lediglich die Realteile $Re(h_{11})$ und $Re(h_{22})$ und läßt die Parameter h_{12} und h_{21} unverändert.

Die innere Rückkopplung des Transistors macht sich besonders bei selektiven Hochfrequenzverstärkern sehr störend bemerkbar. Um die geforderte Selektivität zu erreichen, werden bei dieser Verstärkerart (siehe Abschn.4.10) die einzelnen Verstärkerstufen durch ein oder mehrere Resonanzkreise (Filter) gekoppelt. Sowohl die Innenadmittanz Y_{iw} des Generators als auch die Lastadmittanz Y_{lw} werden hierdurch für den einzelnen Transistor komplex und stark frequenzabhängig; sie weisen außerdem Resonanzeffekte auf. Zwangsläufig erscheinen diese Resonanzeffekte auch im Frequenzgang der Transistor-Ein- und Ausgangsadmittanz, weil diese entsprechend den Gln.(76) und (77), [2], von der Belastung auf der Gegenseite abhängen. Das nachfolgende Beispiel soll dies veranschaulichen.

Beispiel 61:

In der HF-Verstärkerstufe nach Bild 83a) wird der Transistor beiderseitig durch einen Resonanzkreis belastet. Man untersuche den resultierenden Einfluß auf die Ein- und Ausgangsadmittanz des Transistors. Hierzu berechne man die Frequenzabhängigkeit

a) des Realteils G_1 der Eingangsadmittanz sowie der Eingangskapazität C_{in}, $(Y_1 = G_1 + j\omega C_{in})$

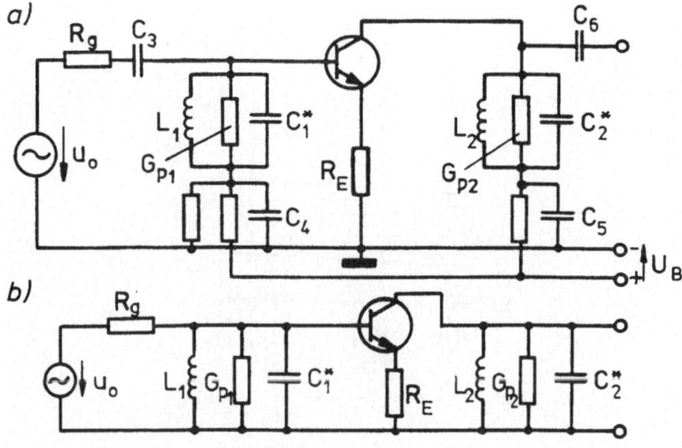

Bild 83   HF-Verstärker für $f = 1MHz$
  a) Schaltplan   b) Ersatzschaltbild

b) des Realteils G_2 der Ausgangsadmittanz sowie der Ausgangskapazität C_{out}, $(Y_2 = G_2 + j\omega C_{out})$, des Transistors.

Die Abhängigkeit der Transistor-y-Parameter von der Frequenz ist für den eingestellten Arbeitspunkt in Bild 84 gegeben.

Die verwendeten Bauelemente haben folgende Werte:

$R_E = 1,2k\Omega$; $R_g = 2M\Omega$; C_3 bis C_6 jeweils $0,3\mu F$; $L_1 = L_2 = 200\mu H$; $C_1^* = C_2^* = 126,7pF$. Die Leitwerte $G_{p1} = G_{p2} = 4\mu S$ stellen die Eigenverluste der Schwingkreise dar.

Lösung:

Die Resonanzfrequenz der Kreise beträgt jeweils $f_0 = 1MHz$. Aus dem in Bild 83b) gezeichneten Ersatzschaltbild läßt sich ablesen:

$$Y_{lw} \overset{(399)}{=} G_{p2} + j(\omega C_2^* - \frac{1}{\omega L_2}) \tag{358}$$

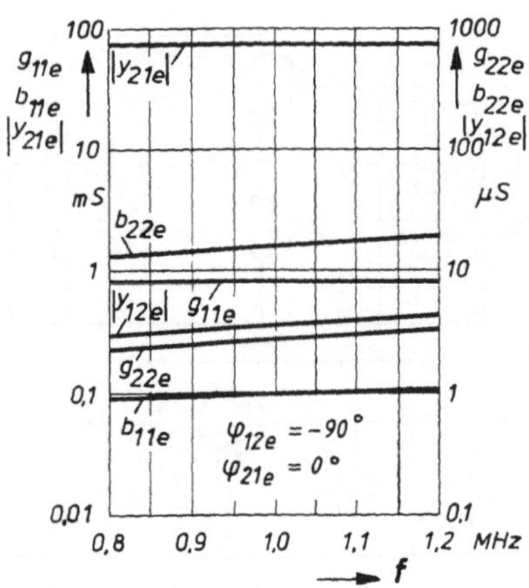

Bild 84   y-Parameter zu Beispiel 61

$$Y_{iw} = G_{iw} + j(\omega C_1^* - \frac{1}{\omega L_1}) \tag{359}$$

Der Leitwert G_{iw} stellt den Gesamtwert dar, der durch die Parallelschaltung der Bauelemente R_g und G_{p1} entsteht. Durch Einsetzen von Gl.(358) in [2] Gl.(76) erhält man wieder Gl.(337) für den Realteil G_1 von Y_1; es ist dort lediglich

$$G_{lw} = G_{p2} \tag{360}$$

$$B_{lw} = \omega C_2^* - \frac{1}{\omega L_2} \tag{361}$$

zu setzen. Für den Imaginärteil ergibt sich der Ausdruck

$$B_1 = b_{11} - \frac{(g_{22} + G_{p2})Im(y_{12}y_{21}) - (b_{22} + B_{lw})Re(y_{12}y_{21})}{(g_{22} + G_{p2})^2 + (b_{22} + B_{lw})^2} \tag{362}$$

Analog führt das Einsetzen von Gl.(359) in [2] Gl.(77) auf die Beziehungen

$$G_2 = g_{22} - \frac{(g_{11} + G_{iw})Re(y_{12}y_{21}) + (b_{11} + B_{iw})Im(y_{12}y_{21})}{(g_{11} + G_{iw})^2 + (b_{11} + B_{iw})^2} \tag{363}$$

$$B_2 = b_{22} - \frac{(g_{11} + G_{iw})Im(y_{12}y_{21}) - (b_{11} + B_{iw})Re(y_{12}y_{21})}{(g_{11} + G_{iw})^2 + (b_{11} + B_{iw})^2} \tag{364}$$

wobei die Abkürzungen

$$B_{iw} = \omega C_1^* - \frac{1}{\omega L_1} \tag{365}$$

$$G_{iw} = \frac{1}{R_g} + G_{p1} \tag{366}$$

verwendet wurden. Für die punktweise Berechnung der Frequenzabhängigkeit des Real- und Imaginärteils von Y_1 bzw. Y_2 nach den Gln.(337), (362) bzw. (363), (364) können die Werte der y-Parameter aus Bild 84 nicht direkt eingesetzt werden, weil der Transistor in der gegebenen Schaltung über den Emitterwiderstand $R_E = 1,2k\Omega$ gegengekoppelt ist. Die y'-Parameter des gegengekoppelten Transistors erhält man mit [2] Gl.(180), [2] Gl.(71) und der Abkürzung $N = 1 + y_{21e}R_E$ näherungsweise zu:

$$y'_{11} \approx \frac{y_{11e}}{N} \qquad\qquad y'_{12} \approx \frac{y_{12e} - \det(y)R_E}{N}$$

$$y'_{21} \approx \frac{y_{21e}}{N} \qquad\qquad y'_{22} \approx \frac{y_{22e}}{N}$$

Setzt man $B_1 = \omega C_{in}$ und $B_2 = \omega C_{out}$, so ergeben sich die in Bild 85 dargestellten Frequenzgänge.

Wir erkennen deutlich die vom Ausgang auf den Eingang bzw. in umgekehrter Richtung transformierten Resonanzeffekte. Durch diese gegenseitige Verkopplung von Ein- und Ausgangskreis über die innere Rückwirkung des Transistors wird der Abgleich der Filter erschwert, weil

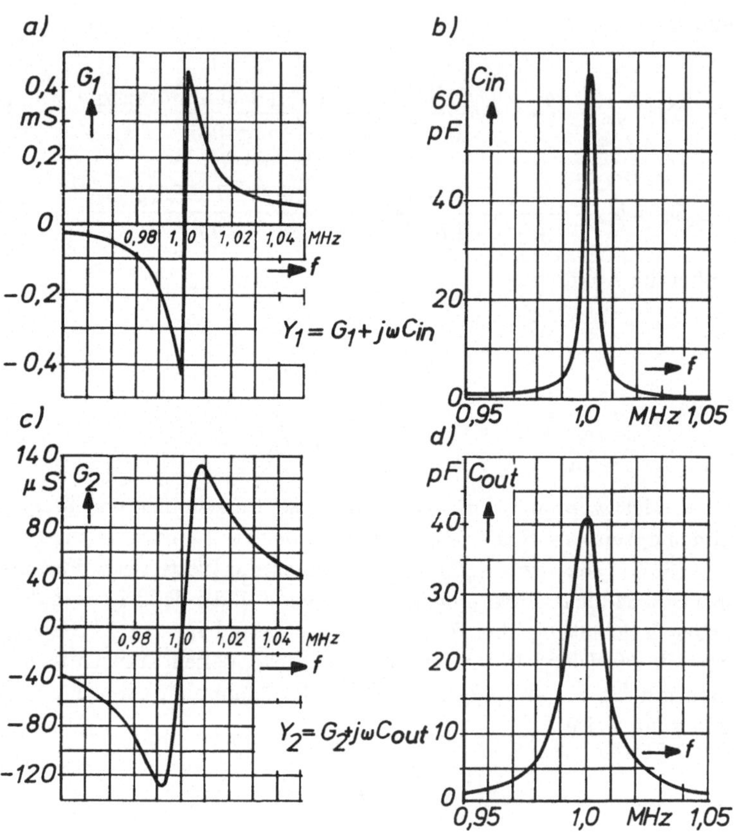

Bild 85 Einfluß eines auf der Gegenseite angeschlossenen
Parallelresonanzkreises auf die
a) und b) Eingangsadmittanz Y_1
c) und d) Ausgangsadmittanz Y_2 eines Transistors

z.B. eine Verstimmung des Resonanzkreises am Ausgang auch einen Einfluß auf die Abstimmung des Eingangskreises hat. Der Abgleichvorgang am Ausgangsfilter deformiert gleichzeitig die Durchlaßkurve des Eingangsfilters und umgekehrt. Auch die analytische Schaltungsberechnung gestaltet sich schwierig, wenn dieser Einfluß mit erfaßt werden soll.

4.9 Neutralisation

Alle im vorigen Abschnitt aufgezählten Nachteile (evtl. mögliche Selbsterregung durch negative Realteile G_1 bzw. G_2 und die unkontrollierbaren Kopplungen zwischen den Kreisen) können eliminiert werden, wenn man durch eine passend bemessene äußere Beschaltung den Transistor zu einem neuen Gesamtvierpol ergänzt, dessen Ein- und Ausgangsadmittanz jeweils unabhängig ist von der Belastung auf der Gegenseite. Nach den in [2] angegebenen Gln.(76) und (77) müssen die y-Parameter dieses Gesamtvierpols - wir kennzeichnen sie hier wieder durch einen hochgestellten Strich - solche Werte aufweisen, daß die Ausdrücke $y'_{12}y'_{21}/(y'_{22} + Y_{lw})$ und $y'_{12}y'_{21}/(y'_{11} + Y_{iw})$ verschwinden. Rein formal mathematisch betrachtet, ist diese Forderung erfüllt, wenn der y-Parameter y'_{12} oder y'_{21} gleich Null gemacht werden kann. Die Vorwärtssteilheit y'_{21} darf nach [2] Gl.(84) jedoch nicht Null sein, weil auch der Gesamtvierpol eine Leistungsverstärkung gewährleisten soll. Die notwendige und hinreichende Bedingung für eine rückwirkungsfreie Verstärkerschaltung lautet also

$$y'_{12} = 0 \tag{367}$$

Nach [2] Gl.(71) ist dies gleichbedeutend mit der Forderung

$$h'_{12} = 0 \tag{368}$$

Die Maßnahme, mit der ein nicht rückwirkungsfreier Transistor zu einem rückwirkungsfreien Gesamtvierpol ergänzt wird, bezeichnet man als *Neutralisation* (engl. unilateralization). Ihr Grundprinzip besteht darin, daß mit Hilfe eines Rückkopplungsvierpols eine künstliche äußere

Rückkopplung eingebaut wird, die die Wirkung der natürlichen inneren Rückkopplung gerade aufhebt. Bei einer Neutralisationsschaltung handelt es sich also stets um eine rückgekoppelte Verstärkerstufe. Entsprechend den vielen Möglichkeiten, eine Rückkopplung zu realisieren (siehe [2] Abschn.4.6) kann die Neutralisation mit Hilfe vieler verschiedener Rückkopplungszweige erreicht werden, [3] S.74. Ebenso wie die Gegenkopplungsschaltungen aus [2] Abschn.4.6 lassen sich die vier Neutralisations-Grundschaltungen bequem mit der Vierpoltheorie analysieren.

Der Rückkopplungsvierpol in Neutralisationsschaltungen soll selbst keine aktiven Bauelemente enthalten (passiver Vierpol) und außerdem möglichst einfach aufgebaut sein. Die meisten praktischen Neutralisationsschaltungen lassen sich daher auf eine der in [2] in den Bildern 51b), 57b), 71b) angegebenen Vierpolschemen bzw. auf die Strom-Strom-Rückkopplung, z.B. [2] Bild 74, zurückführen.

Anhand der im folgenden exemplarisch behandelten sog. *Parallel-Neutralisation* oder *y-Neutralisation* soll dies gezeigt werden. Bild 86a) zeigt eine in der Praxis häufig verwendete Neutralisationsschaltung. Durch den komplexen Neutralisationsleitwert Y_N wird ein Bruchteil der Ausgangsspannung in einer bestimmten Phasenlage auf den Eingang zurückgekoppelt. Der Verstärker ist neutralisiert, wenn diese äußere Rückwirkungsspannung die gleiche Amplitude, aber die entgegengesetzte Phase wie die innere Rückwirkungsspannung hat. Die letztere ist der Bruchteil der Ausgangsspannung, der über den Rückwirkungsleitwert $y_{b'c} = g_{b'c} + j\omega C_{b'c}$ auf den Eingang gelangt, [2] Bild 32. Mit dem gegensinnig gewickelten Übertrager wird die erforderliche Phasendrehung von 180° erreicht. (Die ungleiche Polung der Wicklungen ist durch die an entgegengesetzten Wicklungsenden eingezeichneten Punkte gekennzeichnet).

Die Kombination der Emitter-Schaltung mit einem Übertrager und einer Admittanz Y_N läßt sich als Parallel-Parallelschaltung eines Übertragungsvierpols ⓐ und eines Rückkopplungsvierpols ⓑ auffassen, Bild 86b).

Die Dimensionierungsvorschrift für den Neutralisationsleitwert Y_N kann wie folgt abgeleitet werden:

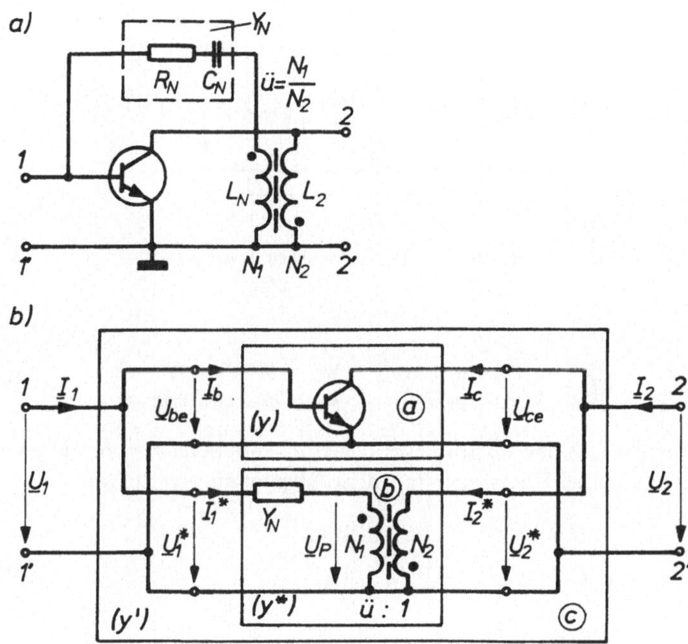

Bild 86 Emitter-Schaltung mit einer y-Neutralisation
 a) Schaltplan (schematisch)
 b) Vierpolschema

Der Transistor im Übertragungsvierpol ⓐ wird durch das Ersatzschaltbild [2] Bild 32b) ersetzt. Vernachlässigt man hierbei den Basisbahnwiderstand $r_{bb'}$, so ergibt sich mit den Zusammenfassungen aus [2] Gl.(119) das in Bild 87 gezeigte einfache Pi-Glied. Der Zusammenhang zwischen den y-Parametern des Transistors und den Admittanzen aus dieser Ersatzschaltung wurde bereits in [2] Beisp.43 berechnet. Aus [2] Tab.8 folgt daher mit $r_{bb'} = 0$ die y-Matrix des Vierpols ⓐ :

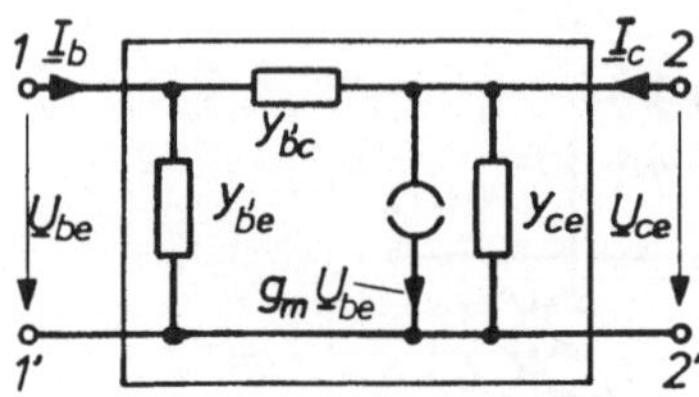

Bild 87   Ersatzschaltbild für den Transistor ($r_{bb'} = 0$)

$$(y) = \begin{pmatrix} y_{11e} & y_{12e} \\ y_{21e} & y_{22e} \end{pmatrix} = \begin{pmatrix} y_{b'e} + y_{b'c} & -y_{b'c} \\ g_m - y_{b'c} & y_{ce} + y_{b'c} \end{pmatrix} \tag{369}$$

Zur Berechnung der y-Parameter des Rückkopplungsvierpols ⓑ setzen wir einen idealen Übertrager mit dem Übersetzungsverhältnis

$$ü = \frac{N_1}{N_2} = \sqrt{\frac{L_N}{L_2}} \tag{370}$$

voraus. Die magnetische Kopplung zwischen L_N und L_2 muß in der praktischen Ausführung möglichst groß (gegen 100%) sein.

Die Leitwertgleichungen für den Rückkopplungsvierpol ⓑ lauten

$$\underline{I}_1^* = y_{11}^* \underline{U}_1^* + y_{12}^* \underline{U}_2^*$$
$$\underline{I}_2^* = y_{21}^* \underline{U}_1^* + y_{22}^* \underline{U}_2^* \tag{371}$$

Mit dem in Gl.(370) definierten Übersetzungsverhältnis ü und mit den in Bild 86 festgelegten Zählrichtungen für die Klemmengrößen des gegensinnig gewickelten idealen Übertragers gilt der Zusammenhang, [5]. S.117,

$$\underline{U}_p = -ü\underline{U}_2^* \quad \text{und} \quad \underline{I}_2^* = ü\underline{I}_1^* \tag{372}$$

Bei Kurzschluß am Ausgang, Bild 88a) ist $\underline{U}_2^* = 0$ d.h. $\underline{U}_p = 0$ und $\underline{I}_1^* = Y_N\underline{U}_1^*$ sowie $\underline{I}_2^* = ü\underline{I}_1^* = üY_N\underline{U}_1^*$. Hieraus ergeben sich die Parameter

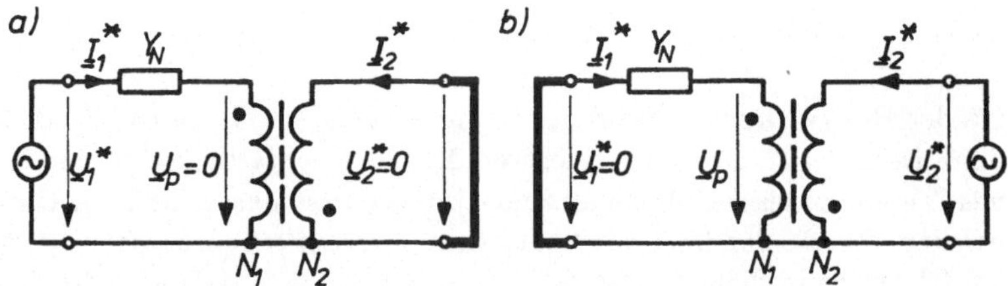

Bild 88   Rückkopplungsvierpol bei Kurzschluß am
a) Ausgang   b) Eingang

$$y_{11}^* = \left.\frac{I_1^*}{U_1^*}\right|_{U_2^*=0} = Y_N \ , \ \ y_{21}^* = \left.\frac{I_2^*}{U_1^*}\right|_{U_2^*=0} = \ddot{u}Y_N \tag{373}$$

Bei Kurzschluß am Eingang, Bild 88b) ist $\underline{U}_1^* = 0$ d.h.
$\underline{I}_1^* = -Y_N\underline{U}_p = \ddot{u}Y_N\underline{U}_2^*$ und $\underline{I}_2^* = \ddot{u}\underline{I}_1^* = \ddot{u}^2 Y_N\underline{U}_2^*$.

Hieraus erhält man die restlichen Parameter

$$y_{12}^* = \left.\frac{I_1^*}{U_2^*}\right|_{U_1^*=0} = \ddot{u}Y_N \ , \ \ y_{22}^* = \left.\frac{I_2^*}{U_2^*}\right|_{U_1^*=0} = \ddot{u}^2 Y_N \tag{374}$$

Die y-Matrix des Neutralisationsnetzwerkes (Vierpol ⓑ) lautet also

$$(y^*) = \begin{pmatrix} y_{11}^* & y_{12}^* \\ y_{21}^* & y_{22}^* \end{pmatrix} = \begin{pmatrix} Y_N & \ddot{u}Y_N \\ \ddot{u}Y_N & \ddot{u}^2 Y_N \end{pmatrix} \tag{375}$$

Für die y-Parameter des Gesamtvierpols erhält man dann gemäß [2] Gl.(227) die Matrix

$$(y') = \begin{pmatrix} y_{11}' & y_{12}' \\ y_{21}' & y_{22}' \end{pmatrix} = \begin{pmatrix} y_{11e} + Y_N & y_{12e} + \ddot{u}Y_N \\ y_{21e} + \ddot{u}Y_N & y_{22e} + \ddot{u}^2 Y_N \end{pmatrix} \tag{376}$$

Hieraus folgt unmittelbar die *Neutralisationsbedingung:*
$y_{12}' = y_{12e} + \ddot{u}Y_N = -y_{b'c} + \ddot{u}Y_N = 0$ bzw.

$$Y_N = \frac{-y_{12e}}{\ddot{u}} = \frac{y_{b'c}}{\ddot{u}} \tag{377}$$

Da der Rückwirkungsleitwert $y_{b'c} = g_{b'c} + j\omega C_{b'c}$ kapazitiv ist, [2] Bild 32b), kann der Neutralisationsleitwert Y_N aus einer Reihenschaltung eines Widerstandes R_N und einer Kapazität C_N bestehen, Bild 86a). Dies hat den Vorteil, daß über das Neutralisationsnetzwerk nicht gleichzeitig ein Gleichstrom fließt.

Anhand des Ergebnisses in Gl.(377) ist schließlich leicht einzusehen, warum der Übertrager gegensinnig gewickelt werden muß: Bei gleichsinnigen Wicklungen würde die Bedingung $Y_N = y_{12e}/\ddot{u}$ lauten. Da der Realteil g_{12e} von y_{12e} bei Transistoren normalerweise negativ ist, [2] Bild 21, würde dies auch einen negativen Realteil $Re(Y_N)$ von Y_N erfordern. Damit also der Transistor durch eine Admittanz Y_N mit positivem Realteil $Re(Y_N) > 0$ neutralisiert werden kann, muß der Übertrager gegensinnig gewickelt werden. In den seltenen Fällen, bei denen der Transistorparameter y_{12} im 4. Quadranten liegt, ist kein Übertrager erforderlich.

Von Vorteil ist eine Neutralisationsschaltung, die nur die Rückwirkung des Gesamtvierpols verschwinden läßt ($y'_{12} = 0$), seine übrigen drei y-Parameter aber ungefähr gleich denen des Transistors bleiben. Welche Bedingungen hierzu erfüllt sein müssen, kann man aus der y-Matrix für die neutralisierte Verstärkerschaltung ablesen. Man erhält diese Matrix durch Einsetzen von Gl.(377) in Gl.(376):

$$(y') = \begin{pmatrix} y'_{11} & y'_{12} \\ y'_{21} & y'_{22} \end{pmatrix} = \begin{pmatrix} y_{11e} - \frac{y_{12e}}{\ddot{u}} & 0 \\ y_{21e} - y_{12e} & y_{22e} - \ddot{u}y_{12e} \end{pmatrix} \tag{378}$$

Damit wie gewünscht $y'_{11} \approx y_{11e}$, $y'_{21} \approx y_{21e}$, $y'_{22} \approx y_{22e}$ gilt, müssen die Größenverhältnisse

$$|y_{11e}| \gg \left|\frac{y_{12e}}{\ddot{u}}\right| \, , \quad |y_{21e}| \gg |y_{12e}| \, , \quad |y_{22e}| \gg |\ddot{u}y_{12e}|$$

vorliegen. Daraus folgen für die y-Parameter des Transistors die Bedingungen

$$|y_{11e}| \cdot |y_{22e}| \gg |y_{12e}|^2 \; , \quad |y_{21e}| \gg |y_{12e}| \qquad (379)$$

und das Übersetzungsverhältnis des Übertragers muß in dem Bereich

$$\left| \frac{y_{12e}}{y_{11e}} \right| \ll \ddot{u} \ll \left| \frac{y_{22e}}{y_{12e}} \right| \qquad (380)$$

gewählt werden. Die Bedingungen in Gl.(379) und (380) sind normalerweise leicht zu erfüllen, wie im nachstehenden Beisp.62 gezeigt werden kann. Doch zuvor noch einige wichtige Ergänzungen zum neutralisierten (rückwirkungsfreien) Transistorverstärker:

Die aus [2] Gl.(91) ableitbare Anpaßbedingung $\rho + \sigma^2/4 < 1$ ist bei einem neutralisierten Verstärker stets erfüllt, weil mit $y'_{12} = 0$ die Größen σ und ρ, [2] Gl.(87) und (88), ebenfalls gleich Null sind. Bei einem neutralisierten Verstärker ist also die beiderseitige Leistungsanpassung stets zu erreichen. Nach [2] Gl.(89) benötigt man hierzu eine Steuerquelle mit der Innenadmittanz

$$(Y_{iw})_{opt} = g'_{11} - jb'_{11} = {y'_{11}}^* \qquad (381)$$

und nach [2] Gl.(90) eine Lastadmittanz

$$(Y_{lw})_{opt} = g'_{22} - jb'_{22} = {y'_{22}}^* \qquad (382)$$

Dieses Ergebnis muß zwangsläufig herauskommen, weil nach [2] Gl.(76) bzw. [2] Gl.(77) sowohl die Eingangs- als auch die Ausgangsadmittanz des neutralisierten Gesamtvierpols unabhängig von der Belastung auf der Gegenseite sind, $Y'_1 = y'_{11}$ und $Y'_2 = y'_{22}$. Beiderseitige Anpassung liegt schließlich vor, wenn $Y_{iw} = {Y'_1}^* = {y'_{11}}^*$ und $Y_{lw} = {Y'_2}^* = {y'_{22}}^*$ gewählt wird.

Die *maximale rückwirkungsfreie Leistungsverstärkung* erhält man aus [2] Gl.(93) zu

$$v'_{popt} = \frac{|y'_{21}|^2}{4g'_{11}g'_{22}} \approx \frac{|y_{21e}|^2}{4g_{11e}g_{22e}} \quad \text{für} \quad y'_{12} = 0 \qquad (383)$$

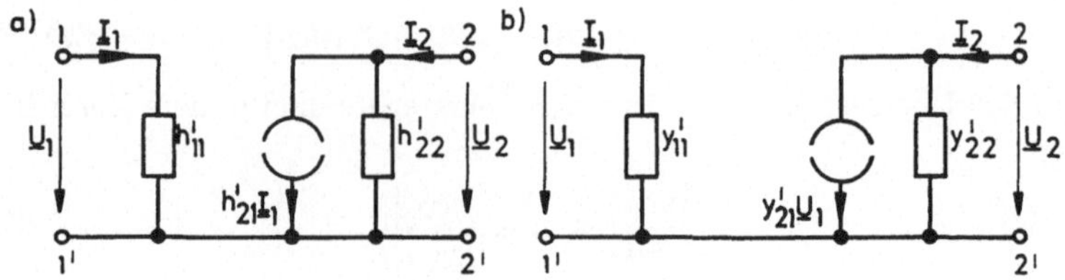

Bild 89   Vierpol-Ersatzschaltbilder für den neutralisierten Transistor

Für den neutralisierten Transistor ist auch die Stabilitätsbedingung von Gl.(349) stets erfüllt. Die Realteile $Re(Y_1')$ und $Re(Y_2')$ können in diesem Spezialfall niemals negativ werden.

Aus den Bildern 27 und 28 in [2] lassen sich mit $h_{12}' = y_{12}' = 0$ die in Bild 89 dargestellten Vierpol-Ersatzschaltbilder für den neutralisierten Transistor ableiten.

Die Elemente dieser Ersatzschaltung sind durch die Matrix in Gl.(378) gegeben.

Die Größe der rückwirkungsfreien Leistungsverstärkung ist nach den Gln.(383) und (378) eine Funktion des Übersetzungsverhältnisses ü. Bei einem bestimmten Wert von ü erreicht diese Verstärkung v_{popt}' ein Maximum. Setzt man die entsprechenden Parameter aus Gl.(378) in Gl.(383) ein, so ergibt sich mit der Extremwert-Bedingung

$$\frac{d}{d\text{ü}}(v_{popt}') = 0 \tag{384}$$

das optimale Übersetzungsverhältnis zu

$$\text{ü}_{opt} = \sqrt{\frac{g_{22e}}{g_{11e}}} \tag{385}$$

In den meisten Fällen kann das Übersetzungsverhältnis gemäß Gl.(385) gewählt werden, weil sich die Neutralisationsbedingung mit verschiedenen Werten für ü erfüllen läßt. Die Gl.(377)) verlangt ja lediglich, daß das Produkt $-\ddot{u}Y_N$ gleich dem vorgegebenen Parameter y_{12e} sein muß. Das Übersetzungsverhältnis kann so lange frei gewählt werden, wie die zugehörige Admittanz Y_N sich technisch und wirtschaftlich sinnvoll realisieren läßt. Praxisübliche Werte sind: $\ddot{u} = 0,1\ldots0,3$.

Besteht das Neutralisationsnetzwerk aus einer Serienschaltung von R_N und C_N, Bild 86a), so gilt mit der Abkürzung $N = R_N^2 + (1/\omega C_N)^2$ die Beziehung $Y_N = R_N/N + j/(\omega C_N N)$. Da außerdem nach Gl.(377) der Zusammenhang $Y_N = -|y_{12e}|(\cos\varphi_{12e} + j\sin\varphi_{12e})/\ddot{u}$ gefordert wird, hat man zwei Ausdrücke für Y_N. Vergleicht man jeweils den Real- und Imaginärteil, so ergeben sich zwei quadratische Gleichungen für die beiden Unbekannten R_N und C_N. Die Lösungen lauten

$$R_N = \frac{-\ddot{u}\cos\varphi_{12e}}{|y_{12e}|} \tag{386}$$

$$C_N = \frac{-|y_{12e}|}{\ddot{u}\omega\sin\varphi_{12e}} \tag{387}$$

Beispiel 62:

Die in Bild 90 gezeigte Fernseh-ZF-Verstärkerstufe [6] soll bei $f = 35MHz$ neutralisiert werden.

Im eingestellten Arbeitspunkt $(-U_{CE} = 10V; -I_C = 3mA)$ hat der verwendete Transistor $AF\ldots$ folgende Parameterwerte:

$$y_{11e} = 4mS + j6,5mS \qquad y_{12e} = 0,1mSe^{-j90°}$$
$$y_{21e} = 92mSe^{-j28°} \qquad y_{22e} = 0,04mS + j0,5mS$$

a) Welches Übersetzungsverhältnis $\ddot{u} = N_1/N_2 = \sqrt{L_N/L_3}$ ist zu wählen, damit die angepaßte neutralisierte Stufe ihre maximale Leistungsverstärkung erreichen kann?

b) Welche Veränderungen erfahren die y-Parameter durch das Hinzufügen des Neutralisationsnetzwerkes?

c) Welche Werte von R_N und C_N sind erforderlich?

d) Wie groß ist die erzielbare maximale rückwirkungsfreie Leistungsverstärkung?

32

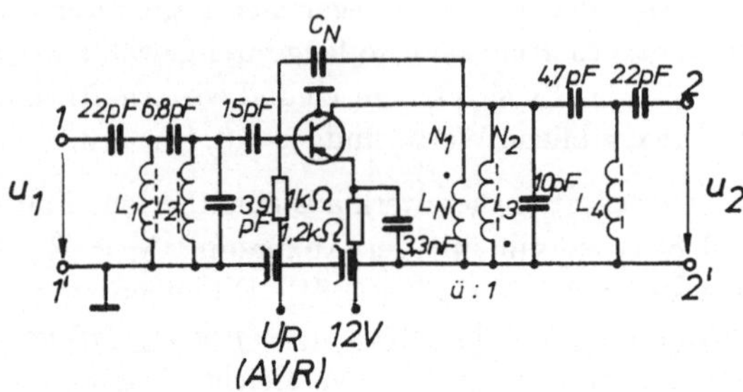

Bild 90   Neutralisation einer ZF-Stufe ($R_N = 0$)

Lösung:

a) $\ddot{u} \stackrel{(385)}{=} 0,1$ z.B. für L_N 1 Windung und für L_3 10 Windungen

b) $y'_{11e} \stackrel{(378)}{=} 4mS + j7,5mS \approx y_{11e}$; $y'_{21e} \stackrel{(378)}{=} 91,93mSe^{-j27,96°} \approx$
y_{21e}; $y'_{22e} \stackrel{(378)}{=} 0,04mS + j0,51mS \approx y_{22e}$.

c) $R_N \stackrel{(386)}{=} 0$; $C_N \stackrel{(387)}{=} 4,55pF \approx 5pF$.

d) $v'_{popt} \stackrel{(383)}{=} 13205 \stackrel{\wedge}{=} 41,2dB$.

Weil der Parameter y_{12e} rein imaginär ist, genügt in diesem Fall zur Neutralisation allein eine Kapazität. Diese einfache Neutralisationsmöglichkeit besteht nach [2] Bild 17b) für nicht zu hohe Frequenzen, solange $\varphi_{12e} = -90°$ ist. Für diesen Wert des Winkels φ_{12e} gilt außer $R_N = 0$ auch $g'_{11e} = g_{11e}$ und $g'_{22e} = g_{22e}$. Erst bei höheren Frequenzen weicht der Winkel φ_{12e} vom Wert $-90°$ ab; R_N erreicht dann i.a. Werte von einigen 10Ω bis einigen 100Ω.

Wir erkennen auch, daß die Größenverhältnisse aus den Gln.(379) und (380) in Beispiel 62 erfüllt sind.

$$|y_{11e}| \cdot |y_{22e}| = 3,8 \cdot 10^{-6}S^2 \gg |y_{12e}|^2 = 0,01 \cdot 10^{-6}S^2$$
$$|y_{21e}| = 92mS \gg |y_{12e}| = 0,1mS;$$

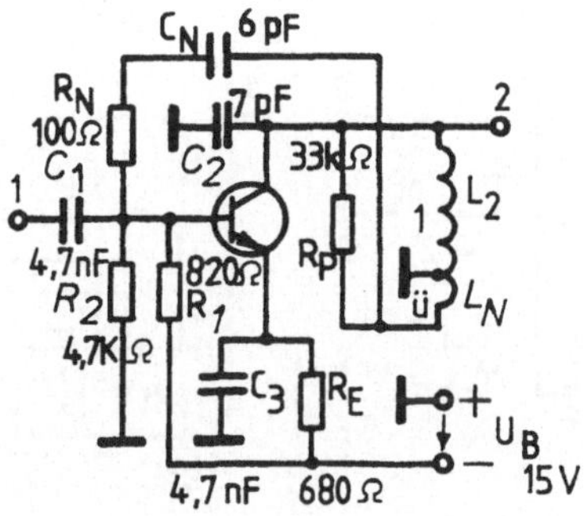

Bild 91   Neutralisierter ZF-Verstärker

$$|y_{12e}|/|y_{11e}| = 0,013 \ll ü = 0,1; \quad |y_{22e}|/|y_{12e}| = 5 \gg ü.$$

So wie hier ist der Einfluß des Neutralisationsnetzwerkes auf die Parameter y_{11}, y_{21} und y_{22} auch i.a. zu vernachlässigen. Die Näherung in Gl.(383) ist daher meistens zulässig.

Die in Bild 90 der Basis zugeführte Gleichspannung U_R dient der automatischen Verstärkungsregelung (AVR), siehe Abschn.4.10.7.

Statt der in der Schaltung nach Bild 90 verwendeten Zusatzwicklung für L_N wird häufig der Resonanzkreis im Ausgang des Verstärkers als phasendrehender Transformator benutzt. Das Bild 91 zeigt ein Beispiel. Die Bauelemente haben dort folgende Bedeutung:

C_1	Koppelkondensator
C_2, L_2	Parallelresonanzkreis
C_3	Emitterkondensator
C_N, R_N	Neutralisationsglied
L_N	Neutralisationswicklung
R_1, R_2	Basisspannungsteiler
R_E	Emitterwiderstand
R_p	zusätzliche Kreisdämpfung zur Einstellung der Soll-Durchlaßkurve.

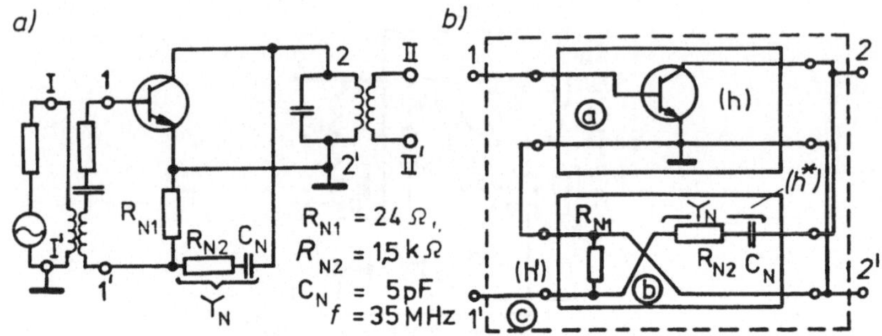

Bild 92   Emitter-Schaltung mit einer h-Neutralisation
a) Schaltplan (schematisch)   b) Vierpolschema

Die Spannungen an den Induktivitäten L_2 und L_N sind gegenphasig, weil die Anzapfung auf Masse gelegt ist.

h-Neutralisation

Bei dieser Neutralisationsart werden die Eingänge vom Transistorvierpol und Neutralisationsnetzwerk in Reihe geschaltet, die Ausgänge beider Vierpole liegen dagegen parallel (Reihen-Parallelschaltung). In Bild 92a) ist die praktische Ausführung eines Verstärkers mit h-Neutralisation schematisch dargestellt. Das zugehörige Vierpolschema zeigt Bild 92b). Zur Berechnung der Neutralisationsbedingung geht man hier zweckmäßigerweise von den h-Parametern aus (daher der Name *h-Neutralisation*), weil bei der Reihen-Parallelschaltung zweier Vierpole die h-Parameter des Gesamtvierpols die Summen der h-Parameter der Einzelvierpole sind, [5] S.108:

$$(h') = (h) + (h^*) \tag{388}$$

Wir verwenden wieder die gleiche Bezeichnungsweise wie bisher: Parameter ohne Strich oder Stern sind die Transistorparameter. Die Parameter des Neutralisationsnetzwerkes ⓑ sind durch einen Stern gekennzeichnet, während die Parameter des Gesamtvierpols ⓒ einen Strich

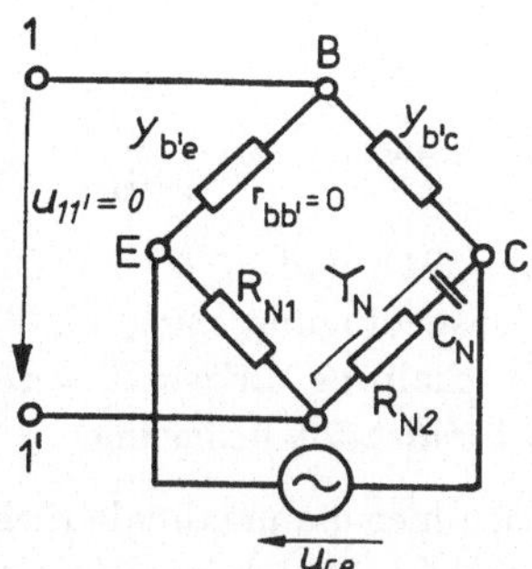

Bild 93   Neutralisierte Emitter-Schaltung als Brücke

aufweisen.

Die Forderung $h'_{12} = 0$ für eine vollkommene Neutralisation führt auf die *Neutralisationsbedingung*

$$Y_N R_{N1} = \frac{h_{12e}}{1 - h_{12e}} \tag{389}$$

Die Neutralisationsschaltung in Bild 92 enthält die in Bild 93 gezeichnete Brückenschaltung.   Man erkennt diesen Zusammenhang leicht, wenn der Transistorvierpol in Bild 92b) durch sein HF-Ersatzschaltbild, [2] Bild 32b) mit $r_{bb'} = 0$ ersetzt wird und hierbei die Zusammenfassungen aus [2] Gl.(119) Verwendung finden. Die Ausgangsspannung u_{ce} als Wechselspannungsquelle für die Brücke erzeugt am Eingang 11′ des neutralisierten Transistors keine Spannung ($u_{11'} = 0$), wenn die Brücke abgeglichen ist. Die Bedingung für das Brückengleichgewicht lautet

$$Y_N R_{N1} = \frac{y_{b'c}}{y_{b'e}} \tag{390}$$

Nach [2] Tab.8 gilt für $r_{bb'} = 0$

$$y_{b'c} = -y_{12e} \qquad \text{und} \qquad y_{b'e} = y_{11e} + y_{12e} \tag{391}$$

bzw. mit [2] Gl.(71) auch

$$y_{b'c} = \frac{h_{12e}}{h_{11e}} \quad \text{und} \quad y_{b'e} = \frac{1}{h_{11e}} - \frac{h_{12e}}{h_{11e}} \tag{392}$$

Durch Einsetzen der Gln.(391) und (392) in Gl.(390) ergibt sich ebenfalls die Neutralisationsbedingung nach Gl.(389). Weil die h-Neutralisation als Brückenschaltung aufgefaßt werden kann, wird sie häufig auch als *Brückenneutralisation* bezeichnet.

Es läßt sich zeigen, daß auch hier die maximale rückwirkungsfreie Leistungsverstärkung v'_{popt} nach Gl.(383) beim neutralisierten und angepaßten Transistor optimal eingestellt werden kann. Hierzu ist unter der Voraussetzung $|h_{12e}| \ll 1$ der Widerstand R_{N1} nach der Beziehung

$$R_{N1opt} \approx \sqrt{\frac{Re(h_{11e})Re(h_{12e})}{Re(h_{22e})}} \tag{393}$$

zu wählen.

Aus der Gl.(389) läßt sich ableiten, daß mit der Neutralisation gemäß Bild 92 nur Transistoren neutralisiert werden können, deren h_{12e}- Parameter im ersten oder vierten Quadranten liegt. In den Fällen, in denen dies nicht zutrifft, muß anstelle von R_{N1} auch ein komplexer Widerstand vorgesehen werden.

Beispiel 63:

a) Das in Bild 92 angegebene Neutralisationsnetzwerk ist bei $f = 35MHz$ für den in Beisp.62 charakterisierten Transistor zu dimensionieren. Hierbei ist maximale Leistungsverstärkung anzustreben.

b) Wie groß ist die erzielbare maximale rückwirkungsfreie Leistungsverstärkung?

Lösung:

a) Die im Beisp.62 angegebenen y-Parameter werden mit [2] Gl.(71) in die h-Parameter umgerechnet:

$$h_{11e} = 69\Omega - j112\Omega \qquad\qquad h_{12e} = (112 + j69) \cdot 10^{-4}$$
$$h_{21e} = 0,76 - j12,03 \qquad\qquad h_{22e} = 1,25mS + j0,57mS$$

$R_{N1} \stackrel{(393)}{=} 25\Omega$; gewählt wird der Normwert $R_{N1} = 24\Omega$. $Y_N \stackrel{(389)}{=} 0,47mS + j0,3mS$. Da Y_N aus einer Serienschaltung von R_{N2} und C_N besteht, ergeben sich hieraus zwei quadratische Bestimmungsgleichungen für R_{N2} und C_N. Ihre technisch realisierbare Lösung lautet:

$C_N = 4,7pF$; gewählt wird $C_N = 5pF$. $R_{N2} = 1,5k\Omega$.

b) Berechnet man die h-Parameter des Neutralisationsnetzwerkes ⓑ in Bild 92b) entsprechend den Definitionen in [2] Gln.(13) bis (16), so ergibt sich folgende Matrix

$$(h^*) = \begin{pmatrix} \dfrac{R_{N1}}{1 + Y_N R_{N1}} & -\dfrac{Y_N R_{N1}}{1 + Y_N R_{N1}} \\[2ex] \dfrac{Y_N R_{N1}}{1 + Y_N R_{N1}} & \dfrac{Y_N}{1 + Y_N R_{N1}} \end{pmatrix} \qquad (394)$$

Die h-Parameter der neutralisierten Schaltung berechnen sich mit den Gln.(388), (389) und (394) demnach zu

$$(h') = \begin{pmatrix} h_{11e} + (1 - h_{12e})R_{N1} & 0 \\[1ex] h_{21e} + h_{12e} & h_{22e} + \frac{h_{12e}}{R_{N1}} \end{pmatrix} \qquad (395)$$

Hieraus lassen sich mit [2] Gl.(71) die Größen $|y'_{21}| = 82,6mS$; $g'_{11} = 4,4mS$; $g'_{22} = 1,7mS$ ermitteln. Somit ist $v'_{popt} \stackrel{(383)}{=} 228 \triangleq 23,6dB$. Die y-Neutralisation ergibt nach Beisp.62 eine um $17,6dB$ (Faktor 58) höhere Leistungsverstärkung.

Was hier aus dem Vergleich zwischen Beisp.62 und 63 zu erkennen ist, gilt auch allgemein: Jede Neutralisationsart liefert einen anderen Wert für die maximale Leistungsverstärkung. Es läßt sich zeigen, daß diesbezüglich die y-Neutralisation für die Emitter-Schaltung und die h-Neutralisation für die Basis-Schaltung am zweckmäßigsten ist.

Die Neutralisationsschaltung wird normalerweise entsprechend Gln.(385) und (393) auf maximal mögliche Leistungsverstärkung ausgelegt.

Es leuchtet ein, daß die beschriebene Neutralisation nur für eine einzige Frequenz die Schaltung vollkommen neutralisieren kann. Soll der Transistor über ein breiteres Frequenzband neutralisiert werden, so sind die Neutralisationsnetzwerke komplizierter als oben angegeben aufgebaut. Die Werte ihrer Bauelemente müssen dann außerdem in einer bestimmten Beziehung zu den Elementen aus dem physikalischen Ersatzschaltbild des Transistors stehen, [3] Gl.(4.32) und [3] Bild 4.10.

Für die praktischen Belange ist es jedoch meistens völlig ausreichend, wenn der Parameter y'_{12} bei der Bandmittenfrequenz zu Null wird. Diese sog. *Schmalbandneutralisation* wird besonders bei selektiven Verstärkern bevorzugt.

In sehr vielen Fällen genügt es sogar, wenn die innere Transistorrückkopplung nicht völlig kompensiert, sondern nur so weit abgeschwächt ist, daß keine Selbsterregung auftritt.

Die Bauelemente der Neutralisationsschaltung können sowieso nicht allein durch reine Theorie berechnet werden. Aufgrund unvermeidlicher Exemplarstreuungen (bei Serienfertigung) und unberücksichtigter Mängel (z.B. in Bild 86 die nicht ideale Kopplung zwischen L_N und L_2, die Streu- und Schaltkapazitäten, die Verluste im Übertrager etc.) ist die vollkommene Neutralisation nur durch Einzelabgleich zu erreichen. Hierzu legt man z.B. an den Ausgang 22' der Schaltung (z.B. Bild 90) mit einem Meßsender ein kleines HF-Signal fester Frequenz. Zwischen die Basis des Transistors und Masse wird ein hochohmiges, kapazitätsarmes HF-Voltmeter geschaltet, um die restliche vom Ausgang auf den Eingang rückgekoppelte Spannung messen zu können. Durch Variation von C_N und i.a. Fall auch von R_N läßt sich diese Spannung auf ein Minimum abgleichen.

Befindet sich am Ein- und Ausgang des Transistors je ein Filter, so kann die Neutralisation auch wie folgt optimiert werden: Man beobachtet die durch Wobbeln dargestellte Durchlaßkurve des Ausgangsfilters beim Verstimmen des Eingangsfilters. Die Neutralisation ist optimal ausgelegt, wenn der Abgleichvorgang am Eingangsfilter keinen bzw. einen vernachlässigbaren kleinen Einfluß auf die Form der Durchlaßcharakteristik des Filters am Ausgang hat.

Weil bei einem neutralisierten Verstärker die Filter am Ein- und Ausgang voneinander unabhängig abgeglichen werden können, wird die Neutralisation zuweilen auch angewandt, obwohl sie aus Stabilitätsgründen eigentlich nicht erforderlich ist. Bei der Serienfertigung wird hierdurch der Filterabgleich wesentlich erleichtert.

4.10 Selektive Verstärker

4.10.1 Einleitung

In der Nachrichtentechnik, aber auch in der Meßtechnik, benötigt man Verstärker, die nur Signale aus einem vorgegebenen, begrenzten Frequenzbereich, dem sog. Frequenzband, verstärken.

Das Frequenzverhalten solcher selektiver Verstärker läßt sich durch folgende Angaben charakterisieren:

1. *Frequenzgang oder Durchlaßkurve.* Darunter versteht man den Betrag der Verstärkung, aufgetragen über der Frequenz;
   z.B. [2] Bild 4.

2. *Verstärkung* in der Bandmitte, $|v_0|$.

3. *Bandbreite*, siehe [2] Bild 4.

4. *Selektivität.* Hierunter versteht man das Betragsverhältnis der Ausgangsspannung in der Bandmitte zur Ausgangsspannung bei einer vorgegebenen Frequenzabweichung $\pm\Delta f_S$ von der Bandmittenfrequenz f_0.

Die geforderte Selektivität ist nur dadurch zu erreichen, daß man in den Koppelvierpol zwischen zwei Verstärkerstufen geeignet ausgewählte frequenzabhängige Schaltelemente einbaut. Der Koppelvierpol erhält damit eine doppelte Aufgabe. Er muß

1. die Signale mit möglichst kleinen Verlusten übertragen (geringe Übertragungsverluste) und

2. die geforderte Begrenzung des Frequenzbandes liefern.

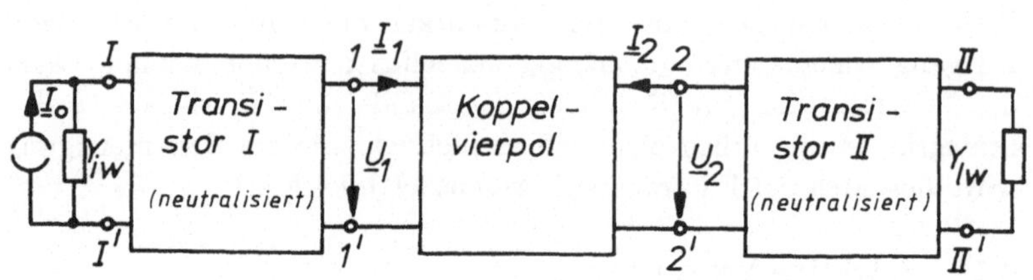

Bild 94   Prinzipschaltung eines zweistufigen Verstärkers

Da in der Empfangstechnik hauptsächlich der *Schmalbandverstärker*, [2] Abschn.3, eingesetzt wird, befaßt sich dieser Abschnitt ausschließlich mit solchen Verstärkern, deren Bandbreite nur ein kleiner Bruchteil (typisch 1%) der Bandmittenfrequenz ist.

Auf den wesentlich schwieriger zu behandelnden *Breitbandverstärker* kann - außer den in [2] Abschn.4.6.3 gegebenen grundsätzlichen Bemerkungen - hier nicht näher eingegangen werden. Es wird auf die Spezialliteratur verwiesen, z.B. [9].

Bei der nachfolgenden Berechnung wird vorausgesetzt, daß die innere Rückkopplung durch Neutralisation aufgehoben oder zumindest soweit herabgesetzt ist, daß ihr Einfluß vernachlässigt werden kann.

Weil die Frequenzcharakteristik bei selektiven Verstärkern hauptsächlich durch Schwingkreise im Koppelvierpol festgelegt wird, ist die Frequenzabhängigkeit der Transistorparameter von untergeordneter Bedeutung. Bei der Berechnung von Schmalbandverstärkern darf man daher die Transistorparameter als konstant ansehen (siehe z.B. Bild 84) und für den schmalen Durchlaßbereich ihren Wert in der Bandmitte verwenden.

Unabhängig vom Aufbau des Koppelvierpols läßt sich ein zweistufiger Verstärker auf die in Bild 94 gezeichnete Prinzipschaltung zurückführen.

Bei dem nicht selektiven RC-Verstärker z.B. aus [2] Bild 75 enthält der Koppelvierpol die Parallelschaltung aus den ohmschen Widerständen R_{CI}, R_{1II} und R_{2II}. Um eine Frequenzselektion zu erreichen, kann man

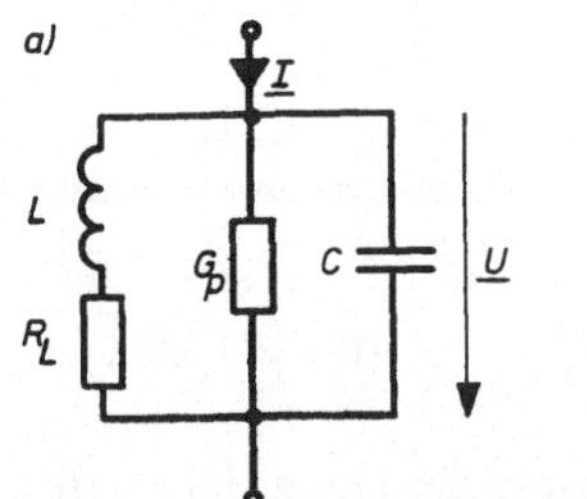
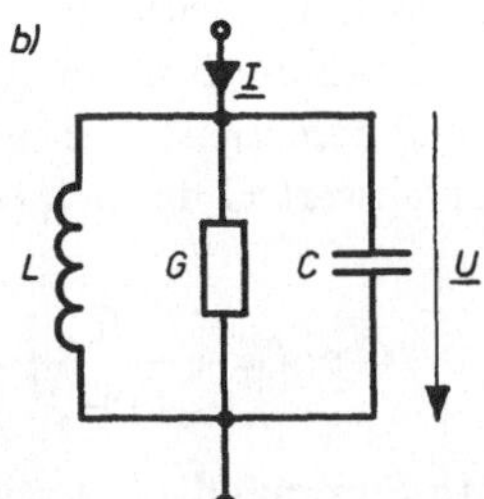

Bild 95   Ersatzschaltbild eines Parallelresonanzkreises
   a) für größeren Frequenzbereich
   b) in der Nähe der Resonanzfrequenz

im einfachsten Fall einen Parallelresonanzkreis als Koppelvierpol verwenden. Bevor wir die Eigenschaften dieses Verstärkers berechnen, werden zunächst die wichtigsten Grundlagen eines Parallelresonanzkreises im nächsten Abschnitt zusammengestellt, weil sie zum Verständnis des nachfolgenden Stoffes unentbehrlich sind.

4.10.2 Grundlegende Beziehungen des Parallelresonanzkreises

Die Schwingkreisverluste sind praktisch durch den Verlustwiderstand R_L der Spule und durch einen parallelgeschalteten Wirkleitwert G_p gegeben. Die Verluste im Kondensator sind in der Regel vernachlässigbar klein. Es liegt daher normalerweise das in Bild 95a) gezeichnete Ersatzschaltbild vor.

Berechnet man die Admittanz $Y_p = G + jB$ dieses Kreises aus Bild 95a), so erhält man den unhandlichen Ausdruck

$$Y_p = \frac{\underline{I}}{\underline{U}} = G_p + \frac{R_L}{R_L^2 + (\omega L)^2} + j\left(\omega C - \frac{\omega L}{R_L^2 + (\omega L)^2}\right) \qquad (396)$$

Der Realteil stellt sich als frequenzabhängig heraus. In der Praxis interessiert jedoch das Verhalten des Schwingkreises i.a. nur in einem kleinen Frequenzbereich in der Umgebung der Resonanzfrequenz ω_0. Mit $\omega \approx \omega_0$ und dem meist vorliegenden Größenverhältnis $R_L^2 \ll (\omega L)^2$ wird der Wirkleitwert G der Schwingkreisadmittanz frequenzunabhängig

$$G \approx G_p + \frac{R_L}{(\omega_0 L)^2} = G_p + G_L \qquad (G_L \neq 1/R_L) \qquad (397)$$

Der erste Summand G_p stellt die Zusatzdämpfung dar, während der zweite Summand G_L die Spulenverluste berücksichtigt.

Der Imaginärteil B vereinfacht sich auf den Ausdruck

$$B \approx \omega C - \frac{1}{\omega L} \qquad (398)$$

Die so erhaltene Näherung für den *komplexen Leitwert*

$$Y_p \approx G + j(\omega C - \frac{1}{\omega L}) \qquad (399)$$

führt auf die übliche Ersatzschaltung in Bild 95b). Sie besteht aus der verlustfreien Induktivität L, der verlustfreien Kapazität C und dem ohmschen Leitwert G, in dem alle Verluste zusammengefaßt sind.

Bei der *Resonanzfrequenz*

$$\omega_0 = \frac{1}{\sqrt{LC}} \qquad (400)$$

verschwindet der Imaginärteil B in Gl.(399) und Y_p ist rein reell, $Y_p = G$.

Als *Dämpfung* des Kreises bezeichnet man das Verhältnis $G/(\omega_0 C)$

$$d = \frac{G}{\omega_0 C} = G\omega_0 L = G\sqrt{\frac{L}{C}} \qquad (401)$$

und als *Güte* des Kreises definiert man

$$Q_B = \frac{1}{d} = \frac{\omega_0 C}{G} = \frac{1}{G\omega_0 L} = \frac{1}{G}\sqrt{\frac{C}{L}} \tag{402}$$

In der Praxis unterscheidet man zwischen zwei Kreisgüten: Die Leerlaufgüte Q_0 ist die Güte des Schwingkreises ohne zugeschaltetem Wirkleitwert G_p. Da für $G_p = 0$ nach Gl.(397) $G = G_L = R_L/(\omega_0 L)^2$ wird, gilt für die *Leerlaufgüte*

$$Q_0 = \frac{1}{G_L\omega_0 L} = \frac{\omega_0 L}{R_L} = \frac{1}{R_L\omega_0 C} = \frac{1}{\tan\delta_L} \tag{403}$$

Dies ist die Leerlaufgüte der Spule L, weil wir die Verluste im Kondensator als vernachlässigbar ansehen dürfen. $\tan\delta_L$ ist der Verlustfaktor der Spule.

Der Verlustleitwert G in Bild 95b) hat also ohne Zusatzleitwert G_p nach Gl.(397) die Größe

$$G = G_L = \frac{R_L}{(\omega_0 L)^2} = \frac{1}{\omega_0 L Q_0} = \frac{\omega_0 C}{Q_0} \quad \text{für} \quad G_p = 0 \tag{404}$$

Wird der Schwingkreis im Betrieb durch äußere Wirkwiderstände zusätzlich gedämpft ($G_p \neq 0$), so spricht man von der *Betriebsgüte*. Sie ist bereits durch Gl.(402) gegeben.

Der *Resonanzwiderstand* des Kreises hat die Größe

$$R_{res} = \frac{1}{G} = Q_B\frac{1}{\omega_0 C} = Q_B\omega_0 L \tag{405}$$

Die Güte Q_B gibt also an, wievielmal der Resonanzwiderstand größer ist als der kapazitive bzw. induktive Blindwiderstand.

In der Filtertheorie benutzt man als Maß für die Frequenzabweichung von der Bandmittenfrequenz f_0 die sog. *Verstimmung*

$$v = \frac{f}{f_0} - \frac{f_0}{f} = \frac{\omega}{\omega_0} - \frac{\omega_0}{\omega} \approx \frac{2\Delta f}{f_0} \qquad (\Delta f = f - f_0) \tag{406}$$

bzw. die *normierte Verstimmung*

$$\Omega = \frac{v}{d} = Q_B v \tag{407}$$

Um die Kreisadmittanz Y_p als Funktion von Ω zu erhalten, schreiben wir die Gl.(399) mit Hilfe von Gl.(400) um:

$$Y_P = G + j\omega_0 C(\frac{\omega}{\omega_0} - \frac{\omega_0}{\omega}) \tag{408}$$

Weil nach Gl.(402) $\omega_0 C = G/d$ ist, kann nun mit Gl.(406) und (407) die Admittanz Y_p auch auf die einfache Form

$$Y_P = G(1 + j\Omega) \tag{409}$$

gebracht werden. Gl.(409) gilt nicht für große Verstimmungen. Bei der Resonanzfrequenz gilt $\omega = \omega_0$ bzw. $v = \Omega = 0$. Hier erreicht der Spannungsbetrag seinen Maximalwert $|\underline{U}_0| = |\underline{I}_0|/G$.

Wenn der Innenwiderstand des den Schwingkreis speisenden Generators sehr viel größer ist als der Resonanzwiderstand des Kreises, kann der Strom $\underline{I}$ durch den Schwingkreis als frequenzunabhängig und konstant angesehen werden (Stromeinprägung: $\underline{I} = konst.$). In diesem Betriebsfall gilt für die normierte Spannung

$$\frac{\underline{U}}{\underline{U}_0} = \frac{1}{1 + j\Omega} \quad \text{für} \quad \underline{I} = konst. \tag{410}$$

daraus folgt für das Betragsverhältnis der Ausdruck

$$\left|\frac{\underline{U}}{\underline{U}_0}\right| = \frac{1}{\sqrt{1 + \Omega^2}} = \left|\frac{Y_{p0}}{Y_P}\right| \quad \text{für} \quad \underline{I} = konst. \tag{411}$$

der in Bild 96a) wiedergegeben ist.

Die in Gl.(411) dargestellte gerade Funktion - die sogenannte *Resonanzkurve* - ist symmetrisch (Bild 96a), weil bei ihrer Herleitung eine Beschränkung auf einen kleinen Frequenzbereich in der Nähe der Resonanz

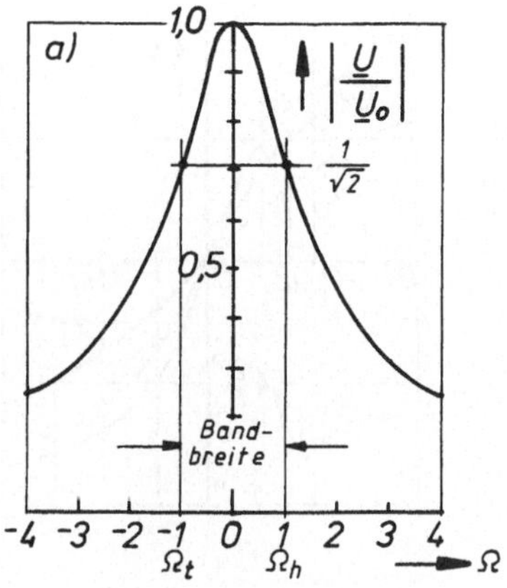
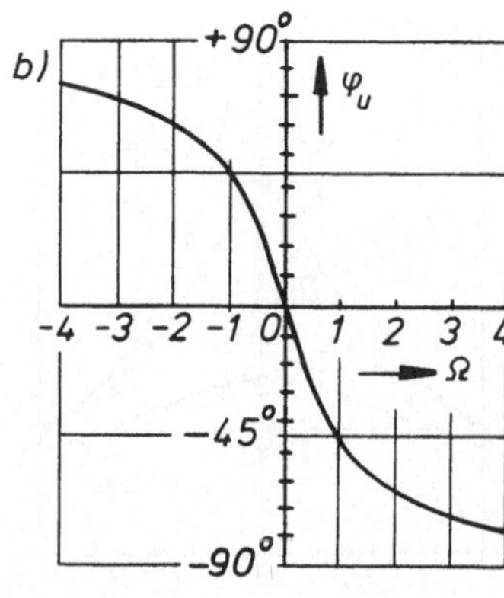

Bild 96 Charakteristische Funktionen des Parallelresonanzkreises für
$\underline{I} = konst.$

(siehe oben) eingeführt wurde. Die über einen großen Frequenzbereich meßbare Resonanzkurve ($|\underline{U}|$ in Abhängigkeit von der Meßfrequenz f) ist unsymmetrisch.

Aus Gl.(410) ist zu entnehmen, daß sich der Phasenwinkel der Kreisspannung $\underline{U}$ mit der Frequenz verändert. In der Filtertheorie spielt dieser Winkel φ_u, um den sich die Spannung $\underline{U}$ gegenüber dem Resonanzfall dreht, eine wichtige Rolle.

$$\varphi_u = -\arctan \Omega \qquad (412)$$

Diese Frequenzabhängigkeit ist in Bild 96b) dargestellt.

Die charakteristischen Funktionen in Bild 96 gelten aufgrund der gewählten Normierung für jeden Parallelresonanzkreis, unabhängig von der vorhandenen Dämpfung. Will man den Einfluß der Dämpfung auf diese Frequenzverläufe erkennen, so sind - wie in Bild 97 gezeigt - nicht normierte Variablen zu verwenden.

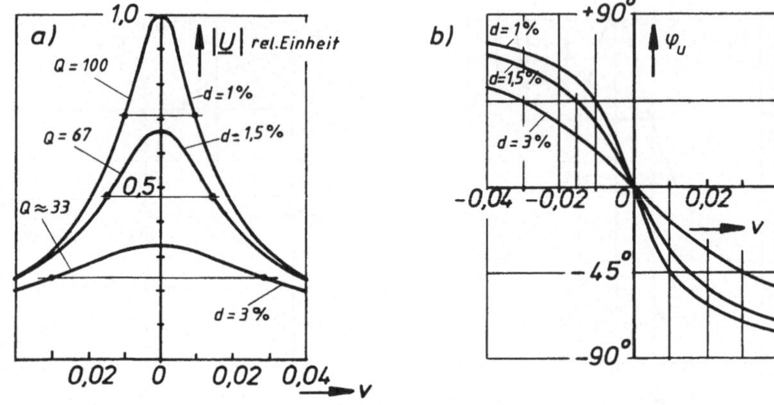

Bild 97   Einfluß der Dämpfung beim Parallelresonanzkreis für
$\underline{I} = konst.$

Die Frequenzdifferenz $b = f_h - f_t$ zwischen den beiden Frequenzen f_h und f_t, die zu dem Wert $|\underline{U}| = |\underline{U}_0|/\sqrt{2}$ beiderseits der Resonanzfrequenz f_0 gehören, wird als *Bandbreite* des Resonanzkreises bezeichnet.

Nach Gl.(411) nimmt bei diesen beiden Frequenzgrenzen die normierte Verstimmung die Werte $\Omega_h = +1$ und $\Omega_t = -1$ an, Bild 96a). Aus $\Omega_h = +1$ folgt mit den Gln.(407) und (406) für die obere Bandgrenze

$$f_h = f_0 \left(\sqrt{1 + \frac{d^2}{4}} + \frac{d}{2} \right) \tag{413}$$

und analog für die untere Bandgrenze

$$f_t = f_0 \left(\sqrt{1 + \frac{d^2}{4}} - \frac{d}{2} \right) \tag{414}$$

Hieraus ergibt sich der einfache Zusammenhang

$$b = 2\Delta f_b = f_h - f_t = f_0 d \overset{(401)}{=} \frac{G}{2\pi C} \qquad (415)$$

4.10.3 Zweistufiger Verstärker mit einem Parallelresonanzkreis

Da der mit einem Parallelresonanzkreis gebildete Koppelvierpol nur parallel liegende Bauelemente enthält, ist es zweckmäßig, in der Prinzipschaltung nach Bild 94 für die beiden neutralisierten Transistoren jeweils die Ersatzschaltung aus Bild 89b) zu verwenden. Man erhält so die in Bild 98 gezeichnete Wechselstrom-Ersatzschaltung.

In dem ausgewählten Beispiel arbeiten die beiden Transistoren I und II jeweils in Emitter-Schaltung. Für nicht zu hohe Frequenzen kann daher der Parameter y'_{11} als kapazitiv angenommen werden. Ebenso läßt sich der Parameter y'_{22} als Parallelschaltung eines ohmschen Leitwertes und einer Kapazität darstellen, [2] Bild 21:

$$y'_{11} = g'_{11} + j\omega C'_{11} \qquad (416)$$

$$y'_{22} = g'_{22} + j\omega C'_{22} \qquad (417)$$

In den Ausnahmefällen (y'_{11e} bei sehr hohen Frequenzen und y'_{11b} bei der Basis-Schaltung) kann die induktive Komponente in erster Näherung durch eine negative Kapazität formal dargestellt werden.

Gleich zu Beginn dieser Untersuchungen muß auf einen entscheidenden Nachteil herkömmlicher (bipolarer) Transistoren hingewiesen werden: Verglichen mit Elektronenröhren oder Feldeffekttransistoren (unipolare Transistoren) haben die bipolaren Transistoren niederohmige Eingangsimpedanzen. Durch sie werden parallel liegende Schwingkreise sehr stark bedämpft. Ein Beispiel soll dies verdeutlichen: Mit den Daten $g'_{11II} = 0,8ms$; $g'_{22I} = 10,9\mu S$; $f_0 = 450kHz$; $C = 200pF$; $Q_0 = 150$ hat der gesamte Verlustleitwert G des Parallelresonanzkreises in Bild 98 die Größe $G = g'_{22I} + G^* + g'_{11II} = 0,815mS \approx g'_{11II}$ wobei $G^* \overset{(404)}{=} \omega_0 C/Q_0 = 3,8\mu S$ beträgt. Die Bandbreite hätte demnach mit

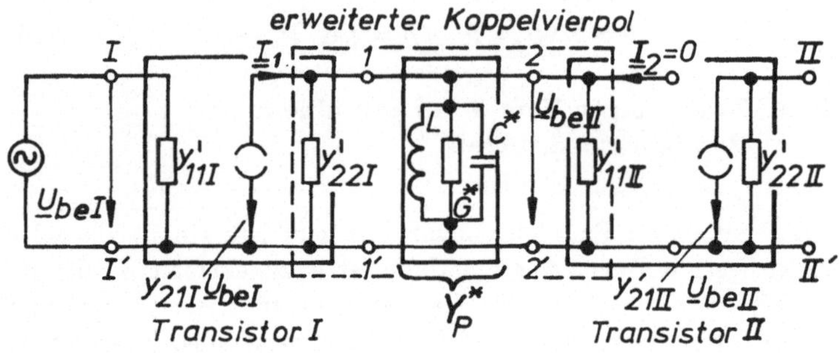

Bild 98   Parallelresonanzkreis als Koppelvierpol

Gl.(415) den Wert $b = 648,6 kHz$, der bei einer Resonanzfrequenz von nur $f_0 = 450 kHz$ relativ groß ist.

Dieses Ergebnis ist außerdem ungenau, weil die Voraussetzungen für die verwendeten Formeln aus dem Abschn.4.10.2 hier nicht erfüllt sind. Der Transistoreingang bedämpft den Schwingkreis so stark, daß die Bandgrenze ($\Omega_h = 1$) bei großen Verstimmungen $v = \Omega d$ liegt. Die Formeln aus dem vorigen Abschnitt setzen aber ausdrücklich kleine Verstimmungen voraus.

In der Praxis kann man wegen der geforderten Selektivität die sich ergebende große Bandbreite nicht zulassen. Der relativ niederohmige Eingangswiderstand bipolarer Transistoren muß daher durch Zwischenschalten eines Transformators hochtransformiert werden. Dies geschieht im praktischen Aufbau meist durch eine geeignete Anzapfung der Kreisinduktivität L (Bild 99). Um eine vorgegebene Bandbreite realisieren zu können, ist oft auch eine Transformation des Ausgangsleitwertes g'_{22I} erforderlich. Hierfür dient normalerweise eine zweite Anzapfung des Schwingkreises (Bild 100).

Bei idealer Kopplung zwischen den verschiedenen Wicklungen des Transformators (Kopplungsgrad gleich 1 d.h. keine Verluste) und den Übersetzungsverhältnissen

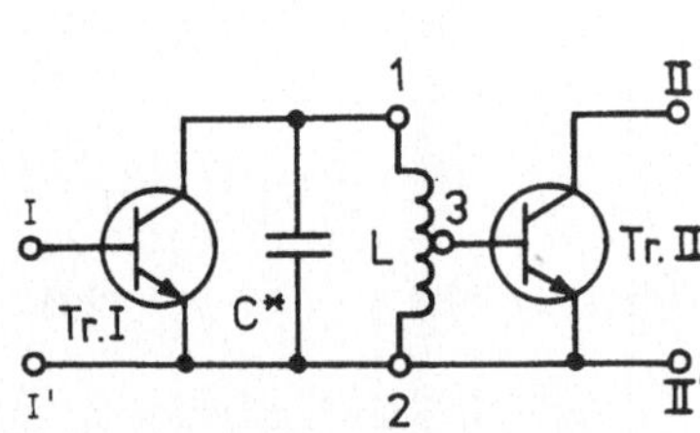

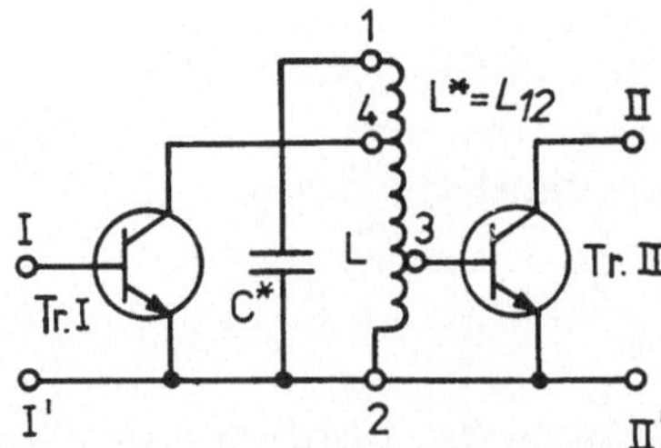

Bild 99 Teilankopplung
zur Anpassung

Bild 100 Teilankopplungen für ge-
fordertes Güteverhältnis

$$\ddot{u}_1 = \frac{n_{32}}{n_{12}} \tag{418}$$

$$\ddot{u}_2 = \frac{n_{42}}{n_{12}} \tag{419}$$

wird der Eingangsleitwert g'_{11II} dann entsprechend der Beziehung

$$g^T_{11} = \ddot{u}^2_1 g'_{11II} \tag{420}$$

sowie der Ausgangsleitwert g'_{22I} entsprechend

$$g^T_{22} = \ddot{u}^2_2 g'_{22I} \tag{421}$$

in den aus der Induktivität L^* und der Kapazität C^* bestehenden Parallelresonanzkreis heruntertransformiert, wenn $\ddot{u}_1$ und $\ddot{u}_2$ jeweils kleiner Eins gewählt werden:

$$g^T_{11} \leq g'_{11II} \ ; \ \ g^T_{22} \leq g'_{22I}$$

Bei Schmalbandverstärkern sind dann die Voraussetzungen zu den Formeln aus dem Abschn.4.10.2 erfüllbar.

Der Parallelresonanzkreis in Bild 100 kann jetzt unter Einbeziehung der transformierten Transistorgrößen $y_{22}^T = \ddot{u}_2^2 y'_{22I}$ und $y_{11}^T = \ddot{u}_1^2 y'_{11II}$ als erweiterter Koppelvierpol betrachtet werden, dessen Admittanz durch die Beziehung

$$Y_p = y_{22}^T + Y_p^* + y_{11}^T \overset{(409)}{=} G(1 + j\Omega) \qquad (422)$$

gegeben ist. Das Ersatzschaltbild des erweiterten Schwingkreises besteht nunmehr aus einer Parallelschaltung der verlustlosen Induktivität $L^* = L_{12}$, dem ohmschen Leitwert

$$G = g_{22}^T + G^* + g_{11}^T \qquad (423)$$

und der verlustlosen Kapazität

$$C = C_{22}^T + C^* + C_{11}^T \qquad (424)$$

Der Leitwert G^* erfaßt die eigenen Verluste des Kreises, also im wesentlichen die Verluste der Spule L^* und eine eventuell vorhandene Zusatzdämpfung: $G^* = G_L + G_p$, vergl.Gl.(397). Die Größe C^* stellt die Kapazität des Schwingkreises dar, und das Symbol Y_p^* bezeichnet die Admittanz des Schwingkreises jeweils ohne Einbezug der transformierten Transistorgrößen.

Wird der Parallelresonanzkreis unter Einbeziehung der transformierten Transistorkapazitäten $C_{22}^T = \ddot{u}_2^2 C'_{22I}$ und $C_{11}^T = \ddot{u}_1^2 C'_{11II}$ auf die gewünschte Bandmittenfrequenz f_0 abgestimmt, so erreicht man, daß der Arbeitswiderstand des Transistors I bei $f = f_0$ reell ist. Außerdem werden auch der komplexe Ausgangswiderstand von Tr.I sowie der komplexe Eingangswiderstand von Tr.II bei $f = f_0$ rein reell (die Kapazitäten werden weggestimmt).

Zur Berechnung der Verstärkereigenschaften ist es günstig, alle Leitwerte auf die Kollektorseite von Transistor I zu transformieren. Man erhält dann das in Bild 101 gezeichnete Ersatzschaltbild.

Da auf der Kollektorseite die Schwingkreisadmittanz Y_p^* mit der Größe

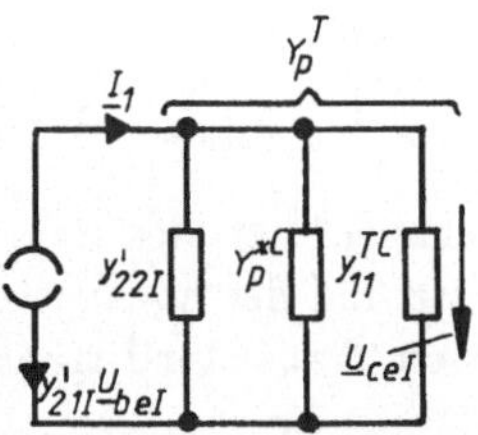

Bild 101   Ersatzschaltbild für den Kollektorkreis von Transistor I

$$Y_p^{*C} = \frac{Y_p^*}{\ddot{u}_2^2} \tag{425}$$

und die Eingangsadmittanz y'_{11II} mit der Größe

$$y_{11}^{TC} = \frac{y_{11}^{T}}{\ddot{u}_2^2} = \left(\frac{\ddot{u}_1}{\ddot{u}_2}\right)^2 y'_{11II} \tag{426}$$

erscheint, hat die gesamte Admittanz in Bild 101 den Wert

$$y'_{22I} + Y_p^{*C} + y_{11}^{TC} = \frac{Y_p}{\ddot{u}_2^2} = \frac{G(1 + j\Omega)}{\ddot{u}_2^2} = Y_p^{T} \tag{427}$$

Aus Bild 101 läßt sich ablesen:

$$\underline{U}_{ceI} = \frac{-y'_{21I}\underline{U}_{beI}\ddot{u}_2^2}{G(1 + j\Omega)} \tag{428}$$

Mit der Spannungsübersetzung $\underline{U}_{beII}/\underline{U}_{ceI} = n_{32}/n_{42} = \ddot{u}_1/\ddot{u}_2$ folgt dann für die Steuerspannung vom Transistor II

$$\underline{U}_{beII} = \ddot{u}_1\ddot{u}_2\frac{-y'_{21I}\underline{U}_{beI}}{G(1 + j\Omega)} \tag{429}$$

und daraus bei konstanter Spannung $\underline{U}_{beI}$

$$\frac{\underline{U}_{beII}(\Omega)}{\underline{U}_{beII0}}\Bigg|_{\underline{U}_{beI}=konst} = \frac{1}{1+j\Omega} \tag{430}$$

Der zusätzliche Index 0 kennzeichnet hier stets den Wert der betreffenden Größe in der Bandmitte und der hochgestellte Index C bezeichnet die in den Kollektorkreis von Transistor I transformierte Größe.

Weil wir erwartungsgemäß eine Übereinstimmung mit der Gl.(410) erhalten, hat dieser Verstärker den in Bild 96 gezeichneten Frequenzgang für Amplitude und Phase.

Übertragungsverluste

Ein Maß für die Übertragungsverluste des Parallelresonanzkreises ist das Verhältnis der vom Transistor II an seinem Eingang aufgenommenen Wirkleistung P_{1II} zur Wirkleistung P_{voutI}, die der Transistor I maximal an seinem Ausgang zur Verfügung stellt. Da dieses Verhältnis nur Werte zwischen Null und Eins annehmen kann, ist es sinnvoll, es mit *Übertragungswirkungsgrad* η zu bezeichnen. Wir definieren also

$$\eta = \frac{P_{1II}}{P_{voutI}} \tag{431}$$

Rein formal gesehen stellt dieser Quotient nach [2] Gl.(53) die Übertragungs-Leistungsverstärkung $v_{p\ddot{u}}$ des Koppelvierpols dar. Wegen der Größenordnung $0 \leq \eta \leq 1$ wäre es in diesem Zusammenhang nicht zweckmäßig, von einer "Verstärkung" zu sprechen. Es handelt sich hier vielmehr um Verluste, also um eine Dämpfung, die man üblicherweise im logarithmischen Maß

$$\eta/db = 10\lg\eta \tag{432}$$

angibt, $(\eta/db \leq 0)$.

Nach [5] S.74 Gl.(2.107) gilt für die verfügbare Leistung eines Generators mit der Innenadmittanz

$$Y_S = G_S + jB_S \tag{433}$$

und dem Kurzschlußstrom (Urstrom) $\underline{I}_S$:

$$P_{vg} = \frac{|\underline{I}_S|^2}{4G_S} \tag{434}$$

vergl.[2] Gl.(52). Nach Bild 98 beträgt somit die am Ausgang von Transistor I verfügbare Leistung

$$P_{voutI} = \frac{|\underline{I}_1|^2}{4g'_{22I}} = \frac{|y'_{21I}|^2|\underline{U}_{beI}|^2}{4g'_{22I}} \tag{435}$$

und die vom Transistor II aufgenommene Leistung folgt der Beziehung

$$P_{1II} = |\underline{U}_{beII}|^2 g'_{11II} \overset{(429)}{=} \frac{|y'_{21I}|^2|\underline{U}_{beI}|^2 g'_{11II}(\ddot{u}_1\ddot{u}_2)^2}{G^2(1+\Omega^2)} \tag{436}$$

Mit den Gln.(420), (421) und (435) erhält man somit für den Übertragungswirkungsgrad

$$\eta = \frac{4g_{11}^T g_{22}^T}{G^2(1+\Omega^2)} \tag{437}$$

Zur Beurteilung des Verstärkers interessieren vor allem die Übertragungsverluste η_0 in der Bandmitte ($\Omega = 0$). Mit den Gln.(437) und (423) findet man hierfür

$$\eta_0 = \frac{4g_{11}^T g_{22}^T}{(g_{22}^T + G^* + g_{11}^T)^2} \tag{438}$$

Es leuchtet ein, daß der Wirkungsgrad umso größer ist, je kleiner der eigene Verlustwert G^* des Schwingkreises gehalten werden kann. Im nicht realisierbaren Extremfall ist $G^* = 0$. Der zugehörige Schwingkreis ohne Zusatzdämpfung G_p und ohne Spulenverluste $G_L (G^* \overset{(307)}{=} G_p + G_L = 0)$ hätte nach Gl.(403) eine unendlich große Leerlaufgüte ($Q_0 = \infty$). Aber selbst in diesem Idealfall erreicht der Wirkungsgrad η_0 i.a. nicht den Wert 1 (100%) wie der zugehörige Kurvenverlauf in Bild 102a) zeigt.

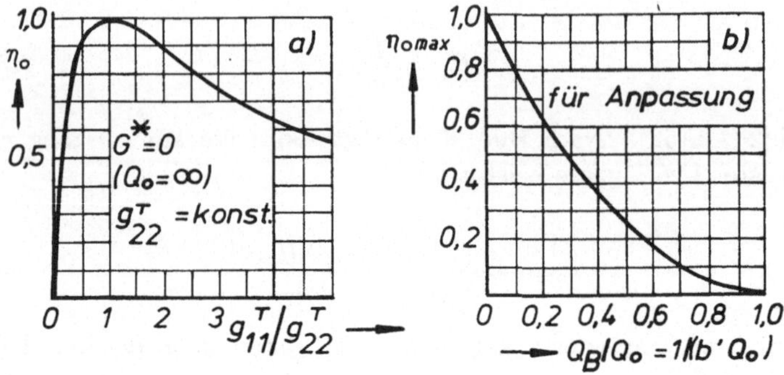

Bild 102   Übertragungswirkungsgrad
        a) für $Q_0 = \infty$
        b) für Anpassung und endliches Q_0

Die Kurve in Bild 102a) veranschaulicht die Übertragungsverluste, die durch die Fehlanpassung zwischen dem Ausgang von Transistor I und dem Eingang von Transistor II entstehen. Nur wenn die Leitwerte g^T_{11} und g^T_{22} gleich sind und bei Vernachlässigung der eigenen Verluste des Schwingkreises ($G^* = 0$) erreicht der Wirkungsgrad den Idealwert $\eta_0 = 1$. Die Beziehung $g^T_{11} = g^T_{22}$ ist entsprechend den Gln.(420) und (421) gleichbedeutend mit der Forderung, daß der in den Kollektorkreis von Transistor I transformierte Eingangsleitwert von Transistor II gleich ist mit dem Ausgangsleitwert g'_{22I}:

$$g^{TC}_{11} = \left(\frac{\ddot{u}_1}{\ddot{u}_2}\right)^2 g'_{11II} = g'_{22I} \tag{439}$$

d.h. aber auch, daß zwischen den Transistoren I und II *Anpassung* herrschen muß.

Wir wollen als nächstes auch noch den Einfluß der eigenen Verluste G^* des Schwingkreises auf den Maximalwert von η_0 unter Vernachlässigung der Verluste durch Fehlanpassung untersuchen. Die Verluste im Resonanzkreis lassen sich durch sein Güteverhältnis Q_B/Q_0 beschreiben. Nach Gl.(402) gilt für die Leerlaufgüte des Schwingkreises

$$Q_0 = \frac{\omega_0 C}{G^*} \tag{440}$$

Eine Zusatzdämpfung G_p ist bei schmalbandigen Transistorverstärkern normalerweise nicht vorhanden bzw. sie wird hier mit in diese Leerlaufgüte einbezogen (Eigenverluste: $G^* = G_p + G_L$).

Die Betriebsgüte des Schwingkreises ergibt sich zu

$$Q_B = \frac{\omega_0 C}{g_{22}^T + G^* + g_{11}^T} \tag{441}$$

Durch Eliminieren von $\omega_0 C$ erhält man aus den Gln.(440) und (441) zunächst

$$G^* = (g_{22}^T + g_{11}^T)\frac{Q_B}{Q_0 - Q_B} \tag{442}$$

Mit diesem Ausdruck läßt sich in Gl.(438) der Verlustleitwert G^* eliminieren. Nach einigen Umformungen gewinnt man den Zusammenhang

$$\eta_0 = \frac{4 g_{11}^T g_{22}^T}{(g_{22}^T + g_{11}^T)^2} \left(1 - \frac{Q_B}{Q_0}\right)^2 \tag{443}$$

Entsprechend seiner Darstellung in Bild 102a) beschreibt der erste Faktor in Gl.(443) die *Verluste durch die Fehlanpassung* zwischen dem Transistor I und dem Transistor II. Der zweite Faktor bezeichnet schließlich die *Einfügungsverluste des Resonanzkreises*. Wollen wir deren alleinigen Einfluß erkennen, so ist in Gl.(443) die Anpassung vorauszusetzen. Mit $g_{22}^T = g_{11}^T$ erhält man

$$\eta_{0max} = \left(1 - \frac{Q_B}{Q_0}\right)^2 \text{ für Anpassung} \tag{444}$$

Diese Funktion besagt, in welchem Maß das Maximum in Bild 102a) bei Berücksichtigung der Schwingkreisverluste G^* abnimmt. Zur besseren Orientierung wurde die Gl.(444) in Bild 102b) graphisch dargestellt. Technisch sinnvoll ist nur der Wertebereich $0 \leq Q_B/Q_0 \leq 1$. Für das allein entscheidende Güteverhältnis gilt nach Gl.(440) und (441)

$$\frac{Q_B}{Q_0} = \frac{G^*}{g_{22}^T + G^* + g_{11}^T} \tag{445}$$

In der Praxis ist gewöhnlich eine ganz bestimmte Bandbreite gefordert. Wir müssen daher auch noch den Zusammenhang zwischen Verstärkung und Bandbreite untersuchen.

Für die Spannungsverstärkung in der Bandmitte folgt unmittelbar aus Gl.(429)

$$|v_{ue0}| = \left|\frac{\underline{U}_{beII0}}{\underline{U}_{beI0}}\right| = ü_1 ü_2 \frac{|y'_{21I}|}{G} = ü_1 ü_2 \frac{|S|}{G} \tag{446}$$

(Um Verwechslungen vorzubeugen, muß darauf hingewiesen werden, daß der Index 0 im Abschn.4.10 nicht den NF-Wert wie z.B. in [2] Gl.(152) kennzeichnet, sondern den Wert in der Bandmitte).

Formal erhalten wir mit Gl.(446) das gleiche Ergebnis wie beim RC-Verstärker, [2] Gl.(30):

$$\underline{U}_{beII}/\underline{U}_{ceI} = n_{32}/n_{42} = ü_1 ü_2 \quad ; \quad |\underline{U}_{ceI0}| = |S| r_{lw} |U_{beI0}|$$

$$r_{lw} = ü_2^2/G \quad ; \quad |\underline{U}_{beII0}|/|\underline{U}_{beI0}| = ü_1 ü_2 |S|/G.$$

Die Bandbreite der Verstärkung ist durch die Bandbreite des Schwingkreises gegeben. Nach Gl.(415) kann man hierfür schreiben

$$b = \frac{G}{2\pi C} = \frac{g_{22}^T + G^* + g_{11}^T}{2\pi(C_{22}^T + C^* + C_{11}^T)} \tag{447}$$

bzw. für die *normierte Bandbreite* mit den Gln. (440) und (441)

$$b' = \frac{b}{f_0} = \frac{G}{\omega_0 C} = \frac{g_{22}^T + G^* + g_{11}^T}{Q_0 G^*} = \frac{1}{Q_B} \qquad (448)$$

Führen wir das Ergebnis aus Gl.(447) in Gl.(446) ein, so gewinnen wir den gesuchten Zusammenhang zwischen Bandbreite und Verstärkung

$$|v_{ue0}| = ü_1 ü_2 \frac{|y'_{21I}|}{2\pi b C} \qquad (449)$$

In der Praxis will man eine Verstärkung haben, die mit einer bestimmten, geforderten Bandbreite gekoppelt ist. Deshalb ist das Produkt *Bandbreite mal Verstärkung* wichtig

$$|v_{ue0}| \cdot b = ü_1 ü_2 \frac{|y'_{21I}|}{2\pi C} \qquad (450)$$

Für die Leistungsverstärkung $v_p = P_{1II}/P_{1I}$ erhält man mit der vom Transistor I aufgenommenen Leistung $P_{1I} = |U_{beI}|^2 g'_{11I}$ sowie mit den Gln.(436) und (447)

$$v_{pe0} \cdot b = (ü_1 ü_2)^2 \frac{|y'_{21I}|^2}{2\pi C G} \cdot \frac{g'_{11II}}{g'_{11I}} \qquad (451)$$

Bei zwei gleichen Transistoren im gleichen Arbeitspunkt ist $g'_{11II} = g'_{11I}$.

Wir erkennen aus Gl.(449), daß mit größer werdender Bandbreite b die Verstärkung kleiner wird, weil entsprechend den Gln.(450) und (451) bei gegebenen Transistoren und gegebener Schaltung das Produkt "Bandbreite mal Verstärkung" konstant ist.

Die Abszissenvariable in Bild 102b) kann mit Gl.(448) durch die normierte Bandbreite ausgedrückt werden: $Q_B/Q_0 = 1/(b'Q_0)$. Der maximal erreichbare Übertragungswirkungsgrad ist daher umso größer, je größer die normierte Bandbreite b' und je größer die Leerlaufgüte Q_0 sind. Die Bandbreite ist aber normalerweise fest vorgegeben und kann daher nicht beliebig vergrößert werden. Wir erkennen daraus, daß eine schmale Bandbreite und gleichzeitige geringe Übertragungsverluste Forderungen sind, die sich widersprechen. Die einzige Möglichkeit,

58

den Wirkungsgrad zu erhöhen besteht darin, daß die physikalischen Grenzen für die Spulengüte Q_0 so weit wie möglich ausgenutzt werden. Weiter unten wird gezeigt werden, wie durch die besondere Schaltungsanordnung in Bild 100 eine genügend hohe Spulengüte erreicht werden kann.

Die bisherigen Betrachtungen ergaben, daß die Übertragungsverluste am geringsten sind, wenn zwischen dem Ausgang von Transistor I und dem Eingang von Transistor II Anpassung herrscht. D.h. den maximalen Wirkungsgrad erhält man für $g_{22}^T = g_{11}^T$. Weil beim Transistor die Realteile g_{11} und g_{22} meistens um mehrere Größenordnungen auseinanderliegen, ist dieser optimale Betriebsfall nur durch das Zwischenschalten eines Transformators zu erreichen. Besonders wirtschaftlich ist die üblicherweise verwendete *transformatorische Teilankopplung* (Spartransformator) wie sie in Bild 99 und 100 bereits eingeführt wurde. Durch die Anordnung z.B. in Bild 99 wird ein an der Wicklung n_{32} angeschlossener Leitwert auf die Kollektorseite von Transistor I heruntertransformiert ($ü_1 < 1$). Diese Ankopplungsart ist bei den vorausgesetzten Emitter-Schaltungen erforderlich, weil der Realteil g'_{11II} der Eingangsadmittanz der 2. Stufe dann größer ist als der Realteil g'_{22I} der Ausgangsadmittanz der 1. Stufe, [2] Bild 17. In den Fällen (z.B. bei der Verwendung anderer Grundschaltungen). bei denen $g'_{11II} < g'_{22I}$ ist, muß die Anordnung in Bild 99 umgedreht werden: die Basis von Transistor II wird an die ganze Wicklung und der Kollektor von Transistor I an eine Anzapfung gelegt ($ü_1 > 1$).

Das optimale Übersetzungsverhältnis, für das die in Bild 100 an den Eingang von Transistor II übertragene Leistung ein Optimum wird, ergibt sich aus den vorausgehenden Untersuchungen bei *Anpassung* d.h. für $g_{11}^T = g_{22}^T$, also mit den Gln.(420) und (421)

$$\left(\frac{ü_1}{ü_2}\right)_{opt} = \frac{n_{32}}{n_{42}} = \sqrt{\frac{g'_{22I}}{g'_{11II}}} \tag{452}$$

Wenn dieses optimale Übersetzungsverhältnis durch geeignete Wahl der Spulenanzapfungen eingestellt wird, nimmt der 1.Faktor in Gl.(443) den Wert Eins an (keine Verluste durch Fehlanpassung) und der Über-

tragungswirkungsgrad erreicht das in Gl.(444) angegebene Maximum.
Wobei für die Betriebsgüte nach Gl.(441) jetzt

$$Q_B = \frac{\omega_0 C}{2g_{22}^T + G^*} \qquad \text{für Anpassung} \qquad (453)$$

und nach Gl.(448) für die normierte Bandbreite

$$b' = \frac{1}{Q_B} = \frac{2g_{22}^T + G^*}{Q_0 G^*} \qquad \text{für Anpassung} \qquad (454)$$

gilt.

Im praktischen Fall wird die Bandmittenfrequenz f_0, die Bandbreite b und die zugelassenen Übertragungsverluste vorgegeben sein. Die anzustrebende Anpassung zwischen den Transistoren I und II kann bereits mit einer einzigen Anzapfung gemäß Bild 99 erreicht werden. Den günstigsten Wert für ü$_1$ erhält man dann mit ü$_2 = 1$ aus Gl.(452). Der Übertragungswirkungsgrad ergibt sich aus Gl.(432) und daraus weiter mit Gl.(444) die erforderliche Leerlaufgüte Q_0 sowie der Verlustleitwert G^* des Kreises aus Gl.(454). Weil nun dieser Leitwert praktisch allein durch die Spulenverluste bestimmt wird, liegt nach Gl.(404) auch deren Induktivitätswert L (Bild 99) bereits fest:

$$L = \frac{1}{2\pi f_0 Q_0 G^*} \overset{(454)}{=} \frac{b' Q_0 - 1}{4\pi f_0 Q_0 g_{22I}'} \qquad \text{für} \qquad ü_2 = 1 \qquad (455)$$

Es besteht nun vielfach das Problem, daß dieser Induktivitätswert L mit der vorgeschriebenen Leerlaufgüte Q_0 technisch nicht realisiert werden kann. Hier hilft die Tatsache weiter, daß die Güte Q_0 proportional zur Windungszahl n der Spule zunimmt, weil die Beziehung $Q_0 \overset{(403)}{=} \omega_0 L / R_L$ besteht und die Induktivität L bekanntlich mit n^2, der Verlustwiderstand R_L aber etwa nur mit n wächst. Kleinere Induktivitäten können deshalb nicht mit so hoher Güte Q_0 hergestellt werden wie größere Induktivitätswerte. Man verwendet daher gegebenenfalls die Schaltungsanordnung nach Bild 100, deren Induktivität $L^* = L_{12}$ ein Vielfaches des Wertes aus Gl.(455) sein kann und daher meistens mit genügend hoher Güte Q_0 zu realisieren ist. Zum Einstellen der Anpassung kommt es dann nach Gl.(452) lediglich auf das Verhältnis $ü_1/ü_2$ an und der Verlustleitwert des Schwingkreises

$$G = ü_2^2 g'_{22I} + G^* + ü_1^2 g'_{11II} \tag{456}$$

ist daher noch beliebig wählbar. Wir benützen diesen Freiheitsgrad, um die geforderte Bandbreite b zu verwirklichen.

Die Induktivität L^* wird so gewählt, daß sich erstens der geforderte Gütewert Q_0 bequem erreichen läßt (Orientierungshilfe für realisierbare Güten: z.B. [10] S.626ff und zweitens die gewünschte Resonanzfrequenz f_0 mit einem praktikablen Kapazitätswert

$$C^* = \frac{1}{\omega_0^2 L^*} - ü_2^2 C'_{22I} - ü_1^2 C'_{11II} \tag{457}$$

einzustellen ist.

Der Verlustleitwert G^* des Kreises liegt jetzt gemäß Gl.(404) fest:

$$G^* = \frac{1}{\omega_0 L^* Q_0} \tag{458}$$

Ebenso ist seine Betriebsgüte $Q_B \overset{(448)}{=} 1/b'$ vorgegeben. Damit hat auch das für den maximalen Übertragungswirkungsgrad η_{0max} entscheidende Güteverhältnis Q_B/Q_0 einen aus Gl.(445) berechenbaren festen Wert. Eliminiert man in Gl.(445) mit Hilfe der Beziehung (452) das Übersetzungsverhältnis $ü_1$, so ist die vorgeschriebene Betriebsgüte Q_B bzw. die Bandbreite $b' = 1/Q_B$ bei vorgegebenen Leitwerten nur noch mit einem bestimmten Übersetzungsverhältnis $ü_2$ zu erreichen. Bei *Anpassung*, Gl.(452), ist

$$ü_{2opt} = \frac{n_{42}}{n_{12}} = \sqrt{\frac{G^*}{2g'_{22I}}(b'Q_0 - 1)} \overset{(458)}{=} \sqrt{\frac{b'Q_0 - 1}{2g'_{22I}\omega_0 L^* Q_0}} \tag{459}$$

Für $ü_{2opt} = 1$ folgt aus dieser Beziehung - wie es sein muß - wieder der Induktivitätswert aus Gl.(455).

Die den Berechnungen zugrunde liegende ideale Kopplung zwischen den verschiedenen Wicklungen läßt sich mit Spulenkernen aus Ferrit bzw. mit Ferritschalenkernen weitgehend erreichen. Diese Ferritmaterialien ermöglichen auch die hohen Gütewerte Q_0, die zur Herabsetzung der Einfügungsverluste des Parallelresonanzkreises gebraucht werden, [10].

Selektivität

Weil häufig statt der Bandbreite b eine bestimmte Selektivität S (z.B. zur Unterdrückung des Nachbarkanals) gefordert wird, ist es zweckmäßig, wenn wir abschließend noch den Zusammenhang zwischen den Größen S, b und Q_B untersuchen.

Eingangs des Abschnittes 4.10.1 ist die Selektivität definiert. Danach können wir mit Gl.(430) beginnen:

$$S = \left| \frac{\underline{U}_{beII0}}{\underline{U}_{beII}(\Omega_S)} \right| = \sqrt{1 + \Omega_S^2} \tag{460}$$

wobei nach den Gln.(407), (406), (415) und (448)

$$\Omega_S = \frac{v_S}{d} \approx \frac{2\Delta f_S}{f_0 d} = \frac{2\Delta f_S}{b} = \frac{2\Delta f_S Q_B}{f_0} \tag{461}$$

zu setzen ist. Durch Umformen erhält man aus Gl.(460) den Zusammenhang

$$\Omega_S = \sqrt{S^2 - 1} \tag{462}$$

und daraus mit Gl.(461) schließlich

$$Q_B \approx \frac{f_0}{2\Delta f_S} \sqrt{S^2 - 1} \tag{463}$$

oder

$$b \approx \frac{2\Delta f_S}{\sqrt{S^2 - 1}} \approx \frac{f_0}{Q_B} = f_0 d \tag{464}$$

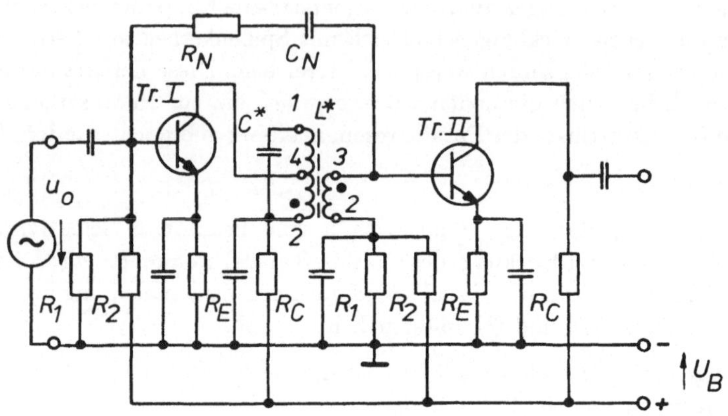

Bild 103   Einfacher ZF-Verstärker

Beispiel 64:

a) Der ZF-Verstärker in Bild 103 mit zwei gleichen Transistoren und einem Resonanzkreis soll dimensioniert werden. Die Selektivität, bei einer Frequenzabweichung $\Delta f_S = \pm 9kHz$ von der Bandmittenfrequenz $f_0 = 450kHz$, sei $S = 3$. Die Übertragungsverluste des Koppelvierpols sollen höchstens $3dB$ betragen ($\eta_0 = -3dB$). Für beide neutralisierte Transistoren ist jeweils der in Beisp.59 charakterisierte Typ zu verwenden.

b) Wie groß ist die Bandbreite des Verstärkers?

c) Wie groß ist die Leistungsverstärkung $v_{pSt} = P_{1II}/P_{1I}$ der 1. Stufe (einschließlich Übertragungsverluste)?

d) Wie groß wären die erforderlichen Güten Q_B und Q_0 für die Selektivitäten $S = 15$; 10 und 5?

Lösung:

Bis auf den Basis-Spannungsteiler des 1. Transistors und den Kollektorwiderstand von Transistor II sind alle sonstigen Widerstände zur

63

Arbeitspunkteinstellung kapazitiv überbrückt.

Weil das optimale Übersetzungsverhältnis ü $\overset{(370)}{=}$ n_{32}/n_{42} für die Neutralisation nach Gl.(385) gleich groß ist wie das Übersetzungsverhältnis $ü_1/ü_2$ für optimale Leistungsübertragung nach Gl.(452) ($g'_{22I} = g'_{22II} \approx g_{22e}$ und $g'_{11II} = g'_{11I} \approx g_{11e}$), kann die Neutralisation einfach durch eine galvanisch getrennte und gegensinnig gewickelte Wicklung n_{32} erreicht werden.

a) Neutralisation: ü $\overset{(370)}{=}$ n_{32}/n_{42} $\overset{(385)}{=}$ $0,12$; R_N $\overset{(386)}{=}$ 0; C_N $\overset{(387)}{=}$ $8,3pF$; $C_{11e} = 38,9pF$; $C_{22e} = 1,8pF$. Da die Voraussetzungen aus den Gln.(379) und (380) erfüllt sind, darf mit $y'_{11} \approx y_{11e}$; $y'_{21} \approx y_{21e}$ und $y'_{22} \approx y_{22e}$ gerechnet werden. Wie wir außerdem aus [2] Bild 17 und [2] Bild 42 entnehmen können, ändern sich innerhalb des schmalen Durchlaßbereiches des Verstärkers die Transistorgrößen g_{11e}, g_{22e}, C_{22e} und C_{11e} ihre Werte kaum. Es ist also ohne weiteres möglich, die Frequenzabhängigkeit der Transistorparameter bei der Berechnung von Schmalbandverstärkern zu vernachlässigen.
$(ü_1/ü_2)_{opt}$ $\overset{(452)}{=}$ $0,12$. Q_B $\overset{(463)}{=}$ 71. η_0 $\overset{(432)}{=}$ $0,5 = 50\%$. Q_0 $\overset{(444)}{=}$ 242. $Q_B/Q_0 = 0,3$. b' $\overset{(448)}{=}$ $0,014$. Z.B. nach den Angaben aus [10] S.627 wird eine Induktivität $L^* = 500\mu H$ gewählt, die sich mit der Güte $Q_0 = 242$ realisieren läßt. C $\overset{(400)}{=}$ $250pF$. $ü_{2opt}$ $\overset{(459)}{=}$ $0,57$. Also muß für $ü_{1opt} = 0,12 \cdot 0,57 = 0,07$ gewählt werden. C^* $\overset{(457)}{=}$ $249,4pF$ Der Einfluß der Transistorkapazitäten ist also sehr gering.

b) b $\overset{(448)}{=}$ $6,3kHz$.

c) v'_{popt} $\overset{(383)}{\approx}$ 261475 $\overset{\wedge}{=}$ $54,2dB$. Da die Einfügungsverluste des Schwingkreises $3dB$ betragen, hat die Gesamtverstärkung den Wert $v_{pSt} = 54,2dB - 3dB \approx 51dB$.

d) Mit den Gln.(463) und (444) ergibt sich

S	15	10	5
Q_B	374	249	122
Q_0	1277	850	417

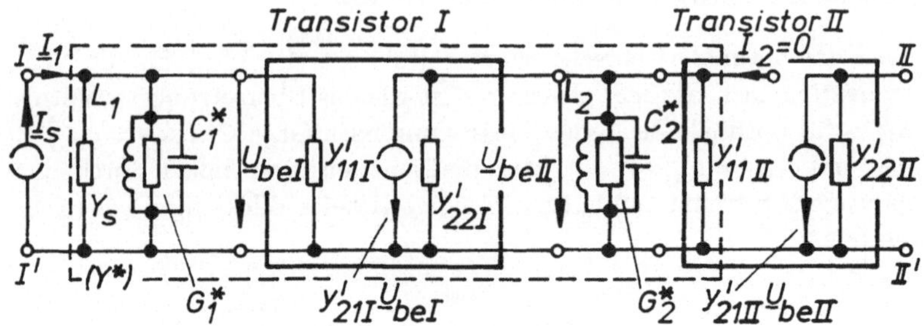

Bild 104   Verstärker mit zwei Resonanzkreisen

Alle diese Leerlaufgüten Q_0 sind praktisch nicht realisierbar. D.h. die geforderte Selektivität kann mit einem einzigen Parallelschwingkreis nicht erreicht werden.

4.10.4   Zweistufiger Verstärker mit zwei Parallelresonanzkreisen

Aus dem Beisp.64 ist zu entnehmen, daß der mit einem einzigen Parallelresonanzkreis erreichbaren Selektivität Grenzen gesetzt sind. Sie läßt sich aber auf einfache Weise vergrößern, wenn zwei oder mehrere Resonanzkreise im Zuge einer Kettenschaltung von Verstärkerstufen verwendet werden.

Wir wollen daher als nächstes untersuchen, wie sich die Verstärkereigenschaften ändern, wenn auch der erste Transistor über einen Parallelresonanzkreis gespeist wird. Das zugehörige Ersatzschaltbild des zu untersuchenden Verstärkers ist in Bild 104 angegeben.

In der praktischen Ausführung eines solchen Verstärkers sind, wie im vorhergehenden Abschnitt ausführlich gezeigt wurde, die Schwingkreise mit Anzapfungen zu versehen, um die Anpassung und die geforderte Betriebsgüte zu erreichen. Zur Vereinfachung der Rechnung werden diese Anzapfungen jetzt weggelassen. Des weiteren setzen wir wieder neutralisierte Transistoren voraus.

Der Schwingkreis am Eingang von Transistor I wird unter Einbeziehung der Innenadmittanz $Y_S = G_S + j\omega C_S$ des Steuergenerators und des Transistorparameters y'_{11I} auf die Resonanzfrequenz f_{01} abgestimmt:

$$Y_{p_1} \overset{(409)}{=} G_1(1 + j\Omega_1) \tag{465}$$

$$G_1 = G_S + G_1^* + g'_{11I} \qquad C_1 = C_S + C_1^* + C'_{11I} \tag{466}$$

$$d_1 \overset{(401)}{=} \frac{G_1}{\omega_{01}C_1} = \frac{1}{Q_{B1}} \qquad Q_{01} \overset{(403)}{=} \frac{1}{G_1^*\omega_{01}L_1} \tag{467}$$

$$\omega_{01} = \frac{1}{\sqrt{L_1C_1}} \qquad v_1 = \frac{f}{f_{01}} - \frac{f_{01}}{f} \qquad \Omega_1 = \frac{v_1}{d_1} \tag{468}$$

Der Schwingkreis am Ausgang von Transistor I wird unter Einbeziehung der Transistorparameter y'_{22I} und y'_{11II} auf die Frequenz f_{02} abgestimmt:

$$Y_{p2} = G_2(1 + j\Omega_2) \tag{469}$$

$$G_2 = g'_{22I} + G_2^* + g'_{11II} \qquad C_2 = C'_{22I} + C_2^* + C'_{11II} \tag{470}$$

$$d_2 = \frac{G_2}{\omega_{02}C_2} = \frac{1}{Q_{B2}} \qquad Q_{02} = \frac{1}{G_2^*\omega_{02}L_2} \tag{471}$$

$$\omega_{02} = \frac{1}{\sqrt{L_2C_2}} \qquad v_2 = \frac{f}{f_{02}} - \frac{f_{02}}{f} \qquad \Omega_2 = \frac{v_2}{d_2} \tag{472}$$

Für die Leitwertparameter (Matrix (y^*)) des in Bild 104 gestrichelt eingegrenzten Vierpols erhält man bei Kurzschluß am Ausgang, $\underline{U}_{beII} = 0$

$$y_{11}^* = G_1(1 + j\Omega_1) \qquad y_{21}^* = y'_{21I} \tag{473}$$

sowie bei Kurzschluß am Eingang, $\underline{U}_{beI} = 0$

$$y_{22}^* = G_2(1 + j\Omega_2) \qquad\qquad y_{12}^* = 0 \tag{474}$$

Weil für die Klemmenströme dieses Vierpols $\underline{I}_1 = \underline{I}_S$ und $\underline{I}_2 = 0$ (Leerlauf am Ausgang) gilt, lauten seine Vierpolgleichungen

$$\underline{I}_S = G_1(1 + j\Omega_1)\underline{U}_{beI} \tag{475}$$

$$0 = y'_{21I}\underline{U}_{beI} + G_2(1 + j\Omega_2)\underline{U}_{beII} \tag{476}$$

Eliminiert man mit Hilfe der Gl.(475) in Gl.(476) die Spannung $\underline{U}_{beI}$, so ergibt sich für die Ausgangsspannung der 1.Stufe

$$\underline{U}_{beII} = \frac{-y'_{21I}\underline{I}_S}{G_1 G_2(1 + j\Omega_1)(1 + j\Omega_2)} \tag{477}$$

Mit der vom Transistor II aufgenommenen Leistung $P_{1II} = |\underline{U}_{beII}|^2 g'_{11II}$ und der verfügbaren Leistung $P_{vg} \overset{(434)}{=} |\underline{I}_S|^2/(4G_S)$ des Steuergenerators hat die 1. Stufe die Übertragungs-Leistungsverstärkung $v_{p\ddot{u}} = P_{1II}/P_{vg}$

$$v_{p\ddot{u}} = 4G_S g'_{11II} \frac{|y'_{21I}|^2}{G_1^2 G_2^2} \cdot \frac{1}{(1 + \Omega_1^2)(1 + \Omega_2^2)} \tag{478}$$

Zwei gleiche, auf die Bandmitte abgestimmte Einzelkreise

Wenn die beiden Schwingkreise in Bild 104 auf die gewünschte Bandmittenfrequenz f_0 abgestimmt sind, gilt $\omega_{01} = \omega_{02} = \omega_0$ und $v_1 = v_2 = v$. Da dann bei $f = f_0$ die normierten Verstimmungen Ω_1 und Ω_2 den Wert Null annehmen, erhalten wir aus Gl.(478) für die Übertragungs-Leistungsverstärkung in der Bandmitte den Ausdruck

$$v_{p\ddot{u}0} = 4G_S g'_{11II} \frac{|y'_{21I}|^2}{G_1^2 G_2^2} \tag{479}$$

Um die einzelnen Einflußgrößen besser erkennen zu können, schreiben wir die Gl.(479) um:

$$v_{p\ddot{u}0} = \frac{|y'_{21I}|^2}{4g'_{11I}g'_{22I}} \cdot \frac{4G_S g'_{11I}}{(G_S + g'_{11I})^2} \cdot \frac{4g'_{11II}g'_{22I}}{(g'_{22I} + g'_{11II})^2}$$

$$\cdot \left(\frac{G_S + g'_{11I}}{G_1}\right)^2 \cdot \left(\frac{g'_{22I} + g'_{11II}}{G_2}\right)^2 \tag{480}$$

Der erste Term in dieser Gleichung bezeichnet nach Gl.(383) die maximale rückwirkungsfreie Leistungsverstärkung von Transistor I. Der zweite Term wird zu Eins für $G_S = g'_{11I}$. Er bezeichnet also die Verluste, die durch die Fehlanpassung zwischen der Steuerquelle und dem Eingang von Transistor I entstehen. Da der dritte Term für $g'_{22I} = g'_{11II}$ den Wert Eins erreicht, beschreibt er die Verluste durch die Fehlanpassung zwischen dem Ausgang von Transistor I und dem Eingang von Transistor II. Dieser Faktor war bereits in Gl.(443) aufgetreten. Vom Aufbau jener Gl.(443) her gesehen ist zu vermuten, daß die zwei letzten Terme in Gl.(480) die Einfügungsverluste der beiden Schwingkreise wiedergeben. Hierfür findet man eine Bestätigung, wenn die beiden angesprochenen Leitwertverhältnisse mit Hilfe der Gln.(467), (468), (471) und (472) auf die Güteverhältnisse Q_B/Q_0 der beiden Schwingkreise umgerechnet werden:

$$\frac{G_S + g'_{11I}}{G_1} = 1 - \frac{Q_{B1}}{Q_{01}} \qquad \frac{g'_{22I} + g'_{11II}}{G_2} = 1 - \frac{Q_{B2}}{Q_{02}} \tag{481}$$

Die durch die Schwingkreise bewirkten Übertragungsverluste sind also wieder umso niedriger, je kleiner das Verhältnis "Betriebsgüte zu Leerlaufgüte" gehalten werden kann oder anders ausgedrückt: die Einfügungsverluste sind umso kleiner, je größer das Produkt "Bandbreite mal Leerlaufgüte" des Schwingkreises ist.

Die Verluste durch eine Fehlanpassung können in der Praxis - wie in Abschn.4.10.3 erläutert wurde - durch eine Anzapfung der Schwingkreise mit jeweils dem Übersetzungsverhältnis $\ddot{u}_1$ vermieden werden. Mit einer zusätzlichen Anzapfung $\ddot{u}_2$ an beiden Schwingkreisen kann man dann auch noch eine bestimmte Betriebsgüte (z.B. für beide Kreise die gleiche Güte Q_B) d.h. eine bestimmte Bandbreite einstellen.

Um die Verbesserung der Selektivität erkennen zu können, berechnen wir aus Gl.(477) bei konstantem Strom $\underline{I}_S$ die *Amplitudencharakteristik* des Verstärkers mit zwei gleichen Schwingkreisen ($d_1 = d_2 = d$ d.h. $\Omega_1 = \Omega_2 = \Omega$)

$$\left|\frac{\underline{U}_{beII}(\Omega)}{\underline{U}_{beII0}}\right|_{\underline{I}_S=konst} = \frac{1}{\sqrt{(1+\Omega^2)^2}} = \frac{1}{1+\Omega^2} \quad \text{für} \quad n = 2 \qquad (482)$$

und vergleichen sie mit derjenigen, die sich aus Gl.(430) ergibt, wenn nur ein Schwingkreis verwendet wird:

$$\left|\frac{\underline{U}_{beII}(\Omega)}{\underline{U}_{beII0}}\right|_{\underline{I}_S=konst} = \frac{1}{\sqrt{1+\Omega^2}} \quad \text{für} \quad n = 1 \qquad (483)$$

$n = $ Anzahl der Kreise.

In Bild 105 sind die Amplitudencharakteristiken aus den Gln.(482) und (483) aufgezeichnet. Wir erkennen daraus, daß die Selektionskurve bei $n = 2$ steiler verläuft als bei $n = 1$. Man muß allerdings auch den Nachteil mit in Kauf nehmen: die Bandbreite wird kleiner.

Rechnerisch ergibt sich für die *Gesamtselektivität* aus deren Definition analog zu Gl.(460)

$$S_{ges} = \left|\frac{\underline{U}_{beII0}}{\underline{U}_{beII}(\Omega_S)}\right| \overset{(482)}{=} 1 + \Omega_S^2 \overset{(460)}{=} S^2 \qquad (484)$$

S Selektivität des Einzelkreises (n=1).

An der oberen Bandgrenze ist $\Omega = \Omega_h$ und es gilt

$$\left|\frac{\underline{U}_{beII}(\Omega_h)}{\underline{U}_{beII0}}\right| \overset{(482)}{=} \frac{1}{1+\Omega_h^2} = \frac{1}{\sqrt{2}} \qquad (485)$$

Demnach ist bei zwei gleichen Schwingkreisen ($n = 2$)

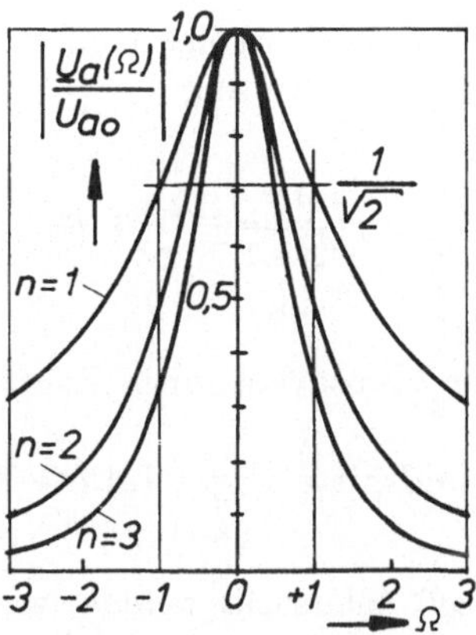

Bild 105 Amplitudencharakteristiken eines mehrstufigen Verstärkers mit n gleichen auf die Bandmitte abgestimmten Schwingkreisen (siehe Gl.(502))

$$\Omega_h = \frac{v_h}{d} \overset{(406)}{\approx} \frac{2\Delta f_b}{f_0 d} \overset{(415)}{=} \frac{b_{ges}}{b} = \sqrt{\sqrt{2}-1} \tag{486}$$

b Bandbreite des Einzelkreises ($n = 1$).

Die Bandbreite des Verstärkers hat sich also auf den Wert

$$b_{ges} = b\sqrt{\sqrt{2}-1} = b \cdot 0,64 \tag{487}$$

verkleinert.

Will man eine bestimmte Gesamtselektivität S_{ges} erreichen, so muß die Selektivität des Einzelkreises kleiner sein:

$$S = \sqrt{S_{ges}} \tag{488}$$

Diese Gesetzmäßigkeit geht durch Umkehrung aus der Gl.(484) hervor. Die Umkehrung der Gl.(487) lehrt ebenso, daß die Bandbreite des Einzelkreises größer gewählt werden muß, wenn eine vorgegebene Gesamtbandbreite erreicht werden soll:

$$b = \frac{b_{ges}}{\sqrt{\sqrt{2}-1}} = 1,55 \cdot b_{ges} \tag{489}$$

4.10.5 Mehrstufiger Verstärker mit n Parallelresonanzkreisen

4.10.5.1 Auf die Bandmitte abgestimmte Einzelkreise

In diesem Abschnitt soll untersucht werden, wie sich die Verstärkereigenschaften ändern, wenn n auf die Bandmittenfrequenz f_0 abgestimmte gleiche Parallelresonanzkreise zusammen mit $(n-1)$ gleichen neutralisierten Transistoren in Emitter-Schaltung in einem $(n-1)$-stufigen HF-Verstärker verwendet werden.

Die n Parallelresonanzkreise seien jeweils mit zwei Anzapfungen entsprechend der Anordnung in Bild 100 versehen. Zur Unterscheidung der i.a. unterschiedlichen Übersetzungsverhältnisse wählen wir für den ν-ten Kreis die Bezeichnungen $ü_{1\nu}$ und $ü_{2\nu}$.

In Bild 106 ist ein Ersatzschaltbild des mehrstufigen Verstärkers gezeichnet.

Die Admittanz Y_{PI} am Eingang des Verstärkers enthält die transformierte Innenadmittanz Y_S der Steuerquelle

$$Y_S^T = ü_{2I}^2 Y_S \tag{490}$$

und die Admittanz Y_{PI}^* des 1. Schwingkreises sowie die transformierte Eingangsadmittanz des Transistors I

$$y_{11I}^T = ü_{1I}^2 y_{11I}' \tag{491}$$

Es gilt also

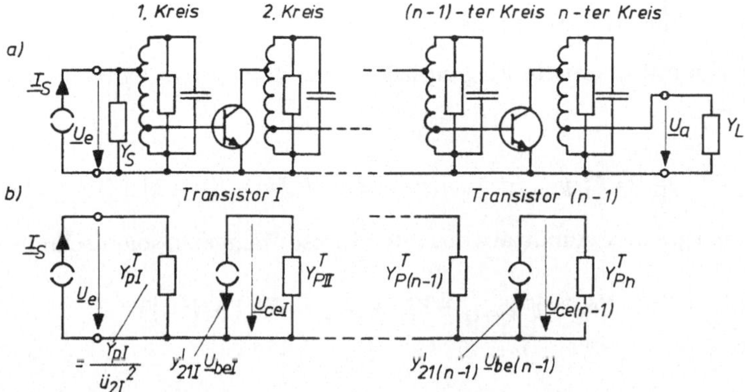

Bild 106   Mehrstufiger Verstärker mit n Einzelkreisen
a) Schaltung (schematisch)   b) Ersatzschaltbild

$$Y_{PI} = Y_S^T + Y_{PI}^* + y_{11I}^T = G_I(1 + j\Omega_I) \tag{492}$$

Die transformierte Lastadmittanz Y_L des Gesamtverstärkers

$$Y_L^T = \ddot{u}_{1n}^2 Y_L \tag{493}$$

ist zusammen mit der transformierten Ausgangsadmittanz $y'_{22(n-1)}$ des letzten Transistors

$$y_{22(n-1)}^T = \ddot{u}_{2n}^2 y'_{22(n-1)} \tag{494}$$

in den n-ten Kreis mit einbezogen:

$$Y_{Pn} = y_{22(n-1)}^T + Y_{Pn}^* + Y_L^T = G_n(1 + j\Omega_n) \tag{495}$$

Alle übrigen Schwingkreise enthalten die transformierte Ausgangsadmittanz des vorhergehenden Transistors

$$y^T_{22(\nu-1)} = \ddot{u}^2_{2\nu} y'_{22(\nu-1)} \qquad\qquad \nu = II, III, IV \ldots n \qquad (496)$$

und die transformierte Eingangsadmittanz des nachgeschalteten Transistors

$$y^T_{11\nu} = \ddot{u}^2_{1\nu} y'_{11\nu} \qquad\qquad \nu = II, III, IV \ldots (n-1) \qquad (497)$$

Für die gesamte Admittanz des ν-ten Kreises kann man somit schreiben

$$Y_{P\nu} = y^T_{22(\nu-1)} + Y^*_{P\nu} + y^T_{11\nu} = G_\nu(1 + j\Omega_\nu)$$
$$\nu = II, III, IV \ldots (n-1) \qquad (498)$$

Die Admittanz des Schwingkreises allein mit der Leerlaufgüte $Q_{0\nu}$ ist hier durch das Symbol $Y^*_{P\nu}$ gekennzeichnet.

Aus Bild 106 läßt sich auch die Steuerspannung des ν-ten Transistors ermitteln. Sie beträgt

$$\underline{U}_{be\nu} = \ddot{u}_{1\nu}\ddot{u}_{2\nu}\frac{-y'_{21(\nu-1)}\underline{U}_{be(\nu-1)}}{Y_{P\nu}} \qquad\qquad \nu = I, II, III \ldots n \qquad (499)$$

Bei $\nu = I$ ist hierhin $y_{21(\nu-1)}\underline{U}_{be(\nu-1)} = -\underline{I}_S$ und bei $\nu = n$ ist $\underline{U}_{be\nu} = \underline{U}_a$ zu setzen.

Die n Parallelresonanzkreise seien unter Einbeziehung aller parallel liegenden Admittanzen auf die Bandmitte f_0 abgestimmt. Wir setzen außerdem zur Vereinfachung der Berechnung voraus, daß alle n Einzelkreise die gleiche Betriebsgüte Q_B haben. Dies läßt sich durch die Verwendung gleicher Schwingkreise und durch die passende Wahl der Übersetzungsverhältnisse $\ddot{u}_{1\nu}$ und $\ddot{u}_{2\nu}$ erreichen.

Wir wollen weiter annehmen, daß alle Transistoren vom gleichen Typ sind und im gleichen Arbeitspunkt betrieben werden. Als Steuerquelle und Belastung für den Gesamtverstärker sollen zwei weitere neutralisierte Transistoren vom gleichen Typ wie die anderen dienen. Durch diese Annahmen werden alle Übersetzungsverhältnisse $\ddot{u}_{1\nu}$ und auch alle $\ddot{u}_{2\nu}$ jeweils gleich, so daß wir den 2. Index wieder weglassen können.

Aus dem Bild 106 kann man jetzt für die Ausgangsspannung $\underline{U}_a$ des Verstärkers (Steuerspannung für einen n-ten Transistor) die Beziehung

$$\underline{U}_a = (-1)^{n+1}\frac{(y'_{21})^{n-1}\underline{I}_S(\ddot{u}_1\ddot{u}_2)^n}{G^n(1+j\Omega)^n} \qquad n = 1,2,3\ldots \qquad (500)$$

ablesen.

Für die normierte Frequenzcharakteristik ergibt sich hieraus bei konstantem Strom $\underline{I}_S$ der Ausdruck

$$\frac{\underline{U}_a(\Omega)}{\underline{U}_{a0}}\bigg|_{\underline{I}_S=konst} = \frac{1}{(1+j\Omega)^n} \qquad n = 1,2,3\ldots \qquad (501)$$

Die Amplitudencharakteristik folgt dann der Gesetzmäßigkeit

$$\left|\frac{\underline{U}_a(\Omega)}{\underline{U}_{a0}}\right|_{\underline{I}_S=konst} = \frac{1}{\sqrt{(1+\Omega^2)^n}} \qquad n = 1,2,3\ldots \qquad (502)$$

die man aus Gl.(501) mit dem mathematischen Satz: "Der Betrag der n-ten Potenz einer komplexen Zahl ist gleich der n-ten Potenz ihres Betrages "ermittelt.

Selbstverständlich ist jetzt die Gl.(482) ein Spezialfall der Gl.(502) für $n = 2$.

Um die Veränderung der Amplitudencharakteristik des Gesamtverstärkers deutlich erkennen zu können, wurde die Kurve zu Gl.(502) für $n = 3$ mit in das Bild 105 aufgenommen. Man sieht daraus, wie die Selektionskurven mit wachsender Stufenzahl immer steiler verlaufen, aber leider auch immer schmaler werden. Die verbesserte Selektivität S_{ges} muß also mit einer Verkleinerung der Bandbreite b_{ges} bezahlt werden. Zwischenfrequenzverstärker mit Einzelkreisen können daher nur dort eingesetzt werden, wo die Anforderungen an Bandbreite und Trennschärfe nicht allzu groß sind (z.B. billige Taschenempfänger).

Die *Selektivität des Gesamtverstärkers* ergibt sich aus Gl.(502) zu

$$S_{ges} = \left| \frac{U_{a0}}{U_a(\Omega_S)} \right| = \sqrt{(1 + \Omega_S^2)^n} = S^n \qquad n = 1, 2, 3 \ldots \qquad (503)$$

S Selektivität des Einzelkreises $(n = 1)$

Die obere Bandgrenze findet man aus Gl.(502):

$$\Omega_h = \sqrt{\sqrt[n]{2} - 1} \approx \frac{1}{1,2\sqrt{n}} \qquad n = 2, 3, 4 \ldots \qquad (504)$$

Das Ω_h-Intervall lautet also

$$0 < \sqrt{\sqrt[n]{2} - 1} \leq 0,644$$

Bei der Verwendung von n Einzelkreisen mit jeweils gleicher Bandbreite b hat sich also gemäß dem Zusammenhang $\Omega_h \overset{(486)}{\approx} b_{ges}/b$ die *Bandbreite des Gesamtverstärkers* auf den Wert

$$b_{ges} = b\sqrt{\sqrt[n]{2} - 1} \approx \frac{b}{1,2\sqrt{n}} \qquad n = 2, 3, 4 \ldots \qquad (505)$$

verkleinert.

Soll umgekehrt eine vorgegebene Gesamtbandbreite b_{ges} erreicht werden, dann muß man die Bandbreite des Einzelkreises entsprechend der Beziehung

$$b = \frac{b_{ges}}{\sqrt{\sqrt[n]{2} - 1}} \approx 1,2\sqrt{n}\,b_{ges} \qquad n = 2, 3, 4 \ldots \qquad (506)$$

größer wählen.

Die exakten Ausdrücke in den Gln.(504) bis (506) können mit den elektronischen Taschenrechnern leicht ausgewertet werden. Die angegebenen Näherungen sind gerade bei der gebräuchlichen Anzahl von Schwingkreisen ($n = 2$ bis 4) relativ ungenau. Der Fehler beträgt z.B. für $n = 2$ rund 8% und bei $n = 4$ rund 4%.

Diese Näherungen wurden nur deshalb aufgeführt, um die Tendenz der Funktion bei wachsender Kreiszahl n leichter aus der Formel erkennbar zu machen.

Von Interesse ist jetzt noch die Übertragungs-Leistungsverstärkung des Gesamtverstärkers in der Bandmitte. Da die von der Lastadmittanz $Y_L = y'_{11e} \overset{(416)}{=} g'_{11} + j\omega C'_{11}$ aufgenommene Leistung aus der Beziehung $P_L = |\underline{U}_a|^2 g'_{11}$ berechnet werden kann, folgt aus den Gln.(434) und (500) für $v_{p\ddot{u}0} = P_L/P_{vg}$ mit $G_S = g'_{22}$ der Ausdruck

$$v_{p\ddot{u}0} = 4g'_{11}g'_{22}\frac{|y'_{21}|^{2(n-1)}(\ddot{u}_1\ddot{u}_2)^{2n}}{G^{2n}} \qquad n = 2, 3, 4 \ldots \qquad (507)$$

Er läßt sich analog zu Gl.(480) folgendermaßen interpretieren: Da in diesem Abschnitt bisher noch keine Anpassung vorausgesetzt wurde, treten in der Gesamtschaltung n-mal *Verluste infolge Fehlanpassung* auf. Diese Verluste bezeichnen wir mit ϕ_A.

Bei Anpassung muß gelten: $\phi_A = 1$. Also machen wir entsprechend den Erkenntnissen aus den Gln.(452) und (480) den Ansatz

$$\phi_A = \frac{4\left(\frac{\ddot{u}_1}{\ddot{u}_2}\right)^2 g'_{11}g'_{22}}{\left[\left(\frac{\ddot{u}_1}{\ddot{u}_2}\right)^2 g'_{11} + g'_{22}\right]^2} = \frac{4g'_{11}g'_{22}(\ddot{u}_1\ddot{u}_2)^2}{(\ddot{u}_1^2 g'_{11} + \ddot{u}_2^2 g'_{22})^2} \qquad (508)$$

bzw. im üblichen logarithmischen Maß

$$\phi_A = 10\lg\frac{4g'_{11}g'_{22}(\ddot{u}_1\ddot{u}_2)^2}{\ddot{u}_1^2 g'_{11} + \ddot{u}_2^2 g'_{22})^2}dB \qquad (509)$$

Des weiteren enthält die Schaltung n mal die *Einfügungsverluste der Schwingkreise*. Wir bezeichnen Sie mit ϕ_K . Nach den Erfahrungen aus der Gl.(444) lassen sich diese Verluste mit dem Güteverhältnis Q_B/Q_0 der Kreise ausdrücken. Wir verwenden hierfür die Gln.(445), (420), (421) und erhalten

$$\phi_K = \left(1 - \frac{Q_B}{Q_0}\right)^2 = \left(\frac{\ddot{u}_1^2 g_{11}' + \ddot{u}_2^2 g_{22}'}{G}\right)^2 \tag{510}$$

bzw. das logarithmische Maß davon

$$\phi_K = 20\lg\left(1 - \frac{Q_B}{Q_0}\right)dB = 20\lg\frac{\ddot{u}_1^2 g_{11}' + \ddot{u}_2^2 g_{22}'}{G}dB \tag{511}$$

Zuletzt muß in der Gesamtbilanz die maximale rückwirkungsfreie Leistungsverstärkung der $(n-1)$ Transistoren nach Gl.(383) berücksichtigt werden.

Die *Übertragungs-Leistungsverstärkung des Gesamtverstärkers* muß sich also auch wie folgt ausdrücken lassen:

$$v_{p\ddot{u}0} = \left[\frac{4g_{11}'g_{22}'(\ddot{u}_1\ddot{u}_2)^2}{(\ddot{u}_1^2 g_{11}' + \ddot{u}_2^2 g_{22}')^2}\right]^n \cdot \left[\left(\frac{\ddot{u}_1^2 g_{11}' + \ddot{u}_2^2 g_{22}'}{G}\right)^2\right]^n \cdot \left[\frac{|y_{21}'|^2}{4g_{11}'g_{22}'}\right]^{n-1}$$
$$n = 2, 3, 4 \ldots \tag{512}$$

Man erkennt leicht, daß dies nur eine andere Schreibweise der Gl.(507) ist. Da sich die einzelnen Einflußgrößen multiplizieren, sind sie im logarithmischen Maß zu addieren:

$$\frac{v_{p\ddot{u}0}}{dB} = n\frac{\phi_A}{dB} + n\frac{\phi_K}{dB} + (n-1)\frac{v_{popt}'}{dB} \qquad n = 2, 3, 4 \ldots \tag{513}$$

Bei vorgegebener Gesamtbandbreite b_{ges} kann über den Verlustleitwert G der Einzelkreise nicht mehr frei verfügt werden, weil die Bandbreite b nach Gl.(506) und damit über Gl.(415) auch der Leitwert $G = 2\pi Cb$ bereits festliegt (die Kapazität C ist meistens ebenfalls vorgegeben).

Sind außerdem die Größen f_0 und Q_0 vorgegeben, dann liegt auch das Übersetzungsverhältnis $\ddot{u}_2$ fest. Es hat mit den Gln.(459) und (506) die Größe

$$\ddot{u}_2 = \sqrt{\frac{\omega_0 C}{2g_{22}'Q_0}\left(\frac{Q_0 b_{ges}}{f_0\sqrt[n]{2}-1} - 1\right)} \qquad n = 2, 3, 4 \ldots \tag{514}$$

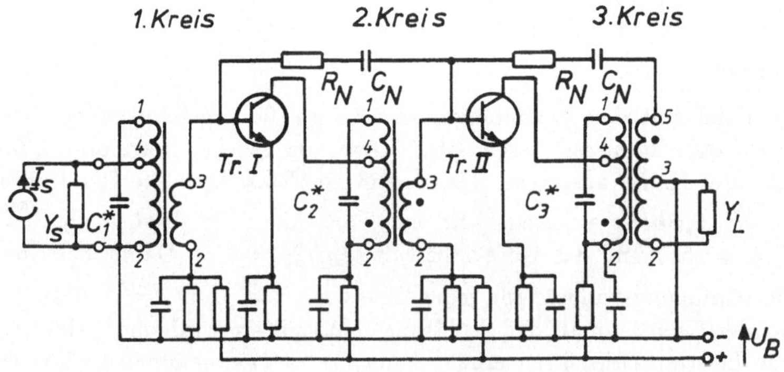

Bild 107   Zweistufiger ZF-Verstärker mit 3 Einzelkreisen

Bei *Anpassung* erhält damit die Gl.(512) die Form

$$v_{p\ddot{u}0} = \left[\left(1 - \frac{f_0\sqrt{\sqrt[n]{2}-1}}{Q_0 b_{ges}}\right)^2\right]^n \cdot \left[\frac{|y'_{21}|^2}{4g'_{11}g'_{22}}\right]^{n-1} \qquad n = 2, 3, 4 \ldots$$

$$(515)$$

die besonders zweckmäßig ist für die Fälle, in denen die Größen f_0, Q_0 und b_{ges} vorgegeben sind.

Beispiel 65:

Der in Bild 107 gezeichnete ZF-Verstärker soll für die Bandmittenfrequenz $f_0 = 450 kHz$ dimensioniert werden. Verlangt sei eine Gesamtbandbreite $b_{ges} = 5kHz$ und eine Leistungsverstärkung des Gesamtverstärkers von mindestens $95 dB$. Für die Leerlaufgüte der 3 Kreise soll jeweils $Q_0 = 150$ angesetzt werden. Die Kapazität der Schwingkreiskondensatoren C_1^*, C_2^*, C_3^* sei jeweils auf ca. $200 pF$ festgelegt (z.B. aus Platz- und Preisgründen). Die Steuerquelle hat eine Innenadmittanz von $Y_S = (6 + j17)\mu S$ und die Lastadmittanz beträgt

$Y_L = 1mS + j28\mu S$. Man berechne die Gesamtselektivität S_{ges} des fertig dimensionierten Verstärkers bei $\Delta f_S = \pm 9kHz$.

Lösung:

Weil sich mit den Anzapfungen der Kreise die angeschlossenen Leitwerte transformieren lassen, können wir von gleicher Betriebsgüte für alle drei Kreise ausgehen. Dann muß der Einzelkreis die Bandbreite $b \stackrel{(506)}{=} 9,8kHz$ erhalten. Er hat dann die Betriebsgüte $Q_B \stackrel{(448)}{=} f_0/b = 45,9$ und das Güteverhältnis $Q_B/Q_0 = 0,3$. Damit betragen die Einfügungsverluste für jeden Kreis $\phi_K \stackrel{(510)}{=} 0,49 \stackrel{(511)}{=} -3,1dB$. Da der Transistor in der Schaltung neutralisiert wird und beiderseitige Leistungsanpassung erhält, kann mit seiner maximalen rückwirkungsfreien Leistungsverstärkung v'_{popt} nach Gl.(383) gerechnet werden. Damit besteht für die Auswahl des Transistortyps die Bedingung:
$$v_{pges} = v_{p\ddot{u}0} \stackrel{(513)}{=} 0 \cdot \phi_A + 3\phi_K + 2 \cdot v'_{popt} \geq 95dB.$$
Wir brauchen also einen Transistor mit einer Verstärkung von mindestens $v'_{popt} = 52,2dB$. Ausgewählt wird der Transistortyp aus Beisp.59 mit $v'_{popt} = 54,2dB$. Die Gesamtverstärkung beträgt dann $v_{pges} = 99,1dB$.

<u>1. Kreis</u>

Anpassung zwischen Quelle und Transistor I
$\ddot{u}_1/\ddot{u}_2 \stackrel{(452)}{=} \sqrt{6\mu S/0,8mS} = 0,087$. Ersetzt man in Gl.(514) g'_{22} durch $G_S = 6\mu S$, so folgt mit $C = 200pF$ der Wert $\ddot{u}_2 = 0,844$. Also ist $\ddot{u}_1 = 0,073; C_1^* \stackrel{(424)}{=} C - \ddot{u}_2^2 C_S - \ddot{u}_1^2 C'_{11} = 200pF - 0,84^2 \cdot 6pF - 0,07^2 \cdot 38,9pF = 195,6pF \approx C$. Die Induktivität $L^* = L_{12}$ des 1. Kreises ergibt sich dann zu $L_{12} = 625,4\mu H$, die mit der angesetzten Güte von $Q_0 = 150$ realisierbar ist.

<u>2. Kreis</u>

Anpassung zwischen den Transistoren I und II
$\ddot{u}_1/\ddot{u}_2 \stackrel{(452)}{=} \sqrt{10,9\mu S/0,8mS} = 0,117; \ddot{u}_2 \stackrel{(514)}{=} 0,626; \ddot{u}_1 = 0,073; C_2^* \stackrel{(424)}{=} 200pF - 0,63^2 \cdot 1,8pF - 0,07^2 \cdot 38,9pF = 199,1pF \approx C; L^* = L_{12} = 625,4\mu H; Q_0 = 150$.

3. Kreis

Anpassung zwischen Transistor II und Last

$$\ddot{u}_1/\ddot{u}_2 \stackrel{(452)}{=} \sqrt{10,9\mu S/1mS} = 0,104; \ddot{u}_2 \stackrel{(514)}{=} 0,626; \ddot{u}_1 = 0,065; C_3^* = 200pF - 0,63^2 \cdot 1,8pF - 0,07^2 \cdot 9,9pF = 199,2pF \approx C; L^* = L_{12} = 625,4\mu H; Q_0 = 150.$$

Der Beitrag der Kapazitäten $C_S, C'_{11}, C'_{22}, C_L$ ist aufgrund der kleinen Übersetzungsverhältnisse sehr gering.

<u>Neutralisation:</u>

Die Sekundärwicklung n_{32} bzw. n_{52} muß beim 2. bzw. 3. Kreis jeweils gegensinnig zur Primärwicklung gewickelt werden, um die richtige Phasenlage für die Neutralisationsspannung zu erhalten. Für den 2. Kreis gilt

$$n_{32}/n_{42} \stackrel{(385)}{=} \sqrt{g_{22e}/g_{11e}} \stackrel{(452)}{=} \ddot{u}_1/\ddot{u}_2 = \sqrt{g'_{22}/g'_{11}} = 0,117$$

Das günstigste Übersetzungsverhältnis für die Neutralisation ist also das gleiche wie für die Anpassung.

Für den 3. Kreis gilt $n_{53}/n_{42} \stackrel{(385)}{=} 0,117$. Mit den obigen Ergebnissen erhält man daraus das Anzapfungsverhältnis für die Sekundärwicklung: $n_{32}/n_{52} = 0,470$.

$$R_N \stackrel{(386)}{=} 0; \qquad\qquad C_N \stackrel{(387)}{=} 8,5pF.$$

<u>Gesamtselektivität:</u>

$\Omega_S \stackrel{(461)}{\approx} 2\Delta f_S/b = 1,8$. Für den Einzelkreis ist $S \stackrel{(460)}{=} 2,1$ und für den Gesamtverstärker $S_{ges} \stackrel{(503)}{=} S^3 = 9,3$.

<u>Spannungsverstärkung des Gesamtverstärkers:</u>

Entsprechend den Bezeichnungen in Bild 106 verstehen wir hierunter das Verhältnis $\underline{U}_a/\underline{U}_e$. Da für die Eingangsspannung der Zusammenhang $\underline{U}_e = \underline{I}_S/Y_{PI}^T = \underline{I}_S\ddot{u}_2^2/[G(1+j\Omega)]$ besteht, gilt mit Gl.(500) in der Bandmitte

$$|v_{ue0}| = \left|\frac{\underline{U_a}}{\underline{U_e}}\right| = \frac{\ddot{u}_1}{\ddot{u}_2}\left(\frac{\ddot{u}_1\ddot{u}_2|y'_{21}|}{G}\right)^{n-1} \qquad n = 2,3,4\ldots \tag{516}$$

wenn $n-1$ gleiche Transistoren und n gleiche Schwingkreise mit gleicher Betriebsgüte verwendet werden. D.h. jede der $n-1$ Stufen liefert ihren Beitrag aus Gl.(446). Die Potenz in Gl.(516) stellt das Spannungsverhältnis $|\underline{U_a}/\underline{U}_{beI}|$ dar und der erste Term die Spannungsübersetzung $\underline{U}_{beI}/\underline{U_e} = \ddot{u}_1/\ddot{u}_2$.

Für den Fall, daß die Größen f_0; Q_0, b_{ges} vorgegeben sind und in jeder Stufe beiderseitige Leistungsanpassung vorliegt, erhalten wir aus Gl.(516) mit den Gln.(452), (514), (415) und (506) den Ausdruck

$$|v_{ue0}| = \sqrt{\frac{g'_{22}}{g'_{11}}}\left[\frac{|y'_{21}|}{2\sqrt{g'_{11}g'_{22}}}\left(1 - \frac{f_0\sqrt{\sqrt[n]{2}-1}}{Q_0 b_{ges}}\right)\right]^{n-1} \qquad n = 2,3,4\ldots$$
$$\tag{517}$$

(Diese Funktion durchläuft mit wachsender Stufenzahl kein Maximum wie es bei der entsprechenden Beziehung [11] Gl.(39,10) aus der Röhrentechnik bekannt ist). Mit wachsendem n ist nach Gl.(514) hierbei ein immer größeres Übersetzungsverhältnis $\ddot{u}_2$ erforderlich. Es wird schließlich auch $\ddot{u}_2 > 1$ d.h. $n_{42} > n_{12}$.

4.10.5.2 Gegeneinander verstimmte Einzelkreise

Die obigen Betrachtungen und besonders der Vergleich der Beisp.64 und 65 zeigen, daß die Selektivität durch die Verwendung mehrerer Schwingkreise erheblich verbessert werden kann, Gl.(503). Wir mußten aber auch erkennen, daß die verbesserte Siebwirkung nur auf Kosten der Bandbreite zu erreichen ist, Gl.(505).

Bis zu einem gewissen Grad kann man diese feste Verknüpfung zwischen Bandbreite und Selektivität auflockern, wenn nicht alle Einzelkreise auf die Bandmittenfrequenz f_0 abgestimmt sind.

Nehmen wir zunächst an, daß die zwei Schwingkreise in Bild 104 jeweils etwas gegen die Bandmittenfrequenz verstimmt sind. Eine symmetri sche Verstärkungskurve erhält man, wenn beide Kreise gleich sind und symmetrisch zur Bandmitte verstimmt werden, wenn also

$$d_1 = d_2 = d; \qquad \Omega_1 = \Omega - \Delta\Omega; \qquad \Omega_2 = \Omega + \Delta\Omega \tag{518}$$

gilt, Bild 108a).

Normiert man die Ausgangsspannung $\underline{U}_a = \underline{U}_{beII}$ der 1. Stufe in Bild 104 auf ihren Wert in der Bandmitte bei unverstimmten Kreisen ($\Delta\Omega = 0$), so folgt durch Einsetzen von Gl.(518) in Gl.(477) für diesen Fall die Amplitudencharakteristik

$$\left| \frac{\underline{U}_a}{\underline{U}_{a0}(\Delta\Omega = 0)} \right|_{I_s = konst} = \frac{1}{\sqrt{(1 - \Omega^2 + \Delta\Omega^2)^2 + 4\Omega^2}} \tag{519}$$

die in Bild 108b) dargestellt ist. Sie ist symmetrisch zur Bandmittenfrequenz, weil der Ausdruck in Gl.(519) nur gerade Glieder in Ω enthält.

Es ergeben sich auf diese Weise breitere Durchlaßkurven, was gleichbedeutend ist mit der Realisierung einer größeren Bandbreite. Eine Verstimmung von $\Delta\Omega > 1$ führt zur Bildung von zwei Höckern, die symmetrisch zur Bandmitte annähernd bei den Resonanzfrequenzen der beiden gegeneinander verstimmten Kreise auftreten.

Die *Bandbreite* b muß bei einer Höckerbildung anders als bisher definiert werden. Unter der Bandbreite b versteht man dann zweckmäßig die Differenz zwischen den Frequenzen, bei denen die Selektionskurve wieder auf den Wert des Minimums bei der Mittenfrequenz f_0 abgefallen ist. In Bild 108b) ist z.B. für $\Delta\Omega = 3$ die Bandbreite besonders gekennzeichnet.

Bei $\Delta\Omega = 2$ werden z.B. alle Frequenzen innerhalb der Bandbreite etwa gleichmäßig gut verstärkt (geringe lineare Verzerrungen) und außerhalb des Durchlaßbereiches fällt die Verstärkung relativ schnell auf kleine Werte.

Die Siebwirkung ist allgemein umso besser, je größer die "Welligkeit" innerhalb des Durchlaßbereiches zugelassen werden kann.

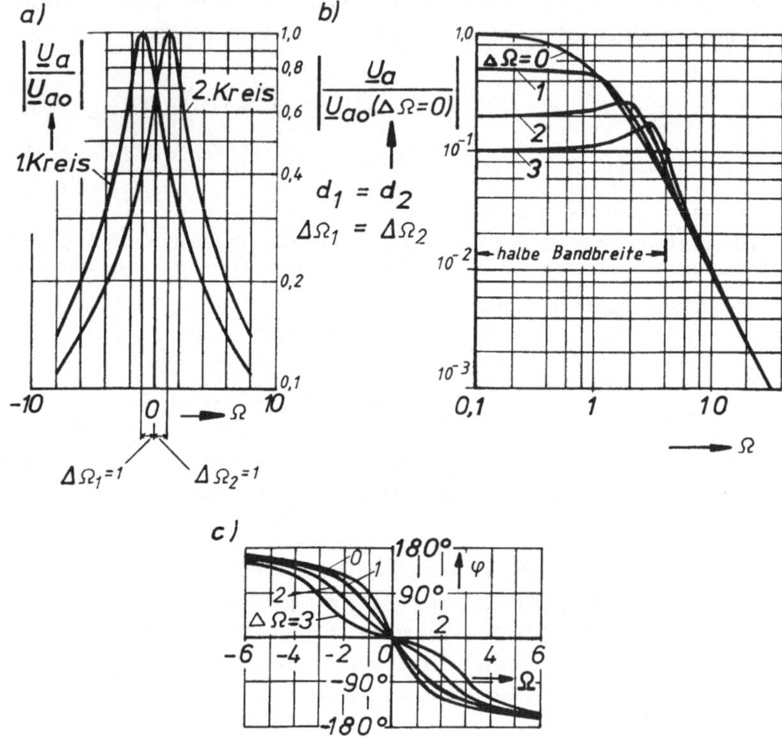

Bild 108   Kettenschaltung zweier verstimmter Einzelkreise

Falls die so realisierte Bandbreite immer noch nicht ausreicht, kann
man 3 Schwingkreise gegeneinander verstimmen. Vernünftige Ergebnisse erhält man nur, wenn der 1. und der 2. Kreis wieder gleich weit
nach unten und oben gegen die Bandmitte f_0 verstimmt sind, der 3.
Kreis aber auf die Bandmittenfrequenz f_0 abgestimmt ist, Bild 109a):

$$\Delta\Omega_1 = \Delta\Omega_2 = \Delta\Omega; \qquad \Delta\Omega_3 = 0 \qquad\qquad (520)$$

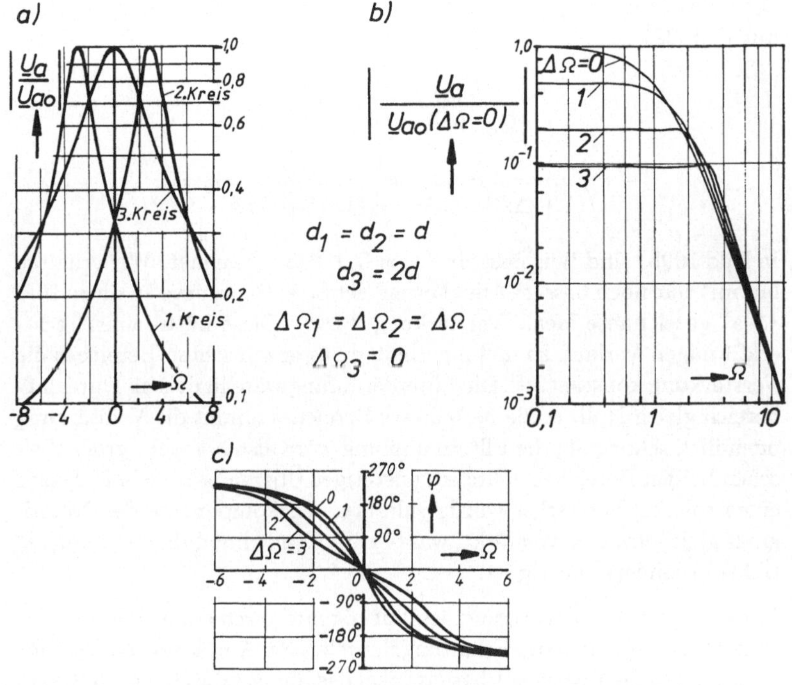

Bild 109 Kettenschaltung dreier verstimmter Einzelkreise

Die Kurven werden symmetrisch unter den Bedingungen

$$d_1 = d_2 = d; \qquad d_3 = 2d \tag{521}$$

Die Dämpfung des 3. Kreises ist also doppelt so groß wie die der beiden anderen Kreise zu wählen. Damit gilt

$$\Omega_1 = \Omega - \Delta\Omega; \qquad \Omega_2 = \Omega + \Delta\Omega; \qquad \Omega_3 = \tfrac{\Omega}{2} \tag{522}$$

Die zugehörige Amplitudencharakteristik erhält man analog zu Gl.(477)

aus dem Ausdruck $\underline{U}_a/\underline{U}_{a0}(\Delta\Omega = 0) = 1/[(1 + j\Omega_1)(1 + j\Omega_2)(1 + j\Omega_3)]$ mit Gl.(522) zu

$$\left|\frac{\underline{U}_a(\Omega)}{\underline{U}_{a0}(\Delta\Omega = 0)}\right|_{\underline{I}_S=konst} =$$

$$= \frac{1}{\sqrt{(1 + \Delta\Omega^2 - 2\Omega^2)^2 + \frac{1}{4}\Omega^2(5 + \Delta\Omega^2 - \Omega^2)^2}} \tag{523}$$

In Bild 109b) sind Beispiele für $\Delta\Omega = 0, 1, 2, 3$ gezeichnet. Wir erhalten hiermit eine noch bessere Annäherung der Selektionskurve an die in Bild 110a) gezeichnete ideale Verstärkungskurve. Diese hätte einen recht-eckförmigen Verlauf, so daß innerhalb eines gewünschten Bereiches die Verstärkung konstant ist. Die Filterdämpfung wäre in diesem Durchlaß-bereich gleich Null. Außerhalb dieses Bereiches nimmt die Verstärkung unendlich schnell ab; die Filterdämpfung wäre also hier sehr groß. Zwi-schen beiden Bereichen sollte ein unstetiger Übergang bestehen. Durch einen solchen Verstärker würde jede Frequenzkomponente des Nutzsi-gnals gleichermaßen verstärkt, was bei amplitudenmodulierten Signalen (AM) besonders wichtig ist.

Für eine getreue Übertragung des Nutzsignals durch ein Netzwerk (z.B. Verstärker) ist neben der Erhaltung der relativen Amplituden auch noch wichtig, daß die relativen Phasenwinkel des Signals durch das Netzwerk nicht verzerrt werden. Diese Forderung ist bei frequenzmodulierten Signalen (FM) besonders wichtig.

Ein sinusförmiges Signal mit der Kreisfrequenz ω benötigt z.B. zum Durchlaufen des Verstärkers eine gewisse Zeit t_p, Bild 111a) und b). Die Ausgangsspannung $\underline{U}_a$ eilt dann der Eingangsspannung $\underline{U}_e$ um den Winkel

$$\varphi = t_p\omega \tag{524}$$

nach, Bild 111c).

Denken wir uns als nächstes ein Eingangssignal, das wie in Bild 111d) gezeigt aus zwei Komponenten mit den Kreisfrequenzen ω und 2ω be-steht. Wenn nun z.B. die Grundschwingung eine längere Zeit zum

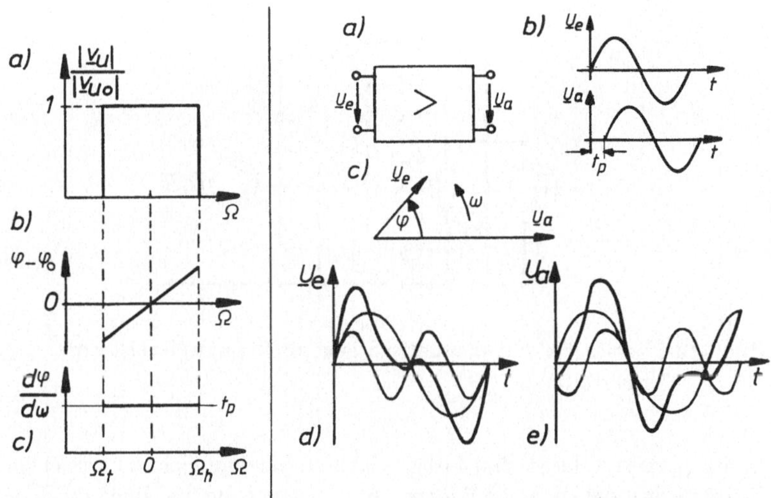

Bild 110   Idealer Verstärker   Bild 111   Veranschaulichung der
Phasenverzerrungen

Durchlaufen des Netzwerkes braucht als ihre 1. Oberwelle ($t_{p1} > t_{p2}$),
dann ist die gegenseitige Phasenlage am Ende des Übertragungswe-
ges eine andere als am Anfang.   Das gesamte Ausgangssignal, das
man durch Addition der einzelnen Frequenzanteile erhält, hat dann
gegenüber der Signalform am Eingang einen verzerrten Verlauf. Diese
sog. *Phasenverzerrungen* verschwinden, wenn alle Frequenzen mit gleicher Geschwindigkeit durch das Netzwerk laufen. Da in diesem Idealfall
für alle Frequenzen die Laufzeit t_p durch das Netzwerk gleich ist, ist der
in diesem Zeitabschnitt durchlaufene Phasenwinkel $\varphi = t_p\omega$ (Bild 111c)
proportional zur Frequenz. Die Verstärkung

$$\underline{v}_u = |\underline{v}_u|e^{j\varphi} = \left|\frac{\underline{U}_a}{\underline{U}_e}\right| e^{j\varphi} \tag{525}$$

hat dann eine linear ansteigende *Phasencharakteristik*, Bild 110b) und
ebenso eine konstante *Gruppenlaufzeit* $d\varphi/d\omega$, Bild 110c).

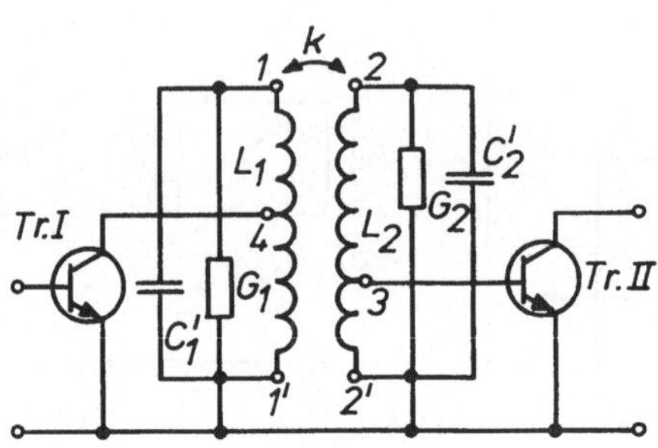

Bild 112   Verstärker mit magnetisch gekoppeltem zweikreisigem
Bandfilter

In der Praxis ist der in Bild 110 gezeichnete Idealfall nicht zu erreichen.
Es ist nicht möglich, einen linearen Amplitudengang und linearen Phasengang gleichzeitig zu realisieren. So bedingt ein linearer Amplitudengang einen gekrümmten Phasenverlauf und umgekehrt.

Zur Beurteilung der Phasenverzerrungen in den einzelnen bisher behandelten selektiven Verstärkerarten ist in den Bildern 96b), 97b), 108c)
und 109c) jeweils die Phase φ als Funktion der Frequenz (Phasencharakteristik) angegeben. Wir erkennen hier z.B. aus dem Bild 109b), daß
bei $\Delta\Omega = 3$ eine recht gute Annäherung an den Idealfall aus Bild 110a)
(bei $|\underline{U}_e| = konst.$ ist $|\underline{U}_a|/|\underline{U}_{a0}| = |\underline{v}_u|/|\underline{v}_{u0}|$) erreicht wird. Aber die
Welligkeit im Phasenverlauf (Bild 109c) wird gleichzeitig relativ groß.

4.10.6 Verstärker mit zweikreisigen Bandfiltern

Eine weitere Möglichkeit, die Durchlaßkurve und den Phasengang jenem Ideal aus Bild 110 näher zu bringen, ist die Verwendung von
zweikreisigen Bandfiltern als Koppelvierpol zwischen zwei Transistoren, Bild 112.

Die Leitwerte G_1 und G_2 sind durch die Verluste in den Induktivitäten
L_1 und L_2 gegeben. Da wir von gleichen Leerlaufgüten Q_0 für L_1 und
L_2 ausgehen wollen, gilt mit Gl.(404)

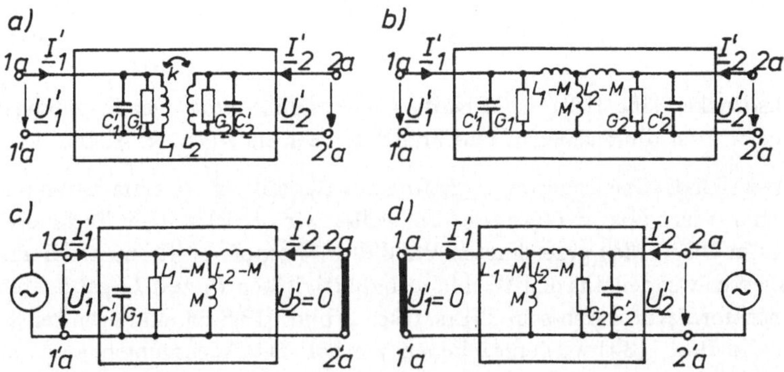

Bild 113   Zweikreisiges Bandfilter als Vierpol mit der y-Matrix (y_F)

$$G_1 = \frac{1}{\omega_{01}L_1Q_0}; \qquad G_2 = \frac{1}{\omega_{02}L_2Q_0} \tag{526}$$

Die Anzapfungen der Spulen mit den Übersetzungsverhältnissen

$$\ddot{u}_1 = \frac{n_{32'}}{n_{22'}}; \qquad \ddot{u}_2 = \frac{n_{41'}}{n_{11'}} \tag{527}$$

sind aus zweierlei Gründen zweckmäßig. Zum ersten ergeben sich hierdurch größere Induktivitätswerte L_1 und L_2, die mit ausreichend hoher Leerlaufgüte Q_0 hergestellt werden können. Bei schmalen Bandbreiten werden damit die Übertragungsverluste klein gehalten. Außerdem kann man hierdurch die Betriebsgüte für den Primär- und den Sekundärkreis verschieden groß machen. Zusammen mit der variablen magnetischen Kopplung zwischen den beiden Spulen lassen sich so die Bandbreite und die Selektivität getrennt wählen, allerdings nur innerhalb der Grenzen, die durch die realisierbaren Leerlaufgüten Q_0 gegeben sind.

Aus der Theorie des Transformators ist bekannt, daß sich der Grad der magnetischen Kopplung zwischen den Spulen L_1 und L_2 durch den *Kopplungsfaktor*

$$k = \frac{M}{\sqrt{L_1 L_2}} \tag{528}$$

ausdrücken läßt, [12] S.6. M ist die Gegeninduktivität. Der Kopplungsfaktor k ist dimensionslos und immer kleiner als 1 (i.a. $k^2 \ll 1$).

Weil sich die Selektionseigenschaften des Bandfilters am einfachsten aus seinen Vierpolparametern ergeben, wollen wir zunächst die y-Parameter des in Bild 113a) gezeichneten Bandfilter-Vierpols bestimmen. Hierzu ersetzen wir den aus den Wicklungsinduktivitäten L_1 und L_2 gebildeten Transformator durch sein T-Ersatzschaltbild, [12]S.68, und erhalten so den in Bild 113b) wiedergegebenen Vierpol. Die Anzapfungen sind zur Vereinfachung vorerst weggelassen.

Bei Kurzschluß am Ausgang (Bild 113c) liegt parallel zu C_1' und G_1 die Induktivität $L_{ges} = L_1 - M^2/L_2 \overset{(528)}{=} L_1(1 - k^2)$. Die Rechnung ergibt

$$y_{11F} = \left.\frac{\underline{I}_1'}{\underline{U}_1'}\right|_{\underline{U}_2'=0} = G_1 + j\omega C_1' - j\frac{1}{\omega L_1(1 - k^2)} \tag{529}$$

$$y_{21F} = \left.\frac{\underline{I}_2'}{\underline{U}_1'}\right|_{\underline{U}_2'=0} = j\frac{1}{\omega\sqrt{L_1 L_2}} \cdot \frac{k}{1 - k^2} \tag{530}$$

Bei Kurzschluß am Eingang (Bild 113d) liegt parallel zu C_2' und G_2 die Induktivität $L_{ges} = L_2 - M^2/L_1 \overset{(528)}{=} L_2(1 - k^2)$. Die Rechnung ergibt

$$y_{12F} = \left.\frac{\underline{I}_1'}{\underline{U}_2'}\right|_{\underline{U}_1'=0} = y_{21F} \quad \text{umkehrbarer Vierpol} \tag{531}$$

$$y_{22F} = \left.\frac{\underline{I}_2'}{\underline{U}_2'}\right|_{\underline{U}_1'=0} = G_2 + j\omega C_2' - j\frac{1}{\omega L_2(1 - k^2)} \tag{532}$$

Die beiden Spulenanzapfungen lassen sich, so wie es in Bild 114a) gezeigt ist, durch das Einfügen von zwei idealen Übertragern berücksichtigen:

Durch das Einsetzen der Zusammenhänge

$$\underline{U}'_1 = \frac{\underline{U}''_1}{\ddot{u}_2}; \qquad \underline{I}'_1 = \ddot{u}_2\underline{I}''_1; \qquad \underline{U}'_2 = \frac{\underline{U}''_2}{\ddot{u}_1}; \qquad \underline{I}'_2 = \ddot{u}_1\underline{I}''_2 \qquad (533)$$

in die Gln.(529) bis (532) erhält man die y-Matrix des angezapften Bandfilters

$$(y'') = \begin{pmatrix} \dfrac{y_{11F}}{\ddot{u}_2^2} & \dfrac{y_{12F}}{\ddot{u}_1\ddot{u}_2} \\[2ex] \dfrac{y_{21F}}{\ddot{u}_1\ddot{u}_2} & \dfrac{y_{22F}}{\ddot{u}_1^2} \end{pmatrix} \qquad (534)$$

Die beiden Transistoren aus Bild 112 werden als neutralisiert vorausgesetzt, und sie sollen außerdem gleiche dynamische Eigenschaften haben (gleicher Typ).

Es läßt sich somit das in Bild 114b) gezeichnete Ersatzschaltbild für die Verstärkerstufe angeben.

Die Transistorkapazität C'_{22} bzw. C'_{11} denken wir uns in den Primärkreis bzw. Sekundärkreis des Bandfilters transformiert.

In der Gl.(529) ist dann statt C'_1 jetzt die Gesamtkapazität

$$C_1 = C'_1 + \ddot{u}_2^2 C'_{22} \qquad (535)$$

bzw. in der Gl.(532) dann statt C'_2 jetzt die Gesamtkapazität

$$C_2 = C'_2 + \ddot{u}_1^2 C'_{11} \qquad (536)$$

einzusetzen. Die beiden restlichen Parameter aus den Gln.(530) und (531) bleiben unverändert. Der Parameter y_{11F} läßt sich unter Einbezug der Kapazität C'_{22} neu anschreiben:

$$y_{11F} = G_1 + j\left(\omega C_1 - \frac{1}{\omega L_1(1 - k^2)}\right) \qquad (537)$$

Seine Blindkomponente verschwindet, wenn der Primärkreis des Bandfilters (bei Kurzschluß des Sekundärkreises) auf die Resonanzfrequenz

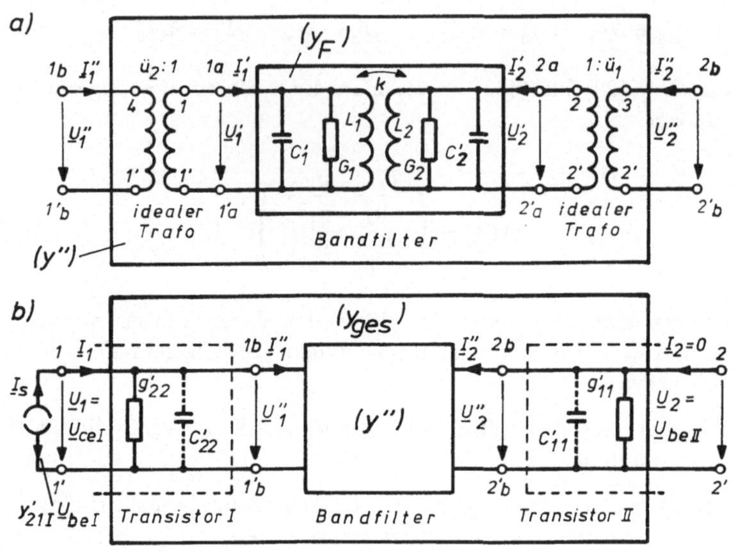

Bild 114   Ersatzschaltbilder für den Verstärker aus Bild 112

$$\omega_{01} = \frac{1}{\sqrt{L_1 C_1 (1 - k^2)}} \approx \frac{1}{\sqrt{L_1 C_1}} \tag{538}$$

abgestimmt ist ($k^2 \ll 1$).

Der Parameter y_{22F} erhält unter Einbezug der Kapazität C'_{11} die neue Form

$$y_{22F} = G_2 + j \left(\omega C_2 - \frac{1}{\omega L_2 (1 - k^2)} \right) \tag{539}$$

Seine Blindkomponente verschwindet, wenn der Sekundärkreis des Bandfilters (bei Kurzschluß des Primärkreises) auf die Resonanzfrequenz

$$\omega_{02} = \frac{1}{\sqrt{L_2 C_2 (1 - k^2)}} \approx \frac{1}{\sqrt{L_2 C_2}} \tag{540}$$

abgestimmt ist.

Für das nicht durch die Transistorleitwerte g'_{11} und g'_{22} bedämpfte Filter (im folgenden mit Leerlauf bezeichnet) führen wir analog zum Einzelkreis in Abschn.4.10.2 noch folgende Größen ein:

Primärkreis   Sekundärkreis

Leerlaufdämpfung

$$d'_1 = \frac{G_1}{\omega_{01} C_1} \qquad\qquad d'_2 = \frac{G_2}{\omega_{02} C_2} \tag{541}$$

Leerlaufgüte

$$Q_{01} = \frac{1}{d'_1} = \frac{\omega_{01} C_1}{G_1} \qquad Q_{02} = \frac{1}{d'_2} = \frac{\omega_{02} C_2}{G_2} \tag{542}$$

Verstimmung

$$v_1 = \frac{\omega}{\omega_{01}} - \frac{\omega_{01}}{\omega} \qquad v_2 = \frac{\omega}{\omega_{02}} - \frac{\omega_{02}}{\omega} \tag{543}$$

Normierte Verstimmung

$$\Omega_1 = \frac{v_1}{d'_1} = v_1 Q_{01} \qquad \Omega_2 = \frac{v_2}{d'_2} = v_2 Q_{02} \tag{544}$$

Man beachte: die normierte Verstimmung ist hier nicht wie in Gl.(407) mit der Betriebs-, sondern mit der Leerlaufdämpfung definiert.

Mit diesen Definitionen erhalten die Parameter y_{11F} aus Gl.(537) und y_{22F} aus Gl.(539) die vom Einzelkreis bekannte einfache Form

$$y_{11F} = G_1 (1 + j\Omega_1) \tag{545}$$

$$y_{22F} = G_2 (1 + j\Omega_2) \tag{546}$$

Die zur Beurteilung der Verstärkerstufe erforderlichen y-Parameter folgen nun unmittelbar aus der Vierpoldarstellung in Bild 114b):

$$(y_{ges}) = \begin{pmatrix} g'_{22} + y''_{11} & y''_{12} \\ y''_{21} & g'_{11} + y''_{22} \end{pmatrix} \tag{547}$$

Mit der Matrix aus Gl.(534) und den Parametern aus den Gln.(545), (531), (530), (546) erhält man schließlich die *allgemeine Betriebs-Admittanzmatrix des zweikreisigen magnetisch gekoppelten Bandfilters*

$$(y_{ges}) = \begin{pmatrix} g'_{22} + \dfrac{G_1}{\ddot{u}_2^2}(1 + j\Omega_1) & j\dfrac{1}{\omega\sqrt{L_1 L_2}} \cdot \dfrac{k}{1 - k^2} \cdot \dfrac{1}{\ddot{u}_1 \ddot{u}_2} \\ j\dfrac{1}{\omega\sqrt{L_1 L_2}} \cdot \dfrac{k}{1 - k^2} \cdot \dfrac{1}{\ddot{u}_1 \ddot{u}_2} & g'_{11} + \dfrac{G_2}{\ddot{u}_1^2}(1 + j\Omega_2) \end{pmatrix} \tag{548}$$

Der Begriff "Betriebs-Matrix" wurde gewählt um hervorzuheben, daß die Transistoradmittanzen y'_{22I} und y'_{11II} mit einbezogen sind.

In der praktischen Anwendung wünscht man, wie bereits erwähnt, bestimmte Betriebsgüten Q_B für den Primär- und Sekundärkreis des Filters. Diese Gütewerte werden unter anderem festgelegt durch die transformierten Transistorleitwerte g'_{22} bzw. g'_{11}

$$Q_{B1} = \frac{\omega_{01} C_1}{G_1 + \ddot{u}_2^2 g'_{22}}; \qquad Q_{B2} = \frac{\omega_{02} C_2}{G_2 + \ddot{u}_1^2 g'_{11}} \tag{549}$$

und damit letztlich durch die Übersetzungsverhältnisse

$$\ddot{u}_1^2 = \frac{G_2}{g'_{11}}\left(\frac{Q_{02}}{Q_{B2}} - 1\right); \qquad \ddot{u}_2^2 = \frac{G_1}{g'_{22}}\left(\frac{Q_{01}}{Q_{B1}} - 1\right) \tag{550}$$

Als *Betriebsdämpfungen* der Filterkreise kann man jetzt definieren

$$d_1 = \frac{1}{Q_{B1}} = \frac{G_1 + \ddot{u}_2^2 g'_{22}}{\omega_{01} C_1}; \qquad d_2 = \frac{1}{Q_{B2}} = \frac{G_2 + \ddot{u}_1^2 g'_{11}}{\omega_{02} C_2} \tag{551}$$

Nähere Betrachtungen (z.B. in [11]) zeigen, daß sich auf zwei verschiedene Arten symmetrische Filterkurven erreichen lassen:

1.) Die Kurzschlußein- und ausgangsadmittanzen y_{11ges} und y_{22ges} werden gleich weit nach oben und unten gegen die Bandmittenfrequenz ω_0 verstimmt. Dann müssen allerdings die beiden Kreise gleich stark gedämpft sein: $d_1 = d_2 = d$. Man spricht in diesem Fall von einem *symmetrisch verstimmten Bandfilter*.

2.) Die beiden Kurzschlußadmittanzen y_{11ges} und y_{22ges} werden auf die Bandmittenfrequenz abgestimmt

$$\omega_{01} = \omega_{02} = \omega_0 \tag{552}$$

Von Vorteil ist, daß dann die beiden Kreise dieses sog. *abgestimmten Bandfilters* nicht gleich stark gedämpft sein müssen.

Weil es schwierig ist, zwei Kreise mit exakt gleicher Dämpfung herzustellen, verwendet man in der Praxis überwiegend das **abgestimmte Bandfilter**. Dies bringt auch Vorteile beim Filterabgleich.

Wegen seiner allgemeinen Verbreitung setzen wir unsere Betrachtungen nur für das abgestimmte Bandfilter fort. Unter der Voraussetzung aus Gl.(552) sowie bei gleichen Leerlaufgüten gilt im folgenden also

$$v_1 = v_2 = v; \qquad Q_{01} = Q_{02} = Q_0; \qquad \Omega_1 = \Omega_2 = \Omega \tag{553}$$

Allein zur Vereinfachung der Schreibweisen führen wir für die Güteverhältnisse noch die Abkürzungen

$$q_1 = \frac{Q_{01}}{Q_{B1}}; \qquad q_2 = \frac{Q_{02}}{Q_{B2}} \tag{554}$$

ein.

Durch die Spezialisierung aus Gl.(553) erhält die Bandfilter-Matrix nach Gl.(548) dann die Form

$$(y_{ges}) = \begin{pmatrix} \dfrac{g'_{22}}{q_1 - 1}(q_1 + j\Omega) & j\sqrt{g'_{11}g'_{22}} \cdot \dfrac{kQ_0}{\sqrt{q_1 - 1}\sqrt{q_2 - 1}} \\[4mm] j\sqrt{g'_{11}g'_{22}} \cdot \dfrac{kQ_0}{\sqrt{q_1 - 1}\sqrt{q_2 - 1}} & \dfrac{g'_{11}}{q_2 - 1}(q_2 + j\Omega) \end{pmatrix} \tag{555}$$

Für den Parameter y_{12ges} wurde hier die Beziehung $1/[\sqrt{L_1 L_2}(1 - k^2)] = \omega_0^2\sqrt{C_1 C_2} = \omega_0 Q_0 \sqrt{G_1 G_2}$ und die bei Schmalbandverstärkern übliche Näherung $\omega_0/\omega \approx 1$ benützt. Die Parameter y_{12ges} und y_{21ges} können damit als von der Frequenz unabhängig angesehen werden.

<u>Normierte Amplitudencharakteristik (Durchlaßkurve)</u>

Zu ihrer Herleitung beginnen wir mit den Vierpolgleichungen des Bandfilter- Vierpols aus Bild 114b):

$$\underline{I}_1 = y_{11ges}\underline{U}_1 + y_{12ges}\underline{U}_2 = -y'_{21I}\underline{U}_{beI} = \underline{I}_S$$

$$\underline{I}_2 = y_{21ges}\underline{U}_1 + y_{22ges}\underline{U}_2 = 0 \quad \text{(Leerlauf)} \tag{556}$$

Eliminiert man mittels der 2. Gleichung die Spannung $\underline{U}_1$ in der 1. Gleichung, so findet man für die Ausgangsspannung des Filters den Ausdruck

$$\underline{U}_2 = \underline{U}_{beII} = \frac{-\underline{I}_S y_{21ges}}{det(y_{ges})} \tag{557}$$

Mit Hilfe der Matrix (555) berechnet man daraus die Beziehung

$$\underline{U}_2 = \frac{-\underline{I}_S kQ_0 \sqrt{(q_1 - 1)(q_2 - 1)}}{\sqrt{g'_{11}g'_{22}}\{(q_1 + q_2)\Omega - j[q_1 q_2 + (kQ_0)^2 - \Omega^2]\}} \tag{558}$$

Bei konstantem frequenzunabhängigem Generatorstrom $\underline{I}_S$ (d.h. $\underline{U}_{beI} = konst.$) folgt hieraus der auf ihren Wert in der Bandmitte ($\Omega = 0$) normierte Betrag der Ausgangsspannung $\underline{U}_2$:

$$\left|\frac{U_2}{U_{20}}\right| = \sqrt{\frac{[q_1 q_2 + (kQ_0)^2]^2}{[q_1 q_2 + (kQ_0)^2]^2 + \Omega^2\{(q_1 + q_2)^2 - 2[q_1 q_2 + (kQ_0)^2]\} + \Omega^4}}$$

$$\text{für } \underline{I}_S = konst. \text{ und } q_1 \neq 1; q_2 \neq 1 \tag{559}$$

Nähere Untersuchungen in [13] zeigen, daß die Selektivität des Bandfilters höher ist, wenn die Güteverhältnisse für beide Kreise gleich sind. Wir beschränken uns also im folgenden auf zwei gleiche Kreise. Dann ist

$$Q_{B1} = Q_{B2} = Q_R; \qquad d_1 = d_2 = d; \qquad q_1 = q_2 = q = \frac{Q_0}{Q_B} \tag{560}$$

und für die *normierte Betriebskopplung* gilt

$$\frac{k}{d} = kQ_B = \frac{kQ_0}{q} \tag{561}$$

Die *normierte Durchlaßkurve* aus Gl.(559) lautet nun

$$\left|\frac{U_2}{U_{20}}\right|_{\underline{I}_S=konst;q\neq 1} = \frac{q[1 + (\frac{k}{d})^2]}{\sqrt{\{q[1 + (\frac{k}{d})^2] - \frac{1}{q}\Omega^2\}^2 + 4\Omega^2}} \tag{562}$$

Trägt man dieses Verhältnis über Ω auf, so gehen die einzelnen Kurven mit dem Parameter k/d aufgrund der gewählten Normierung immer durch den Punkt (0;1). Weil hierdurch der Einfluß der Kopplung auf die Amplitude $|\underline{U}_{20}|$ nicht sichtbar wird, wählen wir zweckmäßigerweise eine Normierung auf den Betrag der Spannung $\underline{U}_2$ in der Bandmitte bei der Kopplung $k/d = 1$. Der zugehörige Ausdruck läßt sich aus der Gl.(558) berechnen. Er lautet

$$\left|\frac{U_2}{U_{20}(\frac{k}{d} = 1)}\right| = \frac{2q\frac{k}{d}}{\sqrt{\{q[1 + (\frac{k}{d})^2] - \frac{1}{q}\Omega^2\}^2 + 4\Omega^2}} \tag{563}$$

Zur Veranschaulichung wurde in Bild 115a) dieser Amplitudengang für ein Güteverhältnis von $q = 2,5$ aufgezeichnet. Der Parameter ist die

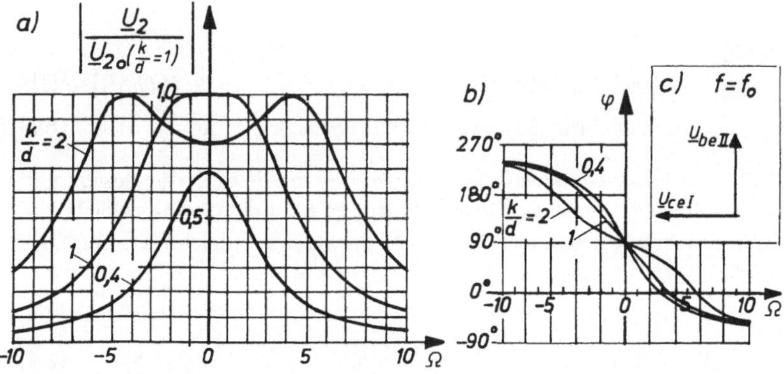

Bild 115   Abgestimmtes, transformatorisch gekoppeltes zweikreisiges
Bandfilter (2 gleiche Kreise)
$q = 2,5;\ d_1 = d_2 = d;\ \omega_{01} = \omega_{02} = \omega_0$

normierte Betriebskopplung. In der Bandfiltertheorie sind folgende Bezeichnungen gebräuchlich:

$k/d < 1$ unterkritische Kopplung
$k/d = 1$ kritische Kopplung
$k/d > 1$ überkritische Kopplung

Bei der kritischen Kopplung verläuft der Amplitudengang im Durchlaß-
bereich am flachsten. Die erwähnten näheren Untersuchungen zeigen
außerdem, daß diese Kopplungseinstellung insgesamt gesehen bezüglich
Selektivität, Bandbreite, Übertragungsverluste usw. einen günstigen
Kompromiß darstellt. In der Praxis verwendet man daher gewöhnlich
Kopplungen, die in der Nähe der kritischen Kopplung liegen.

In der Bandmitte folgt für das in Bild 115a) dargestellte Verhältnis aus
Gl.(563) die Beziehung

$$\left|\frac{U_{20}}{\underline{U}_{20}(k/d = 1)}\right| = \lambda = \frac{2k/d}{1 + (k/d)^2} \tag{564}$$

und durch Umformen folgt daraus

$$\frac{k}{d} = \frac{1}{\lambda}(1 \pm \sqrt{1 - \lambda^2}) \tag{565}$$

Dieser letzte Zusammenhang hat eine praktische Bedeutung. Er bietet die Möglichkeit, aus dem meßbaren Spannungsverhältnis λ die eingestellte Kopplung zu berechnen.

<u>Phasencharakteristik</u>

Den Phasengang der in Gl.(525) definierten Verstärkung $\underline{v}_u$ kann man gemäß Bild 114b) mit $-\underline{I}_S = y'_{21I}\underline{U}_{beI}$ aus Gl.(558) berechnen: $\underline{v}_u = \underline{U}_{beII}/\underline{U}_{beI} = |\underline{v}_u|e^{j\varphi}$. Die Auswertung liefert unter der Voraussetzung (560) für den Verstärker mit einem zweikreisigen Bandfilter

$$\varphi = \arctan \frac{q^2[1 + (k/d)^2] - \Omega^2}{2q\Omega} \tag{566}$$

Aus der Darstellung dieser Funktion in Bild 115b) ist zu erkennen, daß für die kritische Kopplung über einen relativ breiten Frequenzbereich um die Bandmittenfrequenz herum ein linearer Phasenverlauf erreicht wird.

Bemerkenswert ist außerdem, daß die Phasenverschiebung zwischen $\underline{U}_{beII}$ und $\underline{U}_{ceI}$ für $f = f_0$ unabhängig von der Kopplung 90° beträgt. Die Ein- und Ausgangsspannung des Filters sind also in der Bandmitte gegeneinander um 90° phasenverschoben, Bild 115c).

<u>Übertragungswirkungsgrad des Bandfilters</u>

Als Maß für die Übertragungsverluste des Bandfilters wählen wir wie beim Einzelkreis in Gl.(431) das Verhältnis der vom Transistor II aufgenommenen Wirkleistung P_{1II} zur Wirkleistung P_{vanfI}, die der Transistor I maximal zur Verfügung stellt. Da dieser bei $f = f_0$ zu bildende Quotient der Übertragungs-Leistungsverstärkung $v_{pü0}$ des in Bild 114b) dargestellten Vierpols mit der Matrix (y'') zwischen den Klemmen 1b und 2b entspricht, läßt er sich aus Gl.(534) berechnen. Wir benötigen hierzu lediglich noch die Formel, mit der man die Verstärkung $v_{pü}$ eines Vierpols anhand seiner y-Parameter ausrechnen kann. Für die Betriebsschaltung in [2] Bild 22 erhält man bei reellem $\underline{Y}_{iw} = G_{iw} = 1/r_{iw}$ und reellem $\underline{Y}_{lw} = G_{lw} = 1/r_{lw}$ über [2] Gl.(53), [2] Gl.(40) sowie [2] Gl.(71) den allgemeinen Zusammenhang

$$v_{p\text{ü}} = 4G_{iw}G_{lw} \left| \frac{y_{21}}{(y_{11} + G_{iw})(y_{22} + G_{lw}) - y_{12}y_{21}} \right|^2 \tag{567}$$

Die Vierpolmatrix (y'') nach (534) lautet mit den Beziehungen aus den Gln. (545), (546), (547), (555), (550), (554) bei $f = f_0$ mit $G_{iw} = g'_{22}$ und $G_{lw} = g'_{11}$ für $f = f_0$

$$(y'') = \begin{pmatrix} \dfrac{g'_{22}}{q_1 - 1} & j\sqrt{g'_{11}g'_{22}}\dfrac{kQ_0}{\sqrt{q_1 - 1}\sqrt{q_2 - 1}} \\[3ex] j\sqrt{g'_{11}g'_{22}}\dfrac{kQ_0}{\sqrt{q_1 - 1}\sqrt{q_2 - 1}} & \dfrac{g'_{11}}{q_2 - 1} \end{pmatrix} \tag{568}$$

Die Kapazitäten C'_{22} und C'_{11} sind bei $f = f_0$ weggestimmt.

Mit dieser y-Matrix ergibt sich aus Gl.(567) schließlich der Übertragungswirkungsgrad des Bandfilters zu

$$\eta_0 = \frac{4(kQ_0)^2(q_1 - 1)(q_2 - 1)}{[q_1 q_2 + (kQ_0)^2]^2} \tag{569}$$

Betrachtet man den in Gl.(560) festgelegten Spezialfall, so erhält die Gl.(569) die Form

$$\eta_0 = \frac{4(k/d)^2}{[1 + (k/d)^2]^2}\left(1 - \frac{Q_B}{Q_0}\right)^2 \tag{570}$$

Bei gleichen Güteverhältnissen für alle Kreise unterscheiden sich demzufolge der Übertragungswirkungsgrad des Bandfilters von dem eines Einzelkreises gemäß Gl.(444) um den Faktor

$$F = \frac{4(k/d)^2}{[1 + (k/d)^2]^2} \tag{571}$$

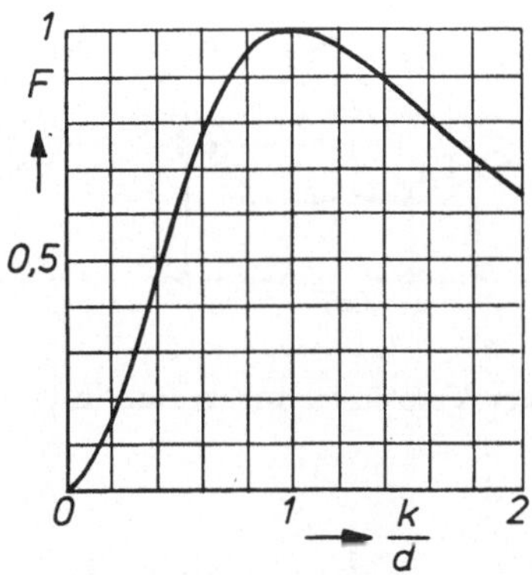

Bild 116 Verhältnis des Übertragungswirkungsgrades eines
Bandfilters zu dem eines Einzelkreises

Seine Abhängigkeit von der normierten Betriebskopplung ist in Bild
116 aufgezeichnet. Wir entnehmen daraus, daß die Übertragungsverluste in dem betrachteten Bandfilter bei kritischer Kopplung gleich groß
sind wie die in einem Einzelkreis mit gleichem Güteverhältnis q. Für
andere Kopplungseinstellungen sind die Verluste im Bandfilter größer
als beim Einzelkreis. Weil das Bandfilter gegenüber dem Einzelkreis
größere Werte für Bandbreite und Selektivität liefert, ist für den praktischen Fall demnach die kritische Kopplung zu empfehlen. Der in Bild
116 dargestellte Vergleich ist natürlich nur sinnvoll, wenn die Flanken-
steilheit des Durchlaßbereiches - also die Selektivität - keine Rolle spielt.

Mehrstufiger Verstärker mit n Bandfilter

Alle Stufen des in Bild 117 wiedergegebenen Verstärkers sollen mit
Bandfiltern gleicher Bandbreite und Selektivität sowie mit gleichen
neutralisierten Transistoren ausgestattet sein. Die Spannung U_2 nach
Gl.(558) kann dann allgemein als die Steuerspannung $U_{be\nu}$ für den auf
das ν-te Bandfilter folgenden Transistor Tr.ν aufgefaßt werden, und
der Strom $I_S = -y'_{21}U_{be(\nu-1)}$ ist die gesteuerte Stromquelle des dem
Bandfilter vorangehenden Transistors Tr.$(\nu-1)$. Es gilt also

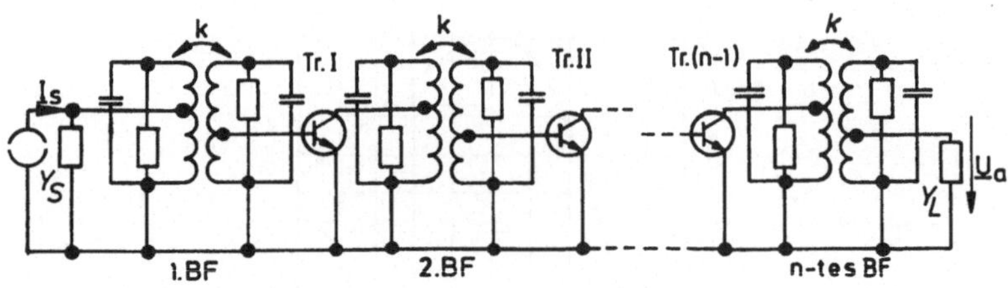

Bild 117   Mehrstufiger Verstärker mit n Bandfilter

$$\underline{U}_{be\nu} = \frac{y'_{21}\underline{U}_{be(\nu-1)}q(q-1)k/d}{\sqrt{g'_{11}g'_{22}}\{2q\Omega - j(q^2[1 + (k/d)^2] - \Omega^2)\}} \tag{572}$$

Für die auf ihren Wert in der Bandmitte normierte Ausgangsspannung des Gesamtverstärkers folgt daraus, falls als Steuerquelle zwei weitere neutralisierte Transistoren vom gleichen Typ wie die übrigen vorgesehen sind,

$$\frac{\underline{U}_a}{\underline{U}_{a0}} = \left(\frac{q[1 + (\frac{k}{d})^2]}{q[1 + (\frac{k}{d})^2] - \frac{1}{q}\Omega^2 + j2\Omega}\right)^n \tag{573}$$

so daß für die normierte Ausgangsamplitude

$$\left|\frac{\underline{U}_a}{\underline{U}_{a0}}\right| = \left(\frac{q[1 + (\frac{k}{d})^2]}{\sqrt{\{q[1 + (\frac{k}{d})^2] - \frac{1}{q}\Omega^2\}^2 + 4\Omega^2}}\right)^n \tag{574}$$

gilt. Sie ist genau die n-te Potenz der normierten Ausgangsamplitude eines Einzelfilters ($n = 1$) nach Gl.(562).

Gesamte Bandbreite b_{ges} bei n Bandfilter

Für die in Bild 118 eingezeichnete obere Bandgrenze Ω_h des Gesamtverstärkers können wir nach Gl.(544) schreiben

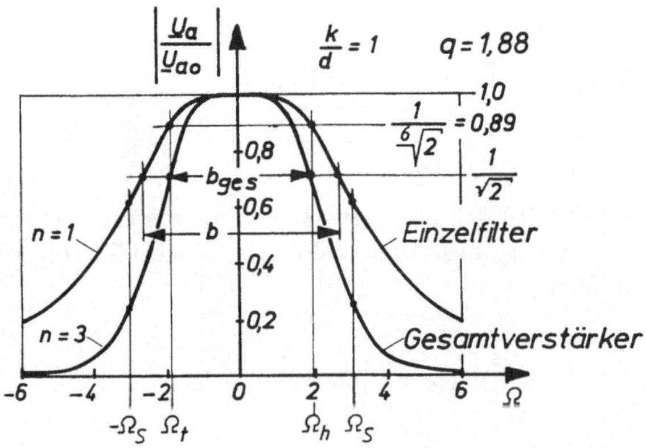

Bild 118   Vergleich der Bandfilterkurven bei $n = 1$ und $n = 3$

$$\Omega_h = v_h Q_0 \approx \frac{2\Delta f_b}{f_0}Q_0 = \frac{b_{ges}Q_0}{f_0} \tag{575}$$

Definitionsgemäß gilt an dieser Grenze $|\underline{U}_a|/|\underline{U}_{a0}| = 1/\sqrt{2}$ also nach Gl.(574)

$$\frac{q[1 + (\frac{k}{d})^2]}{\sqrt{\{q[1 + (\frac{k}{d})^2] - \frac{1}{q}\Omega_h^2\}^2 + 4\Omega_h^2}} = \frac{1}{\sqrt[2n]{2}} \tag{576}$$

Da die linke Seite nach Gl.(562) der normierten Ausgangsamplitude des Einzelfilters bei $\Omega = \Omega_h$ entspricht, bedeutet dies, daß die Ausgangsspannung $|\underline{U}_2|$ des Einzelfilters bei $\Omega = \Omega_h$ (des Gesamtverstärkers) nicht um $1/\sqrt{2}$, sondern nur um den Faktor $1/\sqrt[2n]{2}$ gegenüber ihrem Wert $|\underline{U}_{2o}|$ in der Bandmitte abgenommen hat, Bild 118.

Aus der Bedingungsgleichung (576) ergibt sich mit dem Zusammenhang in Gl.(575) eine biquadratische Bestimmungsgleichung für die gesamte Bandbreite b_{ges}:

$$b_{ges}^4 + 2\left(\frac{qf_0}{Q_0}\right)^2\left[1 - (\tfrac{k}{d})^2\right]b_{ges}^2 - \left(\frac{qf_0}{Q_0}\right)^4\left[1 + (\tfrac{k}{d})^2\right]^2\left(\sqrt[n]{2} - 1\right) = 0$$

$$(577)$$

<u>Selektivität S_{ges} bei n Bandfilter</u>

Die Selektivität wird definitionsgemäß bei einer vorgegebenen normierten Verstimmung Ω_S bestimmt, Bild 118. Nach Gl.(544) können wir hierfür schreiben

$$\Omega_S = v_S Q_0 \approx \frac{2\Delta f_S}{f_0}Q_0 \tag{578}$$

Für ein einzelnes Bandfilter ($n = 1$) erhalten wir direkt aus Gl.(562)

$$S = \left|\frac{\underline{U}_{20}}{\underline{U}_2(\Omega_S)}\right| = \frac{\sqrt{\{q[1 + (\tfrac{k}{d})^2] - \tfrac{1}{q}\Omega_S^2\}^2 + 4\Omega_S^2}}{q[1 + (\tfrac{k}{d})^2]} \tag{579}$$

und für den Gesamtverstärker direkt aus Gl.(574)

$$S_{ges} = \left|\frac{\underline{U}_{a0}}{\underline{U}_{a0}(\Omega_S)}\right| = S^n \tag{580}$$

Bei vorgegebener Selektivität S_{ges} kann man daher die notwendige Selektivität eines einzelnen Filters aus der Bedingung

$$S = \sqrt[n]{S_{ges}} = \frac{\sqrt{\{q[1 + (\tfrac{k}{d})^2] - \tfrac{1}{q}\Omega_S^2\}^2 + 4\Omega_S^2}}{q[1 + (\tfrac{k}{d})^2]} \tag{581}$$

berechnen. Durch Umformung ergibt sich daraus eine biquadratische Bestimmungsgleichung für die Verstimmung Ω_S

$$\Omega_S^4 + 2q^2[1 - (\tfrac{k}{d})^2]\Omega_S^2 - q^4[1 + (\tfrac{k}{d})^2]^2(\sqrt[n]{S_{ges}^2} - 1) = 0 \tag{582}$$

Wenn im praktischen Fall die Größen f_0, Q_0 und n bereits festliegen, kann man aus den Gln.(577) und (582) zu jedem vorgegebenen Wertepaar von Bandbreite b_{ges} und Selektivität S_{ges} nur ein einziges Wertepaar von normierter Kopplung k/d und Betriebsgüte $Q_B = Q_0/q$, das die Forderungen erfüllt, berechnen: Mit den Abkürzungen

$$r = \frac{\sqrt[n]{S_{ges}^2} - 1}{\sqrt[n]{2} - 1} \tag{583}$$

$$s = \frac{r\Omega_h^4 - \Omega_S^4}{2(\Omega_S^2 - r\Omega_h^2)}; \qquad t = \frac{\Omega_S^2 + 2s}{\sqrt[n]{S_{ges}^2} - 1}\Omega_S^2 \tag{584}$$

erhält man aus den Gln.(577) und (582) für $s \neq 0$

$$\frac{k}{d} = \sqrt{\frac{\sqrt{t} - s}{\sqrt{t} + s}}; \qquad q = \frac{Q_0}{Q_B} = \sqrt{\frac{s}{1 - (k/d)^2}} \tag{585}$$

Erfüllen die vorgegebenen Daten die Beziehung $(2\Delta f_S/b_{ges})^4 = r$, dann ist $s = 0, k/d = 1$ und

$$q = \frac{2\Delta f_S Q_0}{f_0\sqrt{2}\sqrt[4]{\sqrt[n]{S_{ges}^2} - 1}} = \frac{Q_0 b_{ges}}{f_0\sqrt{2}\sqrt[4]{\sqrt[n]{2} - 1}} \tag{586}$$

Beispiel 66:

Der ZF-Verstärker, dessen Schaltplan in Bild 119 angegeben ist, soll für eine Bandmittenfrequenz von $f_0 = 10,7 MHz$ bei einer Spulen-Leerlaufgüte von $Q_0 = 90$ dimensioniert werden. Die Schwingkreiskapazitäten der drei gleichen abgestimmten Bandfilter seien auf ca. $75pF$ festgelegt. Der Verstärker soll eine gesamte Bandbreite von $b_{ges} = 250 kHz$ haben, die Selektivität des Gesamtverstärkers soll im Abstand $\Delta f_S = \pm 300 kHz$ von der Bandmitte f_0 den Wert $S_{ges} = 200$ erreichen. Die Schaltung soll mit gleichen Transistoren (auch als Steuerquelle und Last) bestückt werden. Zu verwenden sei der Transistortyp, dessen y-Parameter in [2] Bild 17 angegeben sind. Vorzusehen ist der

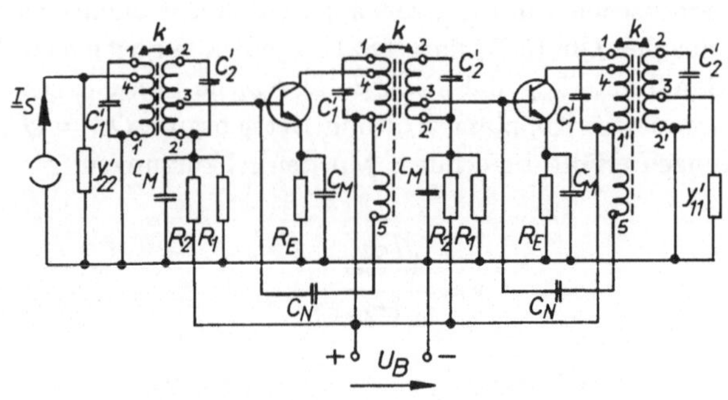

Bild 119   ZF-Verstärker mit 3 Bandfilter

Arbeitspunkt $I_C = 1mA$, $U_{CE} = 10V$. Der Transistor hat dann laut Datenblatt die weiteren Kenndaten $U_{BE} = 0,65V$, $B = 115$.

Lösung:

Arbeitspunkteinstellung nach [1] Gln.(100) bis (103):
$U_B = U_{CE} + U_B/10 = U_{CE}/0,9 = 11,1V$; $R_E = 11,1V/10mA = 1,1k\Omega$. Gewählt wird $R_E = 1k\Omega$; $U_B = 11V$. $I_B = 8,7\mu A$. Mit $k = 10$ ist $R_1 = 21,07k\Omega$ gewählt wird $R_1 = 22k\Omega$. $R_2 = 106,6k\Omega$ gewählt wird $R_2 = 110k\Omega$. Aus $1/(\omega C_M) \approx 0,5\Omega$ folgt für die Abblockkondensatoren $C_M = 30nF$.

Transistorparameter
$g_{11e} = 0,5mS$; $b_{11e} = 1,5mS$; $|y_{12e}| = 63\mu S$; $\varphi_{12e} = -90°$; $|y_{21e}| = 35mS$; $\varphi_{21e} = -4°$; $g_{22e} = 9\mu S$; $b_{22e} = 105\mu S$.

Neutralisation
ü $= n_{51'}/n_{41'} \overset{(385)}{=} 0,134$ (gegensinnig gewickelt). Da die Gln.(379) und (380) als erfüllt angesehen werden können, setzen wir $y'_{11} \approx y_{11e}$; $y'_{21} \approx y_{21e}$; $y'_{22} \approx y_{22e}$. Also ist $C'_{11} = 22,3pF$; $C'_{22} = 1,6pF$. $R_N \overset{(386)}{=} 0$; $C_N \overset{(387)}{=} 7pF$.

<u>Bandfilter</u>

$r \overset{(583)}{=} 127,73$; $\Omega_h \overset{(575)}{=} 2.10$; $\Omega_S \overset{(578)}{=} 5,05$; $s \overset{(584)}{=} -1,70$; $t \overset{(584)}{=} 16,98$; $k/d \overset{(585)}{=} 1,55$; $q \overset{(585)}{=} 1,10$; $\eta_0 \overset{(570)}{=} 0,0069$; $\eta_0 \overset{(432)}{=} -21,6 dB$. $C_1 = C_2 = C = 75pF$; $G_1 = G_2 = G \overset{(404)}{=} \omega_0 C/Q_0 = 56\mu S$; $\ddot{u}_1 \overset{(550)}{=} 0,106$; $\ddot{u}_2 \overset{(550)}{=} 0,789$. $L_{11'} = L_{22'} \overset{(526)}{=} 2,95\mu H$ (realisierbar mit $Q_0 = 90$). $C_1' \overset{(535)}{=} 74,0 pF$. $C_2' \overset{(536)}{=} 74,7 pF$ (Einfluß der Transistorkapazitäten praktisch vernachlässigbar). $S \overset{(581)}{=} 5,8$.

Beispiel 67:

a) Welche Bandbreite b_{ges} ergibt sich bei dem Verstärker aus Beisp.66, wenn die drei Bandfilter jeweils auf kritische Kopplung abgeglichen werden?

b) Auf welche Werte $\ddot{u}_1$ und $\ddot{u}_2$ müssen die Spulenanzapfungen geändert werden, damit die restlichen Forderungen aus Beisp.66 erhalten bleiben?

c) Wie groß sind jetzt die Übertragungsverluste eines einzelnen Filters?

Lösung:

a) Für $k/d = 1$ ist $s = 0$ und nach Gl.(586) linker Teil $q = 1,49$. Die Gl.(586) nach b_{ges} aufgelöst liefert $b_{ges} = 178,9 kHz$.

b) $\ddot{u}_1 \overset{(550)}{=} 0,234$; $\ddot{u}_2 = 1,75$ d.h. $n_{41'} > n_{11'}$.

c) $\eta_0 \overset{(570)}{=} -9,7 dB$.

<u>Kapazitive Ankopplung der nachfolgenden Stufe</u>

Die Ankopplung des Bandfilters an die Basis des nachgeschalteten Transistors II kann auch kapazitiv erfolgen, Bild 120a).

Die zugehörige Ersatzschaltung ist in Bild 120b) gezeichnet. Führen wir wieder analog zu Gl.(527) das Übersetzungsverhältnis $\ddot{u}_1$ ein, so gilt

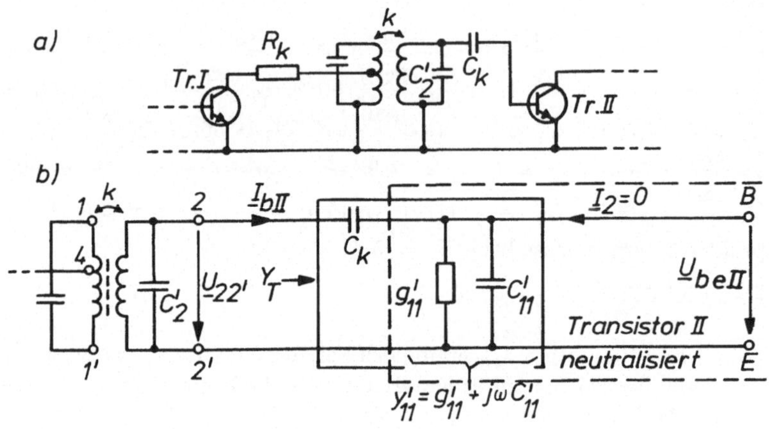

Bild 120 Kapazitive Ankopplung der nachfolgenden Stufe.
R_k Kompensationswiderstand

$$\ddot{u}_1 = \frac{\underline{U}_{beII}}{\underline{U}_{22'}} = \frac{j\omega C_k}{y_{11}' + j\omega C_k} \tag{587}$$

($\ddot{u}_1$ ist jetzt komplex).

In den Sekundärkreis des Bandfilters wird die Admittanz

$$Y_T = \frac{\underline{I}_{bII}}{\underline{U}_{22'}}\bigg|_{\underline{I}_2=0} = G_T + j\omega C_T = j\omega C_k(1 - \ddot{u}_1) \tag{588}$$

transformiert.

Bei vorgegebenem C_k hat das Übersetzungsverhältnis den Betrag

$$|\ddot{u}_1| = \frac{1}{\sqrt{\left(1 + \dfrac{C_{11}'}{C_k}\right)^2 + \left(\dfrac{g_{11}'}{\omega_0 C_k}\right)^2}} \tag{589}$$

Bei vorgegebenem Übersetzungsverhältnis z.B. aus Gl.(550) folgt umgekehrt die erforderliche Koppelkapazität aus der Beziehung

$$C_k = \frac{|\ddot{u}_1|^2 C'_{11}}{1 - |\ddot{u}_1|^2} + |\ddot{u}_1| \sqrt{\left(\frac{|\ddot{u}_1| C'_{11}}{1 - |\ddot{u}_1|^2}\right)^2 + \frac{C'^2_{11} + \left(\frac{g'_{11}}{\omega_0}\right)^2}{1 - |\ddot{u}_1|^2}} \qquad (590)$$

Der Sekundärkreis wird dann durch den Realteil

$$G_T = g'_{11} |\ddot{u}_1|^2 \qquad (591)$$

bedämpft und durch die transformierte Kapazität

$$C_T = C_k = (C'_{11} + C_k)|\ddot{u}_1|^2 \qquad (592)$$

verstimmt. Die gesamte Kapazität des Sekundärkreises setzt sich jetzt im Gegensatz zu Gl.(536) zusammen aus

$$C_2 = C'_2 + C_T \qquad (593)$$

Beispiel 68:

Wie ändern sich die Daten des Verstärkers aus Beisp.66, wenn die kapazitive Ankopplung gemäß Bild 120a) gewählt wird?

Lösung:

Unverändert bleiben die Werte der Größen $r, \Omega_h, \Omega_S, s, t, k/d, q, \eta_0,$ $\ddot{u}_1, \ddot{u}_2, L, C, C'_1$.
Neue Werte erhalten $C_k \overset{(590)}{=} 2,8pF$; $C_T \overset{(592)}{=} 2,5pF$; $C'_2 \overset{(593)}{=} 72,5pF$.

Verformung der Filterkurven durch Rückwirkung

Mit Rücksicht auf die praktische Verwertbarkeit der Formeln und Kurven bei der Dimensionierung von selektiven Verstärkern und außerdem um den Rechenaufwand in einem zumutbaren Rahmen zu halten, wurde in allen obigen Betrachtungen der Transistor als vollständig neutralisiert vorausgesetzt. Dieser vollkommen rückwirkungsfreie Transistor kann in der Praxis erreicht werden. Man muß dazu die Elemente der Neutralisationsschaltung jedes einzelnen Transistors in seinem bestimmten Arbeitspunkt individuell abgleichen. Die maximale Signalamplitude darf allerdings nicht zu groß sein, weil durch eine starke Aussteuerung die Kollektor-Basisspannung ($U_{CE} \approx U_{CB}$) dann momentan kleine Werte annehmen kann, zu denen bekanntlich große Kollektorkapazitäten gehören, [2], Bild 43. Dies führt unvermeidlich zu einer Fehlneutralisation während der Aussteuerung.

Verzichtet man (z.B. bei einer Serienfertigung) auf diesen unwirtschaftlichen Einzelabgleich, indem man feststehende Bauelemente im Neutralisationsnetzwerk verwendet (sog. Festneutralisation), so verbleiben restliche Rückwirkungen, die zwar kleiner als die ohne Neutralisation sind, aber doch nicht unberücksichtigt bleiben können.

Bei der Festneutralisation führen vor allem die Exemplarstreuungen der Transistorparameter, Betriebsspannungsschwankungen und große Signalamplituden zu einer unvollkommenen Neutralisation. Die Fragestellung, wie sich die endliche Rückwirkung auf die Verstärkereigenschaften und hier insbesondere auf die Schwingsicherheit (Stabilität) auswirkt, ist durch verschiedene Veröffentlichungen beantwortet, [3], [7], [13]. Die umfangreichen Berechnungen zeigen, daß bei einer nur teilweisen Neutralisation die Verstärkung verändert wird und die Durchlaßkurven unsymmetrisch werden. Die Auswirkungen sind hierbei umso größer, je größere Werte für den Stabilitätsfaktor s aus Gl.(355) gefordert sind. Um eine Vorstellung über die Größe der Verformung zu vermitteln, ist in Bild 121 ein Beispiel angegeben. Das diesem Bild zugrunde liegende Modell entspricht der Ersatzschaltung aus Bild 104. Der Transistor I ist allerdings jetzt als nur teilweise neutralisiert betrachtet. Die innere Transistor-Rückwirkung wurde rein kapazitiv angenommen und die Größe der angesetzten restlichen Rückwirkungen ist mit dem Stabilitätsfaktor s ausgedrückt. Für das beschriebene Modell muß in Gl.(355) der Leitwert G_g durch den Ausdruck $G_g = G_1^* + G_S$ sowie der Leitwert G_L durch $G_L = G_2^* + g'_{11II}$ ersetzt werden.

In der Praxis wird ein Stabilitätsfaktor zwischen 4 und 5 als ausreichend angesehen.

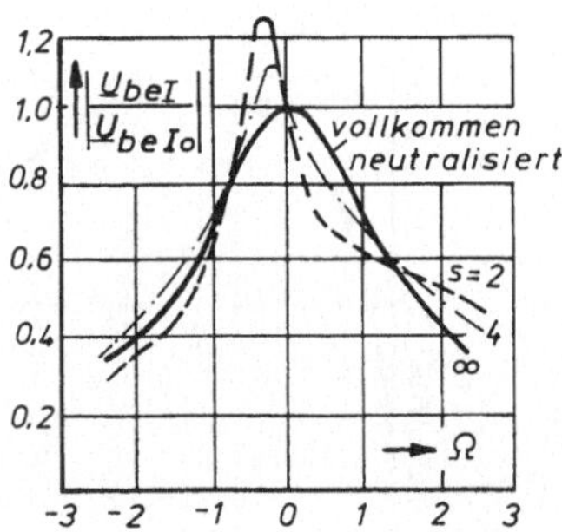

Bild 121 Verformung der Resonanzkurve durch unvollkommene
Neutralisation

Die Verformung der Filterkurven hängt auch von der Abgleichmethode
ab.

Die Ausgangskapazität C_a der Emitter-Schaltung wird nach [2]
Gln.(158) und (147) hauptsächlich durch die Kapazität C_{CB0} bestimmt.
Diese Kapazität und somit auch die Ausgangskapazität C_a ist span-
nungsabhängig, [2], Bild 43. Sie ändert ihren Wert, wenn die Spannung
$u_{CB} \approx u_{CE}$ bei der Aussteuerung des Transistors verschiedene Augenblickswerte annimmt. Hierdurch ändert sich mit der Signalamplitude
die Resonanzfrequenz des Kollektorkreises. Mit dem Widerstand R_k
in Bild 120 wird erreicht, daß diese dynamische Ausgangskapazität C_a
nicht unmittelbar parallel zum Kollektorschwingkreis liegt (lose Ankopplung), so daß ihr verstimmender Einfluß gering bleibt. Dieser
Widerstand hat in der Regel Werte von einigen hundert Ohm. Er
verhindert außerdem auch das Auftreten von parasitären Schwingungen.

4.10.7 Automatische Verstärkungsregelung

Das Ausgangssignal von ZF-Verstärkern in Rundfunk- und Fernseh-
empfängern soll für eine vernünftige Ton- und Bildwiedergabe konstant bzw. nahezu konstant sein. Um dies zu erreichen, muß die

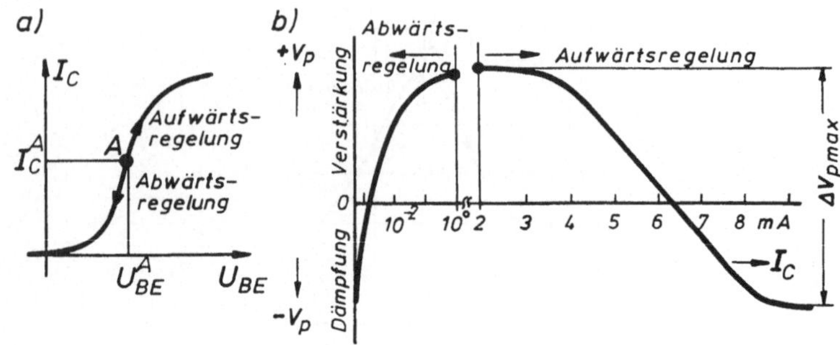

Bild 122   Automatische Verstärkungsregelung (AVR)

Verstärkung der Eingangsstufen im HF- und ZF-Teil geregelt werden,
weil an den Antennenanschlüssen des Empfängers durch Feldstärke-
schwankungen verschieden große Eingangsspannungen auftreten. Die
Verstärkung eines Transistors läßt sich z.B. durch Verlagern seines Arbeitspunktes regeln. Verschiebt man in Bild 122a) den Arbeitspunkt
A, ausgehend von der eingezeichneten Normallage im mittleren Kenn-
linienbereich nach unten oder oben, so nimmt jeweils die Steilheit S [1]
Gl.(33) ab. Daraus resultiert in beiden Fällen nach [2] Gln.(30), (46)
und (47) eine Abnahme der Spannungs- bzw. Leistungsverstärkung.
Man unterscheidet daher zwei Regelarten:

die *Abwärtsregelung*, bei der die Stufenverstärkung - ausgehend vom
Punkt maximaler Verstärkung - durch ein Absenken des Kollektorstromes I_C herabgesetzt wird.

Bei der *Aufwärtsregelung* wird der Strom I_C vergrößert, um die
Verstärkung - ausgehend vom Punkt maximaler Verstärkung - zu ver-
kleinern. Das Bild 122b) zeigt den typischen Zusammenhang zwischen
Leistungsverstärkung und Kollektorstrom. In einem elektronischen
Regelsystem wird eine zu der Ausgangsspannung des ZF-Verstärkers
proportionale Gleichspannung (Regelspannung) gewonnen und in ge-
eigneter Polarität als variable Basisvorspannung dem Transistor in der
ersten HF- bzw. ZF-Stufe zugeführt, siehe z.B. Bild 90. Durch diese

sog. automatische Verstärkungsregelung (AVR) wird auch vermieden, daß irgend eine Verstärkerstufe übersteuert wird.

Bei der Verstärkungsregelung durch Arbeitspunktverschiebung ändern sich neben der Steilheit auch die Transistorparameter. Nachteilig kann sich hier vor allem die Veränderung der Rückwirkung sowie der Ein- und Ausgangsadmittanz auf die Schaltung auswirken. Die Änderung der Rückwirkung verschlechtert die Neutralisation. Wenn die Neutralisation aber für den Arbeitspunkt mit maximaler Verstärkung ausgelegt wird, kann dieser Neutralisationsfehler in seiner Auswirkung klein gehalten werden, weil beim Einsetzen der Regelung die Leistungsverstärkung abnimmt.

Die Veränderungen des Ein- und Ausgangsleitwertes beeinflußen den Abgleich und die Gütefaktoren der mit dem Transistoreingang- bzw. -ausgang verbundenen Resonanzkreise. Die geänderten Blindkomponenten verstimmen die angeschlossenen Kreise und verformen die Durchlaßkurven. Da zwischen dem Ein- bzw. Ausgangswiderstand und dem Kollektorstrom ein reziproker Zusammenhang besteht [1] Gln.(40), (49) und Bild 51, variieren z.B. bei der Abwärtsregelung diese Widerstände durch den verkleinerten Kollektorstrom nach der hochohmigen Richtung. Das bedeutet aber eine geringere Belastung der Ein- und Ausgangsfilter, so daß der Verstärker eine kleinere Bandbreite aufweist. Bei der Aufwärtsregelung nehmen die Ein- und Ausgangswiderstände mit ansteigendem Kollektorstrom relativ stark ab, wodurch die Filterkreise stärker bedämpft werden.

Durch geeignete Schaltungsmaßnahmen kann man eine annähernd konstante Durchlaßkurve erreichen. In der Praxis sind folgende Methoden üblich:

1.) Verwendung eines speziell für Verstärkungsregelung entwickelten Transistors (HF-Regeltransistor), dessen Parameter sich relativ gering ändern.

2.) Lose Ankopplung des Transistors an die Filter (z.B. durch den Widerstand R_k in Bild 120a).

3.) Größere Eigendämpfung $d_0 = 1/Q_0$ der Filterkreise durch Verwendung großer Kreiskapazitäten, Gl.(403).

4.) Ohmsche Vorbelastung der Filter mit Festwiderständen.

5.) Asymmetrische Belastung der Filterkreise ($b_1 \neq b_2$).

Alle diese Maßnahmen führen aber zu einem relativ großen Verstärkungsverlust.

Abschließend sollen noch die Nachteile und Vorteile von Auf- und Abwärtsregelung einander gegenübergestellt werden:

Nachteile der Abwärtsregelung

Der Aussteuerbereich des Transistors ist verhältnismäßig klein. Weil der Kollektorstrom gerade beim Anliegen von großen Signalen auf sehr kleine Werte absinkt, können sog. Kreuzmodulationsstörungen und Modulationsverzerrungen auftreten.

Der *Regelhub* - hierunter versteht man die nutzbare Verstärkungsänderung Δv_{pmax} (meist in dB angegeben) aus Bild 122b) - ist nicht sehr groß. Er ist typisch auf etwa 30 bis 40 dB begrenzt.

Die kleinen Kollektorströme im abgeregelten Zustand führen leicht zu einer Instabilität des Arbeitspunktes bei Temperaturänderungen.

Vorteile der Abwärtsregelung

Jeder normale HF-Transistor kann verwendet werden.
Die Schaltungsdimensionierung ist einfach.
Der Regelleistungsbedarf ist gering.
Die Verlustleistung am Transistor ist klein.

Nachteile der Aufwärtsregelung

Es muß ein spezieller HF-Regeltransistor verwendet werden.
Die Schaltungsauslegung ist schwieriger.
Der Regelleistungsbedarf ist größer.
Die Verlustleistung am Transistor ist höher.

Vorteile der Aufwärtsregelung

Der Aussteuerbereich des Transistors ist wesentlich größer.

Der Regelhub ist groß (typisch $60dB$).
Die Verzerrungen sind wesentlich geringer, weil der Kollektorstrom bei großen Signalen auf große Werte ansteigt.
Aufgrund der großen Kollektorströme ist auch der Arbeitspunkt nicht so sehr temperaturempfindlich.

Die Aufwärtsregelung wird hauptsächlich in der HF-Eingangsstufe und die Abwärtsregelung normalerweise in der 1. ZF-Stufe verwendet.

Neben den in diesem Abschn.4.10 behandelten Selektionsmitteln gibt es noch eine Vielzahl weiterer Siebschaltungen, die hier nicht behandelt werden können. Es wird auf eine Zusammenstellung z.B. in [12] S.889ff verwiesen. Die Siebschaltungen am Ein- und Ausgang des Verstärkers übernehmen meistens auch noch die Aufgabe, die komplexen Transistorwiderstände auf vorgegebene und z.T. genormte reelle Werte zu transformieren (siehe z.B. Bild 90 und [2] Beisp.36). Auch hierzu findet man eine Zusammenstellung in [12] S.201ff.

Zur Frage nach der zweckmäßigen Grundschaltung wurden bereits in [2] Abschn.4.5 für die Emitter- und Basis-Schaltung grundlegende Bemerkungen gemacht. Die Kollektor-Schaltung kommt als HF-Verstärker nicht in Betracht, weil sie eine geringe Verstärkung ([2] Bild 14) und außerdem eine große Rückwirkung hat.

5. Großsignalbetrieb / Leistungsverstärker

5.1 Allgemeines

Am Ausgang eines mehrstufigen Verstärkers liegt z.B. ein Lautsprecher, ein Meßinstrument oder eine Sendeantenne. Alle diese Lastwiderstände benötigen zu ihrem Betrieb eine bestimmte Wechselspannung, und sie nehmen gleichzeitig aber auch einen relativ großen Wechselstrom auf. Es sind also Leistungsverbraucher. Sie fordern von der letzten Verstärkerstufe (Endstufe) meist die größtmögliche Wechselstromwirkleistung, die unter Beachtung und Ausnutzung der absoluten Grenzdaten des letzten Transistors (Endtransistor) abgegeben werden kann. Die zum Aussteuern der Endstufe notwendige Steuerleistung muß die vorhergehende Verstärkerstufe liefern; sie wird daher als *Treiberstufe* bezeichnet und muß entsprechend dimensioniert werden.

Die Steuerspannungen der Endtransistoren haben durch die Verstärkung in den vorgeschalteten Stufen so große Amplituden erreicht, daß die Transistorkennlinien während einer Periode der Signalspannung über einen weiten Bereich ausgesteuert werden. Eine exakte Berechnung der Endstufe und meist auch schon der Treiberstufe mit Hilfe der Vierpoltheorie wie im Abschn.4 ist nicht möglich, weil der Zusammenhang zwischen einer Ausgangsgröße des Verstärkers (z.B. i_c) und einer Eingangsgröße (z.B. u_{be}) nicht mehr linear ist. Wegen diesem stark nichtlinearen Zusammenhang ist eine exakte Berechnung der Großsignalverstärker praktisch überhaupt nicht durchführbar.

Im folgenden wird gezeigt, wie man durch relativ einfache Betrachtungen im Kennlinienfeld des Transistors trotzdem zu brauchbaren Betriebsformeln kommt. Aufgrund des Näherungscharakters dieser Überlegungen stellen die Ergebnisse nur grobe Dimensionierungsanweisungen dar. Sie sind aber trotzdem sehr wertvoll, weil man ohne sie überhaupt keinen Anhaltspunkt hätte, wie die Schaltung zu dimensionieren ist. Man erhält auf diese Weise wenigstens einen Überblick darüber, wie sich eine Veränderung der Größen auf die geforderten Daten auswirkt und kann damit verhindern, daß man völlig abseits einer optimalen Schaltungsauslegung liegt.

Obwohl eigentlich jeder Transistorverstärker wegen seines endlichen Eingangswiderstandes als Leistungsverstärker bezeichnet werden müßte ist es üblich, den Begriff "Leistungsverstärker"wie in der Röhrentechnik ausschließlich auf die Treiber- und Endstufe zu beziehen.

5.2 Forderungen an einen Großsignalverstärker

Bei einem Endverstärker interessieren nicht mehr in erster Linie der Ein- und Ausgangswiderstand der Schaltung oder die Spannungs-, Strom- und Leistungsverstärkung, sondern die bei bester Ausnutzung des Endtransistors maximal abgebbare Wechselstromleistung ohne Rücksicht darauf, welche Steuerleistung dazu notwendig ist.

Das Verhältnis der abgegebenen Wechselleistung zur Gleichleistung, die die Endstufe aus der Batterie aufnimmt (Wirkungsgrad) soll dabei möglichst groß und die Verzerrungen (Klirrfaktor) möglichst klein sein.

Da es bei einer Endstufe also in erster Linie auf eine möglichst große Leistungsabgabe an den Lastwiderstand ankommt und der Wunsch nach maximaler Leistungsverstärkung der Stufe demgegenüber zurücktritt, ist die übliche Bezeichnung "Leistungsverstärker"eigentlich irreführend, besser ist der Begriff "Leistungsstufe".

Durch die dem Verwendungszweck entsprechende Wahl des Arbeitspunktes auf der Transistorkennlinie und durch die Optimierung des wirksamen Wechselstrom- Lastwiderstandes r_{lw} sowie durch die daraus resultierenden Schaltungsabwandlungen lassen sich die an einen Endverstärker gestellten Forderungen im wesentlichen erfüllen. Dabei ergeben sich im Vergleich zur Kleinsignalverstärkung keine prinzipiell neuen Schaltungen.

5.3 Betriebsart

Bei der Projektierung von Endverstärkern ist die Festlegung des Arbeitspunktes von ausschlaggebender Bedeutung. Zieht man z.B. zur Kennzeichnung der Arbeitspunktlage die dynamische Kennlinie des

Transistors, [1] Abschn.7, heran, so lassen sich drei prinzipiell unterschiedliche Betriebsarten unterscheiden, Bild 123. Für sie werden die bekannten Bezeichnungen aus der Röhrentechnik übernommen. Dort bezeichnet man die drei wichtigsten Betriebsarten nach dem Alphabet willkürlich mit A-, B- und C-Betrieb. In Bild 123 ist die dynamische Kennlinie eines NPN-Transistors so idealisiert, daß unterhalb der Schleusenspannung $U_{BE} < U_{(T0)} = U_S$ kein Kollektorstrom mehr fließt (Knickkennlinie). Entsprechend der Vorspannung U_{BE}^A für die Basis-Emitter-Steuerstrecke lassen sich dann folgende grobe Unterscheidungsmerkmale feststellen:

$$|U_{BE}^A| > |U_S| \qquad \text{A-Betrieb}$$
$$|U_{BE}^A| = |U_S| \qquad \text{B-Betrieb}$$
$$|U_{BE}^A| < |U_S| \qquad \text{C-Betrieb}$$

Beim A- und B-Betrieb ist die Basis-Emitterstrecke stets in Flußrichtung vorgespannt. Diese Polarität kann man besonders bei Silizium-Transistoren, deren Schleusenspannung relativ groß ist, auch für den C-Betrieb wählen ($0 < U_{BE}^A < U_S$). Normalerweise ist aber beim C-Betrieb - wie in Bild 123c) dargestellt - die Steuerstrecke in Sperrichtung gepolt. Bei $U_{BE}^A = 0$ liegt in jedem Fall C-Betrieb vor.

5.4 Stromflußwinkel

Die einzelnen Betriebsarten lassen sich einheitlich mit dem sog. Stromflußwinkel θ beschreiben. Er ist definiert als *die Hälfte* desjenigen Teiles der Periode 2π der Steuerspannung u_{be}, währenddessen ein Kollektorstrom i_c fließt.

Im *A-Betrieb* fließt während der ganzen Steuerperiode 2π ein Wechselstrom i_c, Bild 123a). Der Stromflußwinkel hat also den Wert $\theta = \pi$ bzw. 180°.

Im *B-Betrieb* fließt nur während der halben Steuerperiode ein Wechselstrom i_c, Bild 123b). Der Stromflußwinkel hat daher den Wert $\theta = \pi/2$ bzw. 90° .

Im *C-Betrieb* ist der Teil der Steuerperiode, während dem ein Kollektorstrom fließt, kleiner als π, Bild 123c). Der Stromflußwinkel ist somit

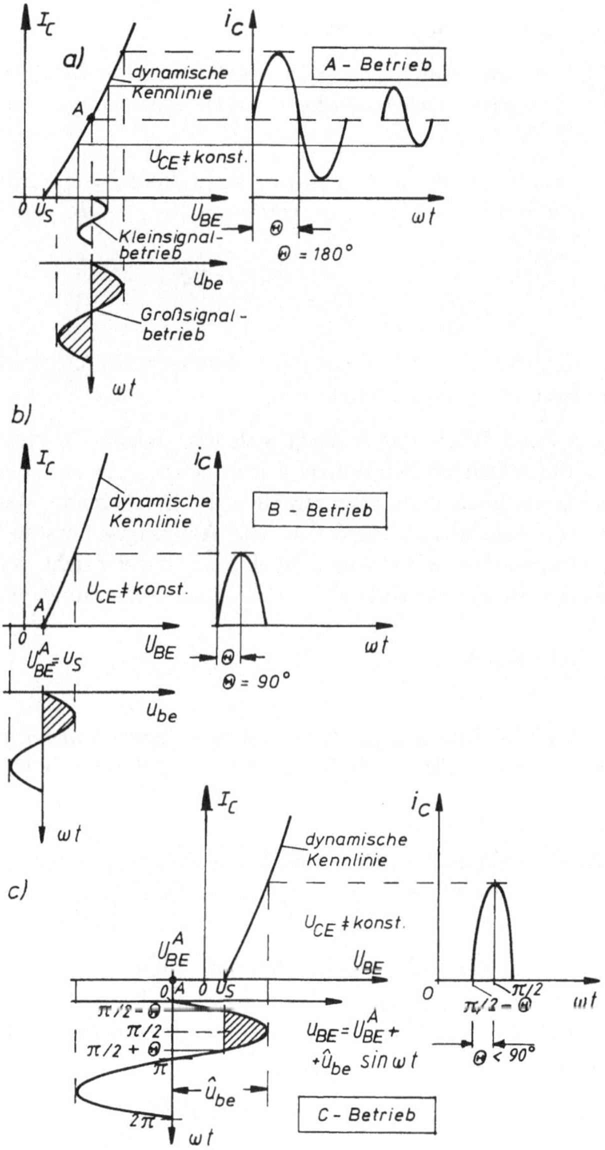

Bild 123   Betriebsarten eines Großsignalverstärkers

kleiner als $\pi/2$: $\theta < \pi/2$ bzw. $\theta < 90°$.

Für die rechnerische Behandlung des C-Betriebes läßt sich aus Bild 123c) noch eine mathematische Definitionsgleichung für den Stromflußwinkel herleiten:

Für $\omega t = \pi/2 - \theta$ ist $u_{BE} = U_{BE}^A + \hat{u}_{be} \sin(\pi/2 - \theta) = U_S$. Mit $\sin(\pi/2 - \theta) = \cos\theta$ und $|U_S - U_{BE}^A| < \hat{u}_{be}$ sowie mit $|U_{BE}^A| < |U_S|$ gilt also

$$\cos\theta = \frac{|U_S| - |U_{BE}^A|}{\hat{u}_{be}} \tag{594}$$

Die Betragsstriche wurden eingeführt, damit die Gl.(594) auch für PNP-Transistoren anwendbar ist.

Beim A- und B-Betrieb erübrigt sich eine solche Gleichung, weil in diesen Betriebsarten der Winkel θ jeweils konstant ist. Bei bipolaren Transistoren beobachtet man zuweilen die Erscheinung, daß aufgrund ihrer endlichen, nichtlinearen Ein- und Ausgangswiderstände der Kollektorstromverlauf z.B. mehr dem A-Betrieb entspricht, während der zugehörige Basisstromverlauf dem C-Betrieb zuzuordnen wäre, [14].

5.5 A-Betrieb

Anhand eines einfachen Modells, dessen Prinzipschaltung in Bild 124 angegeben ist, sollen für einen NF-Endverstärker folgende Fragen geklärt werden:

1.) Welchen Einfluß hat die Größe des wirksamen Lastwiderstandes r_{lw}, die Lage des Arbeitspunktes und die Höhe der Batteriespannung U_B auf die an den Verbraucher r_{lw} abgegebene Wechselleistung P_L?

2.) Unter welchen Bedingungen erhält der Widerstand r_{lw} die maximale Wechselleistung P_{Lmax} und auf welches absolute Maximum kann diese Leistung gebracht werden, wenn der Transistor voll ausgenutzt wird?

3.) Wie groß ist der maximale Wirkungsgrad?

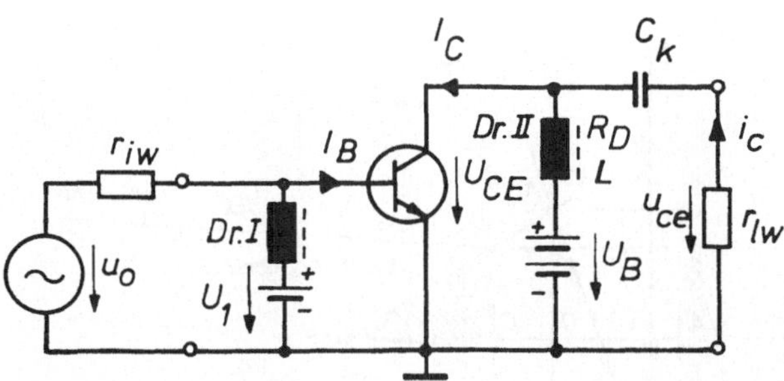

Bild 124   Modell eines NF-Leistungsverstärkers

Dem Modell aus Bild 124 wurde die Emitter-Schaltung zugrunde gelegt, weil diese gegenüber den anderen Grundschaltungen wegen ihrer größeren Leistungsverstärkung und besseren Anpassungseigenschaften in der Praxis bevorzugt wird.

Die beiden Drosselspulen Dr.I und Dr.II mit dem Gleichstromwiderstand R_D und der Induktivität L verhindern, daß die Versorgungsspannungen U_1 und U_B den Transistor wechselstrommäßig kurzschließen. Mit dem Abblockkondensator C_k wird erreicht, daß über den reellen Lastwiderstand r_{lw} nur ein Wechselstrom fließt:

$$\omega L \gg r_{lw} \; ; \quad 1/(\omega C_k) \ll r_{lw}.$$

Bei Großsignalverstärkern zieht man zur Betrachtung der Leistungsabgabe die Kennlinienfelder heran. Aus ihnen kann man den Zusammenhang der Ströme und Spannungen entnehmen und die Betriebsbedingungen so festlegen, daß die oben genannten Forderungen an den Endverstärker möglichst gut erfüllt werden.

Für die Leistungsabgabe an den Widerstand r_{lw} sind die Amplitude $\hat{\imath}_c$ des Kollektorwechselstromes und die Amplitude $\hat{u}_{ce}$ der Kollektor-Emitter-Wechselspannung maßgebend. Da sich die Größe $\hat{\imath}_c$ aus der Aussteuerung des Gleichstromes I_C und die Amplitude $\hat{u}_{ce}$ sich aus der Aussteuerung der Gleichspannung U_{CE} ergibt ([1] Bild 56), ist es naheliegend, für die folgenden Betrachtungen das I_C, U_{CE}-Kennlinienfeld zu verwenden.

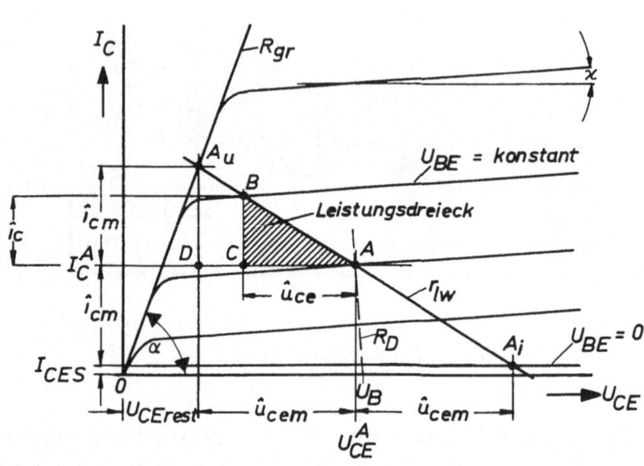

Bild 125   Aussteuerungsverhältnisse beim A-Betrieb

In Bild 125 sind die Aussteuerungsverhältnisse für den A-Betrieb in einem Ausgangskennlinienfeld dargestellt.

Der Arbeitspunkt A liegt auf der Gleichstrom-Arbeitsgeraden ([1] Abschn.6.1), deren Steigung durch den Kupferwiderstand R_D der Drossel Dr.II gegeben ist. Die Arbeitspunktlage ist so gewählt, daß eine symmetrische Aussteuerung des Stromes I_C und der Spannung U_{CE} entlang der durch den Widerstand r_{lw} festgelegten Wechselstrom-Arbeitsgeraden ([1] Abschn.6.2) möglich ist. Für eine verzerrungsarme Verstärkung ist der Aussteuerbereich des Stromes I_C in zwei Richtungen begrenzt. In der positiven Halbwelle der Wechselspannung u_{ce} treten Verzerrungen auf, wenn der Augenblickswert der Steuerspannung u_{BE} den Wert Null erreicht hat, $U_{BE} = 0$ im Punkt A_i. Unter den nahezu konstanten Reststrom z.B. I_{CES} kann der Kollektorstrom I_C nicht abgesenkt werden, d.h. daß bei weiterer Verkleinerung der Steuerspannung U_{BE} zu negativen Augenblickswerten u_{BE} die Kollektorspannung U_{CE} konstant bleibt. Die Kappe der positiven Halbwelle von u_{ce} wird also abgeschnitten, [1] Bild 59b). Diese Erscheinung nennt man *Strombegrenzung*.

Andererseits ist der Strom I_C durch eine Grenzkurve nach oben begrenzt, die vom Arbeitspunkt nicht überschritten werden kann, weil für jeden Wert I_C ein bestimmter Minimalbetrag der Spannung U_{CE}, die sog. Restspannung U_{CErest} bzw. U_{CEsat} vorhanden sein muß (Punkt A_u in Bild 125). Vergrößert man die Steuerspannung U_{BE} über den zum Punkt A_u gehörenden Wert U_{BE}^{Au} hinaus, so steigt der Kollektorstrom nicht weiter an und U_{CE} bleibt konstant. Die Kappen der negativen Halbwellen von u_{ce} werden abgeschnitten. Man spricht in diesem Fall von *Spannungsbegrenzung*. Die durch die Restspannungen festgelegte Grenzkurve ist i.a. gekrümmt. Sie wird hier zur Vereinfachung der Berechnungen durch eine Gerade angenähert, die wir mit *Grenzgerade* bezeichnen wollen.

<u>Leistungs-Innenwiderstand oder innerer Grenzwiderstand</u>

Die Steigung der Grenzgeraden in Bild 125 ist wie die der Arbeitsgeraden durch einen Widerstand gegeben. Bezeichnet man den Neigungswinkel der Grenzgeraden mit α und den Maßstabsfaktor des Kennlinienfeldes, [1] Gl.(59), mit ρ_R, so gilt mit $I_{CES} \approx 0$ nach Bild 125

$$R_{gr} = \frac{\rho_R}{\tan \alpha} = \frac{|U_{CErest}|}{2|I_C^A|} \tag{595}$$

Die Größe R_{gr}, die den Namen *Grenzwiderstand* erhält, ist nur formal wegen ihrer Einheit ein Widerstand. Im Gegensatz zu den Widerständen R_D und r_{lw}, die die Steigung der Gleich- und Wechselstromarbeitsgeraden festlegen, kommt der Grenzwiderstand R_{gr} nirgends real in der Schaltung vor. Er ist letztlich als Abkürzung für den rechten Teil der Gl.(595) aufzufassen. Durch das Einführen der Größe R_{gr} werden die nachfolgenden Formeln handlicher.

Beim sog. *symmetrischen A-Betrieb* legt man den Arbeitspunkt genau in die Mitte zwischen den beiden Grenzpositionen A_u und A_i auf der Wechselstromarbeitsgeraden. Die Strom- und die Spannungsbegrenzung treten dann bei der gleichen Steuersignalamplitude $\hat{u}_{be}$ auf.

Wird der Strom I_C jeweils bis zu den beschriebenen Übersteuerungsgrenzen ausgesteuert, so wollen wir von *Vollaussteuerung* sprechen und die zugehörigen Größen mit dem Index m versehen.

Beim realen Transistor werden die Aussteuerungsschranken schon früher als in der Idealisierung nach Bild 125 erreicht sein, weil seine Kennlinien gekrümmt sind. Je nach Anforderung an den Grad der Verzerrungen (Klirrfaktor) darf man sich mehr oder weniger den Verzerrungsgrenzen nähern.

Die Aussagen der nachfolgenden Betrachtung werden nicht vermindert, wenn man zur Vereinfachung der Berechnung den Reststrom I_{CES} vernachlässigt.

Leistungsdreieck

Zu jeder sinusförmigen Aussteuerung kann man die an den Lastwiderstand r_{lw} abgegebene Wechselleistung P_L im Ausgangskennlinienfeld direkt ablesen, weil die grundlegende Beziehung $P_L = \hat{i}_c \hat{u}_{ce}/2$ dort einer Dreiecksfläche entspricht. Wird z.B. der Arbeitspunkt A durch die Steuersignalamplitude $\hat{u}_{be}$ bis zum Punkt B ausgesteuert, so ist die abgegebene Wechselleistung P_L proportional zur Fläche des Dreiecks ABC, das daher als *Leistungsdreieck* bekannt ist.

Wir erkennen aus diesem Zusammenhang, daß die abgegebene Leistung P_L natürlich umso größer ist, je mehr der Transistor ausgesteuert wird. Die größte erzielbare Leistung erhält man bei Vollaussteuerung (Dreieck $A\,A_u\,D$)

$$P_{Lm} = \frac{1}{2}\hat{i}_{cm}\hat{u}_{cem} \tag{596}$$

Da es bei Leistungsverstärkern hauptsächlich auf eine möglichst große Leistungsabgabe ankommt, werden wir in den nachstehenden Berechnungen fast ausschließlich nur die Verhältnisse bei Vollaussteuerung untersuchen.

Durch Einführen des *Aussteuerungsfaktors*

$$a = \frac{\hat{i}_c}{\hat{i}_{cm}} \tag{597}$$

läßt sich der Einfluß der Aussteuerung auf die abgegebene Leistung P_L erfassen.

Um die Verzerrungen klein zu halten, darf man bei der Aussteuerung nur den linearen Teil der dynamischen Kennlinie ausnutzen. Dann haben wir bei sinusförmiger Aussteuerung

$$u_{BE}(t) = U_{BE}^A + \hat{u}_{be}\sin(\omega t) \tag{598}$$

auch nahezu sinusförmige Ausgangsgrößen

$$u_{CE}(t) = U_{CE}^A - \hat{u}_{ce}\sin(\omega t) \tag{599}$$

$$i_C(t) - I_C^A + \hat{i}_c\sin(\omega t) \tag{600}$$

Durch die unterschiedlichen Vorzeichen des Wechselanteils sind die vorhandenen Phasenverhältnisse erfaßt.

Aus Bild 125 können wir mit Gl.(597) weiter ablesen (Strahlensatz)

$$a = \frac{\hat{u}_{ce}}{\hat{u}_{cem}} \tag{601}$$

Folglich gilt

$$P_L = \frac{\hat{i}_c\hat{u}_{ce}}{2} = a^2\frac{1}{2}\hat{i}_{cm}\hat{u}_{cem} \overset{(596)}{=} a^2 P_{Lm}$$

Die abgegebene Wechselleistung P_L wächst also quadratisch mit der Aussteuerung

$$P_L = a^2 P_{Lm} \tag{602}$$

<u>Vorgegeben: Transistortyp, Arbeitspunkt und Lastwiderstand</u>

In diesem Fall sind die Größen R_{gr}, I_C^A, U_{CE}^A vorgegeben. Der Lastwiderstand r_{lw} darf dann nicht beliebig groß gewählt werden. Dies kann man aus Bild 125 bzw. Bild 127 erkennen: Bei vorgegebener Neigung der Grenzgeraden (Transistortyp) und festgelegtem Arbeitspunkt führt nur eine bestimmte Steigung der Wechselstrom- Arbeitsgeraden d.h.

nur ein einziger r_{lw}-Wert zum symmetrischen A-Betrieb. Wir nehmen zunächst an, daß dieser spezielle r_{lw}-Wert bereits bekannt sei und zeigen erst später in Gl.(623) wie er berechnet werden kann.

Um die abgegebene Wechselleistung zu berechnen, müssen wir zunächst die Amplituden $\hat{i}_c$ und $\hat{u}_{ce}$ in Abhängigkeit von den aufgezählten, festliegenden Größen ermitteln.

Mit $I_{CES} \approx 0$ lassen sich aus Bild 125 die Beziehungen

$$\hat{i}_{cm} = |I_C^A| \tag{603}$$

$$\hat{u}_{cem} = \hat{i}_{cm} r_{lw} = |I_C^A| r_{lw} \tag{604}$$

ablesen.

Es ist streng darauf zu achten, daß durch diese Maximalamplituden die im Datenblatt angegebenen absoluten Grenzdaten des Transistors, [1] Abschn.11.2, nicht überschritten werden:

$$2|I_C^A| \leq |I_{Cmax}| \tag{605}$$

$$|U_{CE}^A| + \hat{u}_{cem} \leq |U_{CEmax}| = |U_{CE0max}| \tag{606}$$

$$I_C^A U_{CE}^A \leq P_{tot}(\text{für } \vartheta_J = \vartheta_{Jmax}) \tag{607}$$

Mit den Gln.(595) und (603) folgt der Zusammenhang

$$2R_{gr}\hat{i}_{cm} = |U_{CErest}| \tag{608}$$

Aus Bild 125 läßt sich noch die Beziehung

$$|U_{CErest}| = |U_{CE}^A| - \hat{u}_{cem} \tag{609}$$

ablesen. Eliminiert man hierin noch die Amplitude $\hat{u}_{cem}$ mittels der Gl.(604), so ergibt sich der Ausdruck

$$\hat{i}_{cm} = \frac{|U_{CE}^A|}{r_{lw} + 2R_{gr}} \tag{610}$$

Die abgegebene Wechselleistung erhält man nun durch Einsetzen von Gln.(610) und (604) in Gl.(596) zu

$$P_{Lm} = \frac{1}{2}|I_C^A||U_{CE}^A|\frac{r_{lw}}{r_{lw} + 2R_{gr}} \tag{611}$$

<u>Leistungsbilanz</u>

Sie muß aufgestellt werden, um die Frage beantworten zu können, inwieweit die der Modellschaltung von der Batterie zugeführte Gleichleistung in Wechselleistung umgesetzt wird.

Zur Vereinfachung der Abhandlung werden nachstehende Formelzeichen eingeführt:

$P_{\ominus}$ Gleichleistung der Batterie ohne Aussteuerung
$\tilde{P}_{\ominus}$ desgleichen mit Aussteuerung
P_{tot} Transistorverlustleistung ohne Aussteuerung
$\tilde{P}_{tot}$ desgleichen mit Aussteuerung
P_{Dr} Anteil der Gleichleistung $P_{\ominus}$, die von der Drossel in Wärme umgesetzt wird; ohne Aussteuerung
$\tilde{P}_{Dr}$ desgleichen mit Aussteuerung

Die Leistungsbilanzen lauten somit

$$P_{\ominus} = P_{Dr} + P_{tot} \approx P_{tot} \tag{612}$$

$$\tilde{P}_{\ominus} = \tilde{P}_{Dr} + \tilde{P}_{tot} + P_L \approx \tilde{P}_{tot} + P_L \tag{613}$$

In den Näherungen sind hierbei die relativ kleinen Gleichstromverluste in der Drossel vernachlässigt worden ($U_{CE}^A \approx U_B$).

Im einzelnen gilt weiter

$$P_{\ominus} = |I_C^A||U_B| \tag{614}$$

$$\tilde{P}_{\ominus} = |\overline{I}_C||U_B| \tag{615}$$

Dabei bedeutet die Größe $\overline{I}_C$ den Mittelwert des Kollektor-Gesamtstromes aus Gl.(600):

$$|\overline{I}_C| = |\frac{1}{T}\int_0^T i_C(t)dt| = |\frac{1}{2\pi}\int_0^{2\pi}[|I_C^A| + \hat{i}_c\sin\omega t]d(\omega t)| = |I_C^A| \tag{616}$$

Im A-Betrieb ist es für die an die Schaltung gelieferte Gleichleistung also gleichgültig, ob der Transistor ausgesteuert wird oder nicht; sie ist in beiden Fällen gleich

$$P_{\ominus} = \tilde{P}_{\ominus} \approx P_{tot} = |I_C^A||U_{CE}^A| \tag{617}$$

Über die thermische Belastung des Transistors entscheidet demnach der Zusammenhang

$$\tilde{P}_{tot} = P_{tot} - P_L \tag{618}$$

der aus den Gln.(613) und (617) abgeleitet werden kann.

Die größte Transistorverlustleistung tritt demnach beim symmetrischen A-Betrieb bei fehlender Aussteuerung ($P_L = 0$) auf. Beim ausgesteuerten Transistor wird seine thermische Belastung $\tilde{P}_{tot}$ um die abgegebene Wechselleistung P_L geringer.

Zur Dimensionierung des Kühlsystems, [1] Abschn.8, hat man beim symmetrischen A-Verstärker mit dem für fehlende oder verschwindend geringe Aussteuerung geltenden Maximalwert der Verlustleistung zu rechnen.

Aus den Gl.(617) und (618) folgt noch eine wichtige grundlegende Eigenschaft des A-Verstärkers:

$$P_L = P_\ominus - \tilde{P}_{tot} \approx P_{tot} - \tilde{P}_{tot} \qquad (619)$$

Dieser Zusammenhang bedeutet, daß die Wechselleistung P_L, die ein Transistor im A-Betrieb abgeben kann, stets kleiner ist als seine zulässige Verlustleistung P_{tot} (für $\vartheta_J = \vartheta_{Jmax}$), die ihrerseits durch die getroffenen Kühlmaßnahmen, die maximale Umgebungs- und Sperrschichttemperatur festgelegt wird.

Wirkungsgrad

Er ist definiert als das Verhältnis der vom Transistor abgegebenen Wechselleistung P_L zu der Gleichleistung $\tilde{P}_\ominus$, die die Batterie der Schaltung zuführt

$$\eta = \frac{P_L}{\tilde{P}_\ominus} \qquad (620)$$

Im Falle des A-Betriebes gilt speziell $\eta = P_L/P_\ominus \approx P_L/P_{tot}$ bzw. mit den Gln.(611) und (617) bei Vollaussteuerung

$$\eta_m = \frac{P_{Lm}}{P_\ominus} = \frac{1}{2} \cdot \frac{r_{lw}}{r_{lw} + 2R_{gr}} \qquad (621)$$

Dieser Zusammenhang ist in Bild 126 dargestellt.

Durch die Normierung des Lastwiderstandes r_{lw} mit dem Grenzwiderstand R_{gr} wird die Darstellung unabhängig vom Transistortyp.

Der Wirkungsgrad η ist in der gleichen Weise wie die Wechselleistung P_L aussteuerungsabhängig, denn es gilt unter Verwendung der Gln.(602) und (621)

$$\eta = \frac{P_L}{P_\ominus} = \frac{a^2 P_{Lm}}{P_\ominus} = a^2 \eta_m \qquad (622)$$

Wegen des Größenverhältnisses $0 \leq a \leq 1$ erhält man bei vorgegebenem Arbeitspunkt die größte Wechselleistung und den größten Wirkungsgrad bei Vollaussteuerung ($a = 1$).

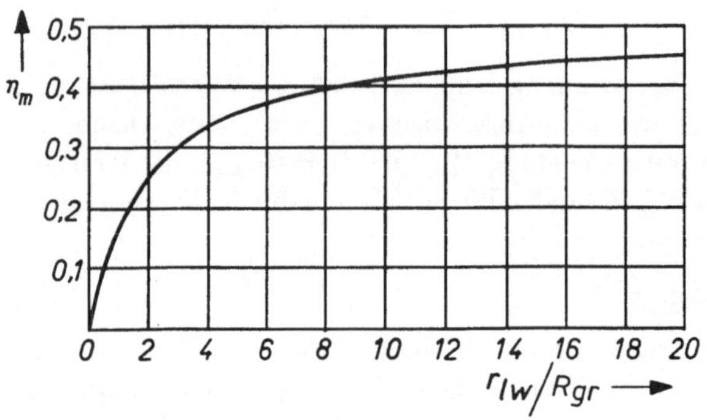

Bild 126 Wirkungsgrad für symmetrische Vollaussteuerung
(zu jedem η_m-Wert gehört ein anderer Arbeitspunkt)

Anhand der Ergebnisse in den Gln.(611) und (621) erkennen wir deutlich, daß die formale Kennliniengröße R_{gr} für die Leistungsabgabe und den Leistungsumsatz eine ausschlaggebende Bedeutung hat. Hieraus versteht sich der weitere Name *Leistungs-Innenwiderstand* für die Größe R_{gr}.

Bei vorgegebenem Arbeitspunkt liegen die Verhältnisse umso günstiger, je kleiner der Grenzwiderstand R_{gr} ist, d.h. je steiler die Grenzgerade verläuft bzw. je kleiner die zu dem Kollektorstrom $2I_C^A$ gehörende Restspannung U_{CErest} ist. Neben Silizium-Leistungstransistoren (BD ...) werden in den Endstufen daher auch legierte Germanium- Leistungstransistoren (AD ...) eingesetzt, weil diese eine kleinere Restspannung haben und so vor allem bei niedrigen Speisespannungen einen guten Wirkungsgrad ergeben. Die Epitaxial-Planartransistoren haben im Vergleich zu den Planartransistoren ebenfalls eine wesentlich kleinere Restspannung.

Weil die Restspannung bei geeigneten Transistoren weit unterhalb $1V$ liegt, erreicht der Grenzwiderstand R_{gr} normalerweise nur Bruchteile eines Ohms z.B. $R_{gr} = 0,2\Omega$.

Der Kennlinienverlauf innerhalb des durch die Grenzgerade, den Strom I_{Cmax}, die Verlustleistungshyperbel, die Spannung U_{CEmax} und die Abszisse in Bild 127 begrenzten Aussteuerbereiches ist offensichtlich für die Leistungsabgabe und den Wirkungsgrad unwichtig. So hat z.B. die Neigung χ der Ausgangskennlinien (Bild 125), d.h. nach [1] Gl.(12) die Größe des Kurzschluß-Ausgangswiderstandes r_{2ek}, der nach [2] Gln.(51) und (45) für die maximale Kleinsignal-Leistungsverstärkung entscheidend ist, auf die Abgabe maximaler Großsignal-Leistung keinen Einfluß. Ebenso wenig spielen hierbei die Steilheit S oder die Stromverstärkung β, die in fast jeder Kleinsignal-Betriebsformel ([2] Abschn.4.1.1) als dominierende Größen vorkommen, eine Rolle. Diese Größen S und β bestimmen hier die erforderlichen Steueramplituden $\hat{u}_{be}$ und $\hat{i}_c$, von denen in unserer Betrachtung vorausgesetzt wird, daß sie von der vorgeschalteten Treiberstufe aufgebracht werden.

Der Verlauf des Kennlinienfeldes innerhalb des möglichen Aussteuerungsbereiches ist allerdings entscheidend für den Klirrfaktor (siehe Abschn.5.8).

Lastwiderstand für symmetrische Aussteuerung

Er berechnet sich aus den Gln.(610) und (603) zu

$$r_{lw} = \left| \frac{U_{CE}^A}{I_C^A} \right| - 2R_{gr} \tag{623}$$

Danach ist klar, daß es zu jedem vorgegebenen Arbeitspunkt nur einen r_{lw}-Wert gibt, der den symmetrischen A-Betrieb ermöglicht. Umgekehrt gehört zu jedem r_{lw}-Wert ein ganz bestimmter Arbeitspunkt im Kennlinienfeld. Folglich ist auch in Bild 126 jeder η_m-Wert an eine ganz bestimmte Arbeitspunktlage geknüpft. Man darf also das Diagramm in Bild 126 nicht fälschlicherweise so auswerten, als käme es für einen großen Wirkungsgrad lediglich darauf an, einen möglichst großen Lastwiderstand r_{lw} zu wählen.

Dem Grenzfall $\eta_m = 50\%$ kommt man nur nahe, wenn $r_{lw} \gg R_{gr}$ ist. D.h. nach Gl.(623), daß man den Arbeitspunkt bei möglichst großer Spannung U_{CE}^A und möglichst kleinem Ruhestrom I_C^A wählen muß.

Der Wirkungsgrad η liegt bei einem Verstärker im A-Betrieb stets unter 50%.

Nimmt man die Aussage der Gl.(619) noch hinzu, so erkennt man, daß mit einem Transistor im A-Betrieb im besten Fall nur eine Wechselleistung erzielt werden kann, die höchstens halb so groß ist wie seine zulässige Verlustleistung:

$$P_{Lmax} \approx \frac{1}{2}P_{tot}(\text{für } \vartheta_J = \vartheta_{Jmax}) \qquad (624)$$

Ein Transistor, der im A-Betrieb z.B. $4W$ Wechselleistung an seine Last abgeben soll, muß also eine zulässige Verlustleistung von über $8W$ haben bzw. umgekehrt: mit einem Transistor, für den $8W$ Verlustleistung zugelassen sind, kann man bestenfalls im A-Betrieb eine Wechselleistung von unter $4W$ entnehmen.

Beispiel 69:

Im Ausgangskennlinienfeld eines Silizium- Leistungstransistors (BD ...) liegt der Arbeitspunkt fest: $U_{CE}^A = 1,62V$; $I_C^A = 0,9A$. Der Grenzwiderstand R_{gr} hat etwa den Wert $0,3\Omega$.

Wie groß ist

a) der für den symmetrischen A-Betrieb erforderliche Lastwiderstand r_{lw},

b) die abgebbare Wechselleistung P_{Lm} und

c) der Wirkungsgrad η_m ?

Lösung:

a) Der Lastwiderstand r_{lw} kann nicht beliebig gewählt werden, sondern er liegt nach Gl.(623) fest: $r_{lw} = 1,2\Omega$.

b) $P_{Lm} \overset{(611)}{=} 486mW$.

c) $\eta_m \overset{(621)}{=} 33\%$. Das gleiche Ergebnis erhält man mit $r_{lw}/R_{gr} = 4$ aus Bild 126.

Spezialfall: Transistortyp und Spannung U_{CE}^A vorgegeben

In der Praxis tritt häufig der Fall auf, daß die Kollektor-Emitter-Gleichspannung durch zu beachtende Nebenbedingungen (z.B. festliegende Speisespannung U_B) bereits vorgegeben ist und nur noch der Ruhestrom I_C^A innerhalb gegebener Grenzen frei gewählt werden kann. Nach oben ist der Strom I_C^A bereits durch die Gln.(605) und (607) begrenzt. Da nach Gl.(623) mit steigendem Ruhestrom I_C^A der erforderliche Lastwiderstand r_{lw} ständig kleiner wird, kann es unterhalb der genannten Grenzen einen Kollektorstromwert I_{Cgr}^A geben, bei dem der Lastwiderstand r_{lw} gerade den Wert Null annehmen muß. Aus Gl.(623) folgt mit $r_{lw} = 0$ diese dritte obere Schranke zu

$$|I_C^A| < |I_C^A|_{gr} = \frac{|U_{CE}^A|}{2R_{gr}} \tag{625}$$

Für $|I_C^A| > |I_C^A|_{gr}$ wären zur Realisierung des A-Betriebes negative Lastwiderstände erforderlich.

Welcher der aufgezählten Grenzwerte den Ausschlag gibt, ist von Fall zu Fall und von Transistortyp zu Transistortyp verschieden. In dem Beispiel, das in Bild 127 aufgezeichnet wurde, ist die obere Schranke für den Kollektorstrom I_C^A durch den Wert I_{Cgr}^A gegeben.

Die Darstellung in Bild 127 veranschaulicht auch den starren Zusammenhang zwischen Arbeitspunktlage und r_{lw}-Wert, der oben besonders betont wurde. Die Wechselstromarbeitsgerade verläuft umso steiler, je größer der Strom $|I_C^A|$ ist. Große r_{lw}-Werte und damit große Wirkungsgrade η_m (Bild 126) erzielt man dagegen mit kleinen Ruhestromwerten $|I_C^A|$, eine Feststellung, die schon oben getroffen wurde.

Es bleibt jetzt noch die Frage zu klären, ob kleine $|I_C^A|$-Werte bei vorgegebener Spannung U_{CE}^A auch zu einer möglichst großen Leistung P_{Lm} führen. Die Antwort kann nicht unmittelbar aus Gl.(611) abgelesen werden, weil der Lastwiderstand r_{lw} vom Strom I_C^A abhängt. Wir müssen also in Gl.(611) den Widerstand durch die Beziehung (623) ersetzen und erhalten so

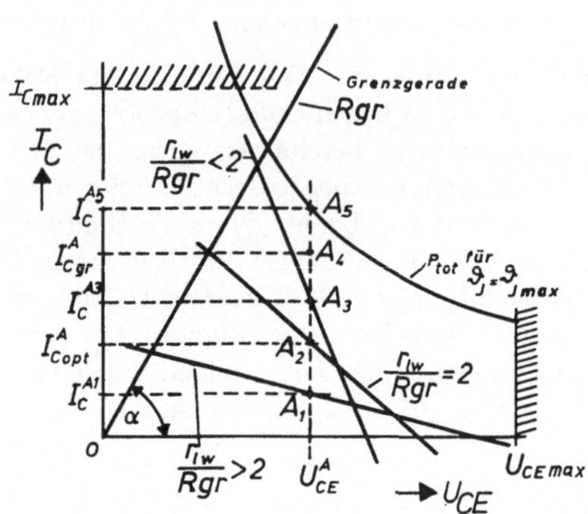

Bild 127   Zusammenhang zwischen Arbeitspunktlage und r_{lw}-Wert

$$P_{Lm} = \frac{1}{2}|I_C^A||U_{CE}^A| - R_{gr}|I_C^A|^2 \tag{626}$$

In dem Spezialfall, den wir untersuchen, ist die Wechselleistung P_{Lm} also allein eine Funktion des Ruhestromes I_C^A. Die Kurvendiskussion zeigt, daß die Leistung P_{Lm} einen Maximalwert

$$(P_{Lm})_{max} = \frac{|U_{CE}^A|^2}{16R_{gr}} \tag{627}$$

bei dem *optimalen Kollektorruhestrom*

$$|I_C^A|_{opt} = \frac{|U_{CE}^A|}{4R_{gr}} \tag{628}$$

erreicht.   Der zugehörige *optimale Lastwiderstand* ergibt sich aus Gl.(623) zu

$$(r_{lw})_{opt} = 2R_{gr} \tag{629}$$

In diesem für die abgegebene Wechselleistung P_{Lm} optimalen Betriebsfall beträgt der Wirkungsgrad η_m nach Gl.(621) jedoch nur 25%.

Bei vorgegebener Spannung U_{CE}^A kann demnach die maximale Leistung $(P_{Lm})_{max}$ und ein Wirkungsgrad η_m nahe bei 50% niemals gleichzeitig bei demselben Kollektorruhestrom I_C^A erreicht werden. Der Wirkungsgrad strebt dann gegen 50%, wenn der Lastwiderstand r_{lw} gegen unendlich, d.h. nach Gl.(623) der Strom I_C^A gegen Null geht. Für $I_C^A = 0$ ist aber nach Gl.(626) auch die Leistung P_{Lm} gleich Null. Diese Zusammenhänge werden übersichtlicher, wenn man die Leistung P_{Lm} ebenfalls als Funktion des Verhältnisses r_{lw}/R_{gr} bei konstanter Spannung U_{CE}^A ausrechnet. Aus Gl.(626) erhält man mit Gl.(623) zunächst

$$P_{Lm} = \frac{1}{2}|U_{CE}^A|^2 \frac{r_{lw}}{(r_{lw} + 2R_{gr})^2} \tag{630}$$

und nach zusätzlicher Normierung auf den Maximalwert aus Gl.(627) schließlich

$$\frac{P_{Lm}}{(P_{Lm})_{max}} = \frac{8r_{lw}/R_{gr}}{(r_{lw}/R_{gr} + 2)^2} \tag{631}$$

Diese Beziehung ist in Bild 128 graphisch dargestellt.

Verschiebt man den Arbeitspunkt im Ausgangskennlinienfeld auf einer Senkrechten ($U_{CE} = U_{CE}^A = konst.$, Bild 127) so durchläuft das Verhältnis $P_{Lm}/(P_{Lm})_{max}$ unabhängig von dem festgelegten Wert U_{CE}^A jeweils die in Bild 128 dargestellte obere Kurve. Die absoluten Werte von P_{Lm} und $(P_{Lm})_{max}$ sind nach Gl.(630) und (627) jedoch von dem Spannungswert U_{CE}^A abhängig. Sie werden umso günstiger, je größer die Spannung $|U_{CE}^A|$ vorgegeben ist bzw. je größer sie gewählt werden darf.

Anhand der Gl.(629) und der kleinen Größenordnung des Grenzwiderstandes R_{gr} ist zu erkennen, daß die Endtransistoren zur Erzielung einer

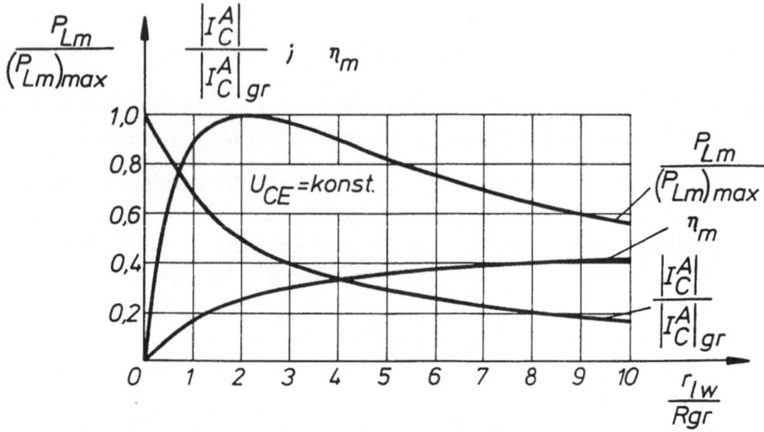

Bild 128   Verknüpfung zwischen den Größen I_C^A, P_{Lm}, η_m und r_{lw}

möglichst großen Wechselleistung P_{Lm} praktisch im Kurzschluß betrieben werden.

Die Lage des Arbeitspunktes ist im Ausgangskennlinienfeld entweder durch die Angabe des Wertepaares U_{CE}^A und I_C^A oder beim symmetrischen A-Betrieb auch durch die Spannung U_{CE}^A und den Lastwiderstand r_{lw} eindeutig festgelegt. Die wichtigsten Zusammenhänge sind daher graphisch vollständig erfaßt, wenn man nun auch noch die Verknüpfung zwischen dem Strom I_C^A und dem Widerstand r_{lw} bei vorgegebener Spannung U_{CE}^A aufzeichnet. Hierzu findet man aus den Gln.(623) und (625) für den *normierten Kollektorruhestrom bei symmetrischem A-Betrieb* den Ausdruck

$$\frac{|I_C^A|}{|I_C^A|_{gr}} = \frac{2R_{gr}}{r_{lw} + 2R_{gr}} \tag{632}$$

der ebenfalls mit in Bild 128 aufgenommen wurde. Zur besseren Übersicht ist dort auch nochmals die Kurve des Wirkungsgrades η_m aus Bild 126 eingezeichnet.

Beispiel 70:

Anhand der Kurven in Bild 128 ist für die Arbeitspunkte A_1 bis A_5 in Bild 127 zu diskutieren, welche Wirkungsgrade η_m und Wechselleistungen P_{Lm} jeweils erzielt werden.

Lösung:

Durchläuft man die Kurven in Bild 128 jeweils nach rechts in der Richtung für zunehmenden Lastwiderstand r_{lw}, so verschiebt sich der Arbeitspunkt in Bild 127 von oben nach unten, also von A_4 nach A_1.

Die aus Bild 128 ablesbaren Verknüpfungen sind in Tab.14 zusammengestellt.

Arbeitspunkt	r_{lw}/R_{gr}	$|I_C^A|$	P_{Lm}	η_m
A_1	> 2	klein	$< (P_{Lm})_{max}$	$> 25\%$
A_2 optimaler Arbeitspunkt	2	$|I_C^A|_{opt}$	$(P_{Lm})_{max}$	25%
A_3	< 2	groß	$< (P_{Lm})_{max}$	$< 25\%$
A_4	0	$|I_C^A|_{gr}$	0	0
A_5	< 0	nicht realisierbar		

Tabelle 14   Zu den Arbeitspunktlagen in Bild 127

Beispiel 71:

Für einen Transistor mit den Daten $R_{gr} = 0,5\Omega$; $I_{Cmax} = 3A$ sind bei $U_{CE}^A = 2V$ die Kollektorruheströme I_C^A zu berechnen, bei denen jeweils eine Wechselleistung $P_{Lm} = 0,8(P_{Lm})_{max}$ erreicht wird. In welchen der ermittelten Arbeitspunkte ist der Wirkungsgrad η_m größer?

Lösung:

Die drei Kurven in Bild 128 sind aufgrund der verwendeten Normierung für jeden U_{CE}^A- und R_{gr}-Wert anwendbar. Sie können also zur Lösung der vorliegenden Aufgabe herangezogen werden. Man erkennt, daß die Forderung $P_{Lm} = 0,8(P_{Lm})_{max}$ mit zwei r_{lw}-Werten erfüllbar ist. Einmal mit $r_{lw}/R_{gr} \approx 0,75$ und zum anderen mit $r_{lw}/R_{gr} \approx 5,2$. Die Berechnung nach Gl.(631) führt auf eine quadratische Bestim-

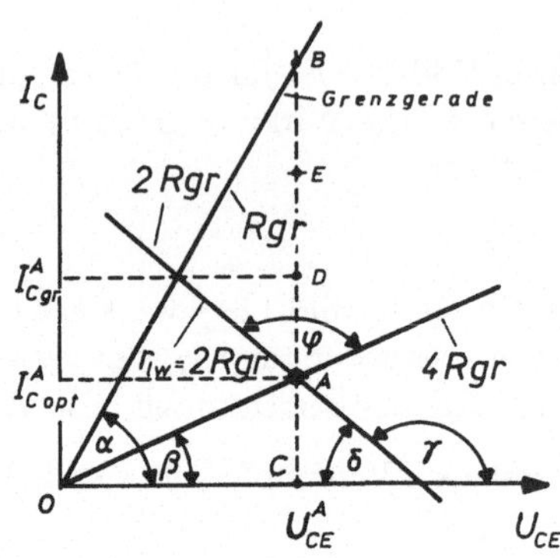

Bild 129 Graphische Ermittlung des optimalen Arbeitspunktes

mungsgleichung für r_{lw}/R_{gr} mit den Lösungen $r_{lw}/R_{gr} = 0,76$ und $r_{lw}/R_{gr} = 5,24$. Der größere Wirkungsgrad ist mit $r_{lw}/R_{gr} = 5,24$ zu erzielen. Nach Bild 128 gehört zu $r_{lw}/R_{gr} \approx 0,75$ das Verhältnis $|I^A_C|/|I^A_C|_{gr} \approx 0,73$ bzw. zu $r_{lw}/R_{gr} \approx 5,2$ der Wert $|I^A_C|/|I^A_C|_{gr} \approx 0,28$. Da nach Gl.(625) hier $I^A_{Cgr} = 2A$ gilt, gehört zum ersten Fall der Strom $I^A_C = 1,46A$ und im letzten Fall ist $I^A_C = 0,56A$. Die Rechnung über Gl.(632) liefern die beiden Ruheströme $I^A_C = 1,45A$ und $0,55A$.

Im Arbeitspunkt $U^A_{CE} = 2V$; $I^A_C = 0,55A$ ist der Wirkungsgrad größer als im ebenfalls möglichen Arbeitspunkt $U^A_{CE} = 2V$; $I^A_C = 1,45A$; er erreicht nach Gl.(621) den Wert $\eta_m = 36\%$, im anderen Fall dagegen nur 14%.

Graphische Ermittlung des optimalen Arbeitspunktes

Für verschiedene U^A_{CE}-Werte stellt die Gl.(628) eine Gerade mit der Steigung $1/(4R_{gr})$ durch den Ursprung des Ausgangskennlinienfeldes dar. Bei einer vorgegebenen Spannung U^A_{CE} liegt also der optimale Arbeitspunkt im Schnittpunkt der Geraden $|I_C| = |U_{CE}|/(4R_{gr})$ - sie wird hier der Kürze halber "$4R_{gr}$-Gerade" genannt - mit der Senkrechten $|U_{CE}| = |U^A_{CE}| = konst$.

In Bild 129 ist ein qualitatives Beispiel gezeichnet. Teilt man auf der in U_{CE}^A errichteten Senkrechten die Strecke $\overline{BC}$ in vier gleiche Teile $(\overline{AC} = \overline{AD} = \overline{DE} = \overline{BE} = \overline{BC}/4)$, so liegt der untere Teilpunkt A auf der $4R_{gr}$-Geraden; er ist also der optimale Arbeitspunkt.

Der zweitunterste Teilpunkt D liegt in der Höhe von I_{Cgr}^A, weil entsprechend den Gln.(625) und (628) der Zusammenhang

$$|I_C^A|_{gr} = 2|I_C^A|_{opt} \tag{633}$$

besteht. Weiter ist zu beachten: nur für $\alpha = 70,53°$ ist $\beta = \alpha/2$ und $\varphi = 90°$.

Entsprechend den Ergebnissen aus Tab.14 kann man mit Hilfe der $4R_{gr}$-Geraden eine einfach zu merkende Bereichseinteilung vornehmen:

Zu Arbeitspunkten oberhalb der $4R_{gr}$-Geraden gehört der Wirkungsgrad $\eta_m < 25\%$.

Arbeitspunkte auf der $4R_{gr}$-Geraden ergeben den Wirkungsgrad $\eta_m = 25\%$.

Zu Arbeitspunkten unterhalb der $4R_{gr}$-Geraden gehört der Wirkungsgrad $\eta_m > 25\%$ (maximal 50%).

Arbeitspunkt auf der Verlustleistungshyperbel

Wir haben anhand des Ergebnisses (627) bereits festgestellt, daß die in den optimalen Arbeitspunkten auf der $4R_{gr}$-Geraden abgebbare Ausgangsleistung $(P_{Lm})_{max}$ umso größer ist, je größer die Spannung $|U_{CE}^A|$ gewählt werden kann. Der Vergrößerung von $|U_{CE}^A|$ bei gleichzeitiger Einstellung des optimalen Arbeitspunktes ist jedoch eine Grenze gesetzt. Sie ist gegeben durch den Schnittpunkt der $4R_{gr}$- Geraden mit der Verlustleistungshyperbel (Arbeitspunkt A_4 in Bild 130). Da in diesem speziellen Arbeitspunkt

$$P_{tot}(\text{für } \vartheta_J = \vartheta_{Jmax}) = |U_{CE}^A|_{gr}|I_C^A|_{opt} \tag{634}$$

gilt, folgt mit Gl.(628) daraus die obere Schranke für die Spannung U_{CE}^A im Optimalfall $r_{lw} = 2R_{gr}$:

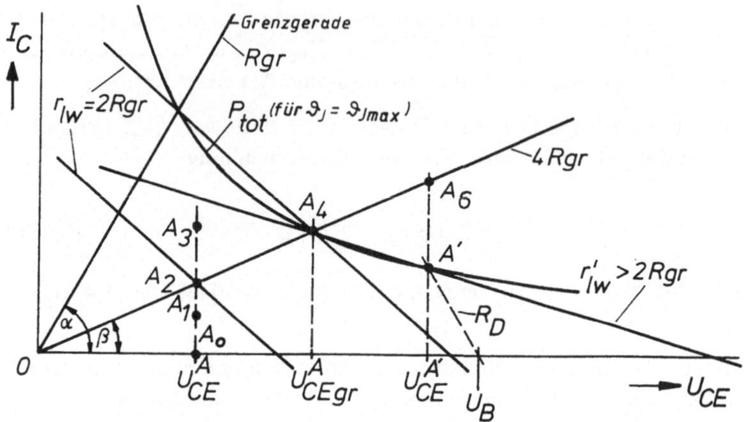

Bild 130 Zur Erzielung größerer Ausgangsleistungen in Arbeitspunkten A' auf der Verlustleistungshyperbel

$$|U^A_{CE}|_{gr} = \sqrt{4R_{gr}P_{tot}}\,(\text{für } \vartheta_J = \vartheta_{Jmax}) \tag{635}$$

Weil für alle Arbeitspunkte auf der $4R_{gr}$-Geraden der Wirkungsgrad $\eta_m = 25\%$ beträgt, besteht für sie nach den Gln.(621) und (617) der Zusammenhang

$$P_{Lm} = (P_{Lm})_{max} = \frac{P_{tot}}{4} \tag{636}$$

Daraus wird nochmals klar, daß die Ausgangsleistung P_{Lm} umso größer wird, je weiter der Arbeitspunkt auf der $4R_{gr}$-Geraden nach oben verschoben werden kann, weil damit die Verlustleistung P_{tot} des Transistors ständig zunimmt.

Im Arbeitspunkt A_4 erreicht die Wechselleistung so den realisierbaren Höchstwert

$$P_{Lm} = \frac{1}{4}P_{tot}(\text{für } \vartheta_J = \vartheta_{Jmax}), \tag{637}$$

der allerdings nur halb so groß ist wie der in Gl.(624) angegebene absolute Maximalwert P_{Lmax}. Wir wollen daher noch untersuchen, mit welcher Arbeitspunktlage man in die Nähe dieses absoluten Maximums P_{Lmax} kommt.

Die Antwort ist leicht zu finden, wenn man von der aus den Gln.(620) und (617) herleitbaren Beziehung

$$P_L \approx \eta P_{tot} \tag{638}$$

ausgeht. Die Ausgangsleistung P_L kann demnach vergrößert werden, wenn es gelingt, den Wirkungsgrad η zu vergrößern, ohne daß die Verlustleistung gleichzeitig entsprechend abnimmt. Um zu einem größeren Wirkungsgrad zu kommen, ist der Arbeitspunkt zunächst einmal unterhalb der $4R_{gr}$-Geraden zu wählen. Man verschiebt daher den Arbeitspunkt in Bild 130 ausgehend von A_4 entlang der Verlustleistungshyperbel z.B. nach A'. Hierbei bleibt die Verlustleistung P_{tot} konstant und der Wirkungsgrad η nimmt zu. Die Ausgangsleistung P_L ist also im Arbeitspunkt A' größer als in A_4. Dies trifft zu, obwohl A_4 ein optimaler Arbeitspunkt auf der $4R_{gr}$-Geraden ist und der Arbeitspunkt A' weit unterhalb dieser Geraden liegt, also keinen optimalen Arbeitspunkt darstellt (zu $U_{CE} = U_{CE}^{A'}$ gehört der technisch nicht realisierbare optimale Arbeitspunkt A_6).

Die Zunahme der Wechselleistung P_{Lm} ist auf diesem beschriebenen Weg also offensichtlich größer als ihre zwangsläufige Abnahme infolge der Abweichung vom optimalen Arbeitspunkt. Dieser Leistungsgewinn kann auch sehr anschaulich aus der Gl.(626) abgelesen werden: verschiebt man den Arbeitspunkt von A_4 nach A', so bleibt der Minuend $|I_C^A||U_{CE}^A|/2$ konstant, während der Subtrahend $R_{gr}|I_C^A|^2$ immer mehr abnimmt; die Differenz P_{Lm} wird somit größer. Im Grenzfall strebt I_C^A gegen Null und η_m gegen 50% sowie die Ausgangsleistung gegen den in Gl.(624) angegebenen Extremwert. Das letztere wird deutlich, wenn wir noch die Ausgangsleistung P'_{Lm} für Arbeitspunkte A' auf der

Verlustleistungshyperbel mit Gl.(626) berechnen

$$P'_{Lm} = \frac{1}{2}P_{tot}(\text{für } \vartheta_J = \vartheta_{Jmax}) \left[1 - 2R_{gr}\frac{P_{tot}(\text{für } \vartheta_J = \vartheta_{Jmax})}{|U_{CE}^{A'}|^2}\right] \qquad (639)$$

Eine Arbeitspunktverschiebung bei konstanter Spannung U_{CE}^A z.B. in Bild 130 von A_2 nach A_0 führt zwar auch zu einer Vergrößerung des Wirkungsgrades η, sie ergibt aber gleichzeitig eine stärkere Abnahme der Verlustleistung P_{tot}, so daß im Endeffekt nach Gl.(638) auf diese Weise kein Leistungsgewinn zu erzielen ist.

In jeder Beziehung günstige Betriebsbedingungen ergeben sich, wenn man bei frei wählbarem Arbeitspunkt diesen auf die Verlustleistungshyperbel zu einer hohen Spannung $|U_{CE}^A|$ legt. Beachtet werden muß allerdings, daß bei Annäherung an den in Gl.(624) angegebenen günstigsten Fall die Verzerrungen immer stärker zunehmen. Außerdem ist stets die Grenze in Gl.(606) einzuhalten, um eine Zerstörung des Transistors durch den 2.Durchbruch, [1] Abschn.11.2, zu vermeiden.

Arbeitspunkte A' auf der Verlustleistungshyperbel erfordern nach Gl.(623) stets einen Lastwiderstand der Größe

$$r'_{lw} = \frac{|U_{CE}^{A'}|^2}{P_{tot}(\text{für } \vartheta_J = \vartheta_{Jmax})} - 2R_{gr} \qquad (640)$$

Ein kurzzeitiges Aussteuern des Arbeitspunktes im Gebiet etwas oberhalb der Verlustleistungshyperbel ist in der Regel zu vertreten, weil beim A-Verstärker die Verlustleistung $\tilde{P}_{tot}$ nach Gl.(618) proportional zur Aussteuerung abnimmt. In Bild 130 ist mit dem Arbeitspunkt A_4 ein Beispiel angegeben.

Beispiel 72:

Ein NPN-Germanium-Leistungstransistor (AD ...) mit den absoluten Grenzdaten $\vartheta_{Jmax} = 90°C$, $I_{Cmax} = 3A$; $U_{CEO} = 20V$ soll im A-Betrieb in einer Endstufe gemäß dem Schaltungsprinzip aus Bild 124 eingesetzt werden. Die maximale Umgebungstemperatur beträgt $50°C$. Die Kühlmaßnahmen sind so getroffen, daß der Wärmewiderstand R_{thJU} den

Wert $40K/W$ nicht überschreitet. Im Arbeitspunkt soll die Kollektor-Emitter-Gleichspannung $0,8V$ betragen. Das Ausgangskennlinienfeld des Transistors ist in Bild 131 wiedergegeben.

a) Wie groß ist die zulässige Verlustleistung?

b) Welchen Wert muß der reelle Lastwiderstand r_{lw} haben, damit der Wirkungsgrad bei Vollaussteuerung 25% beträgt; welcher Kollektorruhestrom ist dafür erforderlich und welche Ausgangsleistung P_{Lm} wird bei Vollaussteuerung erreicht?

c) Die Verlustleistungshyperbel und die Wechselstromarbeitsgerade sind in das Ausgangskennlinienfeld einzuzeichnen.

d) Wie groß ist die erforderliche Batteriespannung, wenn die Gleichstromverluste in der Drossel vernachlässigbar sind?

e) Angenommen, der Arbeitspunkt könne frei gewählt werden, wohin wäre er zu legen, damit die Ausgangsleistung P_{Lm} und gleichzeitig der Wirkungsgrad η_m möglichst groß sind? Welche Werte für die Leistung P_{Lm} und den Wirkungsgrad η_m lassen sich erreichen?

Lösung:

a) Nach [1] Gl.(67) ist $P_{tot}(\text{für } \vartheta_J = \vartheta_{Jmax}) = (90°C - 50°C)/(40°C/W) = 1W$.

b) Aus dem Kennlinienfeld in Bild 131 kann man ablesen: Grenzwinkel $\alpha \approx 78°$; Maßstabsfaktor $\rho_R \approx 1,1\Omega$. Mit Gl.(595) ist $R_{gr} \approx 1,1\Omega/\tan 78° = 0,23\Omega$. Es muß der optimale Arbeitspunkt gewählt werden, d.h. $r_{lw} \overset{(629)}{=} 2R_{gr} = 0,46\Omega$; $I_{Copt}^A \overset{(628)}{=} 0,87A$; $(P_{Lm})_{max} \overset{(627)}{=} 174mW$.

c) Siehe Bild 131. Die Grenzen aus den Gln.(605) bis (607) werden nicht überschritten.

d) $U_B = U_{CE}^A = 0,8V$.

e) Der Arbeitspunkt ist auf die Verlustleistungshyperbel zu legen und die Spannung U_{CE}^A muß so groß wie möglich gewählt werden. Die Grenze aus der Gl.(606) ist voll auszunützen:

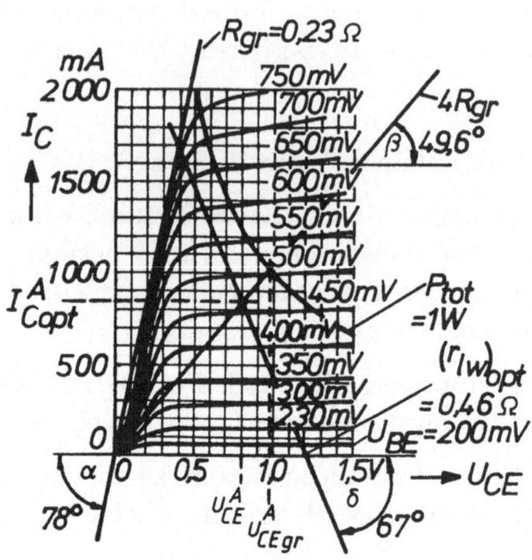

Bild 131   Ausgangskennlinien zu Beispiel 72

$$U^{A'}_{CE} + \hat{u}_{cem} = U_{CE0} \tag{641}$$

Schreiben wir für die zulässige Verlustleistung P_{tot}(für $\vartheta_J = \vartheta_{Jmax}$) hier kurz P_{totzul}, so gilt

$$\hat{u}_{cem} \stackrel{(604)}{=} I^{A'}_C r'_{lw} = \frac{P_{totzul} r'_{lw}}{U^{A'}_{CE}} \stackrel{(640)}{=} \frac{(U^{A'}_{CE})^2 - 2P_{totzul}R_{gr}}{U^{A'}_{CE}} \tag{642}$$

Nach dem Einsetzen von Gl.(642) in (641) ergibt sich daraus eine quadratische Bestimmungsgleichung für die Spannung $U^{A'}_{CE}$ mit der realisierbaren Lösung ($U^{A'}_{CE} > 0$)

$$U^{A'}_{CE} = \frac{U_{CE0}}{4} + \sqrt{\frac{(U_{CE0})^2}{16} + P_{totzul}R_{gr}} \tag{643}$$

Für die hier vorliegenden Daten ergibt sich aus Gl.(643) der Wert $U^{A'}_{CE} = 10V$. Die Ausgangsleistung beträgt $P'_{Lm} \stackrel{(639)}{=} 498mW$ und

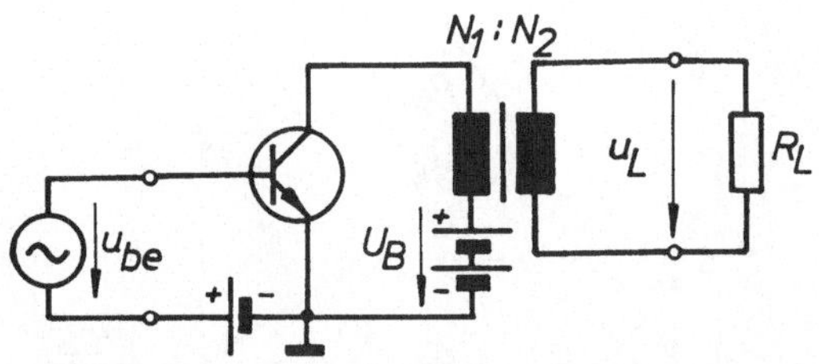

Bild 132 NF-Endstufe mit Transformator

der Wirkungsgrad hat die Größe $\eta_m \overset{(638)}{=} P'_{Lm}/P_{tot} = 49,8\%$. Weiter ist $r'_{lw} \overset{(640)}{=} 99,5\Omega$ und $\hat{u}_{cem} \overset{(642)}{=} 10V$. Hier ist $U_{CErest} \approx 0V$.

Beispiel 73:

In der NF-Endstufe nach Bild 132 wird ein NPN-Silizium-Leistungs-transistor (BD ...) verwendet. Seine absoluten Grenzdaten lauten: $I_{Cmax} = 1A$; $U_{CEO} = 80V$; $\vartheta_{Jmax} = 150°C$. Der Leistungs-Innenwiderstand des Transistors hat etwa den Wert $R_{gr} = 1\Omega$. Die Kühlverhältnisse und die maximale Umgebungstemperatur liegen so, daß bei einer Transistorverlustleistung von $21W$ die maximale Sperr-schichttemperatur von $150°C$ erreicht wird. Der Lastwiderstand $R_L = 4\Omega$ soll über einen Transformator an den Transistor angekoppelt wer-den, und der Transistor soll mit einer Speisespannung $U_B = 40,4V$ im symmetrischen A-Betrieb arbeiten.

a) Man lege den Arbeitspunkt so, daß bei Vollaussteuerung die Kollektor-Emitterspannung den Grenzwert U_{CEO} erreicht. Der Ar-beitspunkt ist anzugeben.

b) Welches Übersetzungsverhältnis ü $= N_1/N_2$ muß der ideale Übert-rager haben?

c) Wie groß ist die Signalamplitude $\hat{u}_{Lm}$ am Lastwiderstand R_L bei Vollaussteuerung?

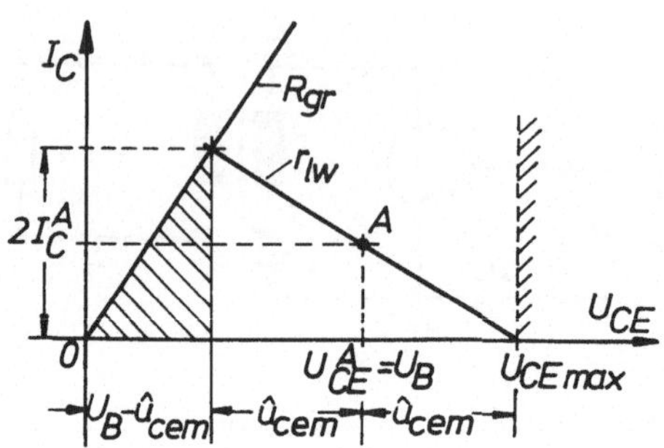

Bild 133   Aussteuerungsschema zu Beispiel 73

d) Wie groß ist die vom Transistor abgegebene Wechselleistung bei Vollaussteuerung?

e) Wie groß ist der Wirkungsgrad bei Vollaussteuerung?

f) Welche Verlustleistung tritt am Transistor bei ständiger Vollaussteuerung auf?

g) Welchen Gleichleistungsbetrag liefert die Batterie an die Schaltung bei
   1.) Vollaussteuerung
   2.) fehlender Aussteuerung?

h) Wie groß ist der mittlere Batteriestrom?

Lösung:

a) Die schematische Zeichnung in Bild 133 erleichtert den Lösungsweg. Aus ihr liest man ab: $\hat{u}_{cem} = U_{CEmax} - U_{CE}^A$. Da der ideal zu betrachtende Übertrager keine Gleichstromverluste hat, ist $U_{CE}^A = U_B = 40,4V$ und somit $\hat{u}_{cem} = 39,6V$. Aus dem schraffierten Steigungsdreieck der Grenzgeraden kann weiter abgelesen werden: $R_{gr} = (U_B - \hat{u}_{cem})/(2I_C^A)$. Der Kollektorstrom beträgt somit $I_C^A = 0,4A$. Die Grenzen in den Gln.(605) bis (607) werden mit dem Arbeitspunkt $I_C^A = 0,4A$; $U_{CE}^A = 40,4V$ nicht überschritten.

b) Der Lastwiderstand r_{lw}, den der Transistor sieht, ist der auf die Primärseite des Übertragers transformierte Widerstand R_L. Für das Übersetzungsverhältnis des Transformators muß somit gelten: $\ddot{u} = N_1/N_2 = \sqrt{r_{lw}/R_L}$. Aus Gl.(623) folgt zunächst $r_{lw} = 99\Omega$ und damit schließlich $\ddot{u} \approx 5$.

c) $\hat{u}_{Lm} = \hat{u}_{cem}/\ddot{u} = 7,9V$.

d) $P_{Lm} \stackrel{(611)}{=} 7,9W$.

e) $\eta_m \stackrel{(621)}{=} 49\%$.

f) $P_{tot} \stackrel{(617)}{=} 16,16W$; $\tilde{P}_{tot} \stackrel{(618)}{=} 8,3W$.

g) Im A-Betrieb ist die Batterieleistung unabhängig von der Aussteuerung. Sie beträgt hier nach Gl.(617) $16,16W$.

h) Der mittlere Batteriestrom ist gleich dem mittleren Kollektorstrom: $\bar{I}_{Batt} = \bar{I}_C = I_C^A = 0,4A$.

5.6 B-Betrieb

Diese Betriebsart wird heute bei NF-Endstufen mit Transistoren bevorzugt, weil sie - wie im folgenden gezeigt wird - einen besseren Wirkungsgrad ergibt und dadurch auch eine bessere Leistungsausnutzung der Transistoren ermöglicht.

Der im vorigen Abschnitt behandelte A-Betrieb wird im allgemeinen bei Leistungsverstärkern nur dort angewendet, wo man auf geringe Verzerrungen (kleiner Klirrfaktor) Wert legt und der Wirkungsgrad der Verstärkerstufe von untergeordneter Bedeutung ist.

Aus der im Bild 123b) dargestellten Arbeitspunktlage geht hervor, daß nur während der positiven Halbwelle der Steuerspannung u_{be} im Ausgangskreis des Transistors ein Strom i_c fließt. Während der negativen Halbwelle des Steuersignals ist der Transistor gesperrt. Das in dieser Zeit anliegende Teilsignal wird also nicht verarbeitet. Man muß daher einen zweiten Transistor heranziehen, der nur die negative Signalhalbwelle verstärkt. Der erforderliche zusätzliche Aufwand ist der Preis, den man bezahlen muß, um den oben erwähnten besseren Wirkungsgrad zu erzielen.

Es gibt eine Vielzahl von Schaltungsausführungen, mit denen man jeweils erreichen kann, daß die beiden Transistoren wie beschrieben *im Gegentakt* arbeiten. Die klassischen Schaltungsbeispiele für Gegentakt-B-Endstufen erfordern einen Treiber- und Ausgangsübertrager, [15] S.153. Diese Bauteile bringen aber in Transistorschaltungen mehr Nach- als Vorteile. Die wichtigsten *Nachteile eines Übertragers* sind: zunächst der nach tiefen und hohen Frequenzen begrenzte Übertragungsbereich, der nur durch eine raffinierte Wickeltechnik etwas vergrößert werden kann. Bei der Auslegung eines Übertragers ergeben sich sehr viele widerstrebende Forderungen. So muß man z.B. zur Herabsetzung seiner unteren Grenzfrequenz seine Windungszahl und seinen Eisenquerschnitt vergrößern. Damit steigen aber das Gewicht, die Kupferverluste und schließlich die Wicklungskapazitäten. Die letzteren setzen zusammen mit der Streuinduktivität des Übertragers seine obere Grenzfrequenz herab.

Weiter entstehen bei der nach jeder Halbwelle der anliegenden Wechselspannung erforderlichen Ummagnetisierung des Eisens Verluste und nichtlineare Verzerrungen.

Gute NF-Leistungsverstärker sind normalerweise auch gegengekoppelt, um eine Verbesserung der Wiedergabequalität (kleiner Klirrfaktor) zu erreichen. Bei den klassischen Schaltungsausführungen ist daher nicht selten der Ausgangsübertrager mit in das Gegenkopplungsnetz einbezogen. In diesen Fällen besteht bei der unteren und oberen Grenzfrequenz des Übertragers die Gefahr der Instabilität, weil im Transformator dort Phasendrehungen auftreten können, die aus der gewollten Gegenkopplung eine Mitkopplung werden lassen.

Bedenkt man außerdem noch, daß durch das Streufeld des Übertragers benachbarte Filter beeinflußt werden können und daß Transformatoren ein hohes Gewicht haben, viel Platz brauchen, für gedruckte Schaltungen unvorteilhaft und unwirtschaftlich sind, weil sie einen hohen Preis haben, so ist es verständlich, daß man heute fast ausschließlich übertragerlose, sog. *eisenlose* Gegentakt-Endstufen verwendet.

Der folgende Abschnitt beschäftigt sich daher ausschließlich mit eisenlosen Endstufen. Darüberhinaus beschränkt sich die Darstellung auf die gebräuchlichste Schaltungsvariante mit komplementären Transistoren, wodurch der Treibertransformator bzw. die früher erforderliche Phasenumkehrstufe eingespart werden kann.

Komplementäres Endstufen-Transistorpaar

Zwei Transistoren bezeichnet man als komplementär, wenn sie bei entgegengesetzter Zonenfolge weitgehend übereinstimmende elektrische Eigenschaften haben. Ein komplementäres Transistorpaar besteht also stets aus einem NPN- und einem PNP-Transistor, die im Hinblick auf die Übereinstimmung ihrer wesentlichen Eigenschaften von der Industrie paarweise ausgesucht und angeboten werden. (Angabe im Datenblatt: z.B. AC ... komplementär zu AC ... oder BC ... / BC ... komplementär gepaart). Bei der paarweisen Auswahl wird insbesondere auf eine ausreichende Gleichheit der Kollektorstromabhängigkeit der Gleichstromverstärkung B geachtet, [1] Bild 42.

Trifft man diese beschriebene Auswahl innerhalb eines Transistortyps, so erhält man ein Transistorpaar, das möglichst gleiche Kennlinien und Kenndaten hat, aber keine entgegengesetzte Zonenfolge aufweist. Man spricht hier von *gepaarten Transistoren*, die ebenfalls von der Industrie angeboten werden (Datenblatt: z.B. AD ... gepaart lieferbar). Setzt man ein solches Transistorpaar in einer Gegentakt-B-Endstufe ein, so muß zu ihrer Aussteuerung eine Phasenumkehrstufe, [4] S.134 verwendet werden.

Komplementär-Gegentakt-B-Endstufe

Die Wirkungsweise dieser heute am häufigsten in guten NF-Leistungsverstärkern verwendeten Schaltungsausführung soll zunächst an ihrer einfachsten in Bild 134 dargestellten Schaltungsvariante erklärt werden.

Gleichstrombetrachtung

Die beiden Endtransistoren T_2 und T_3 sind für Gleichstrom in Serie geschaltet, d.h. es gilt

$$|U_{CE3}^A| + |U_{CE2}^A| = |U_B| \qquad (644)$$

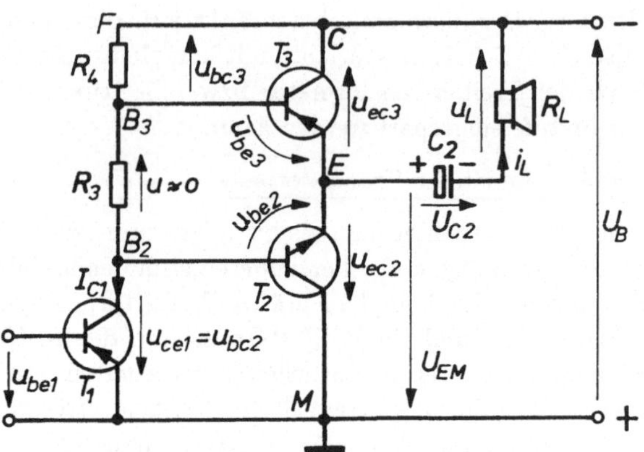

Bild 134   Grundprinzip einer eisenlosen Endstufe

bzw.

$$U^A_{CE2} - U^A_{CE3} = U_B \tag{645}$$

Die Arbeitspunkteinstellung wurde bereits in [1] Beisp.2 besprochen.

Um den B-Betrieb zu gewährleisten, wird die Vorspannung U^A_{BE} der beiden komplementären Transistoren T_2 und T_3 jeweils etwa gleich groß wie ihre Schleusenspannung U_S gewählt, Bild 123b). Beide Transistoren haben dann einen sehr kleinen Ruhestrom, $I^A_{C2} = -I^A_{C3} \approx 0$.

Da die Transistoren auch im Hinblick auf gleiche Gleichstromeigenschaften ausgesucht wurden, sind die Kollektor-Emitter-Spannungen gleich groß. Entsprechend Gl.(644) gilt

$$U^A_{CE2} = -U^A_{CE3} = \frac{U_B}{2} \tag{646}$$

Der gemeinsame Emitterpunkt E in Bild 134 ist somit gegenüber dem Punkt C am Minuspol der Batterie um $U_B/2$ positiver. Der Elektrolytkondensator C_2 wird daher beim Einschalten der Endstufe auf die Spannung

$$U_{C2} = \frac{U_B}{2} \tag{647}$$

aufgeladen.

Damit die Schaltung symmetrisch ausgesteuert werden kann, muß die sog *Mittenspannung* U_{EM} möglichst genau den Wert

$$U_{EM} = \frac{-U_B}{2} \tag{648}$$

einhalten. Diese Mittenspannung wird daher normalerweise durch eine Gleichstrom-Gegenkopplung stabilisiert (z.B. in Bild 140 durch R_6) und bei einer Änderung der Speisespannung U_B entsprechend nachgeführt, [15] Abschn.2.3.3.

Ohne Aussteuerung fließt über die Widerstände R_3 und R_4 praktisch nur der Treiber-Ruhestrom $I_{C1}^A (I_{B2}^A = I_{B3}^A \approx 0$, B-Betrieb). Somit gilt die Spannungssumme

$$I_{C1}^A R_4 + U_{BE3}^A + U_{EM} = -U_B \tag{649}$$

in der die geringe Vorspannung U_{BE3}^A vernachlässigbar ist. Damit die (hier negative) Mittenspannung U_{EM} nach Gl.(648) eingehalten wird, muß der Treiber-Ruhestrom demnach den Betrag

$$|I_{C1}^A| \approx \frac{|U_B| - |U_{EM}|}{R_4} \approx \frac{|U_B|}{2R_4} \tag{650}$$

annehmen. Die Kollektor-Emitterspannung von T_1 ist dabei etwa gleich groß wie die Mittenspannung U_{EM}, weil die Basisvorspannung U_{BE}^A der Endtransistoren vernachlässigbar ist: $U_{CE1}^A \approx -U_B/2$. Der Treibertransistor T_1 arbeitet also nicht im B-Betrieb, sondern im A-Betrieb.

Wechselstrombetrachtung:

In [1] Bild 12 wurde bereits gezeigt, daß beide Endtransistoren in der Kollektor-Schaltung arbeiten. Diese Grundschaltungsart wird meistens für Komplementär-Endstufen gewählt, weil dann die Arbeitspunkte für beide Endtransistoren gemeinsam stabilisiert werden können und außerdem ein Pol der Speisequelle U_B an Masse gelegt werden kann. Außerdem erhält man einen besseren Frequenzgang und wesentlich geringere Verzerrungen als mit der Emitter-Schaltung, weil sich die Kollektor-Schaltung als stark gegengekoppelte Emitter-Schaltung auffassen läßt, [2] Bild 72b. Durch Gegenkopplung, läßt sich ja bekanntlich der Frequenzgang und der Klirrfaktor eines Verstärkers verbessern.

Aus [1] Bild 12 ist leicht zu erkennen, daß beide Kollektor-Schaltungen am Ein- und Ausgang parallel geschaltet sind. Wechselstrommäßig liegen die beiden Endtransistoren also parallel, gleichstrommäßig dagegen in Reihe.

Durch die wechselstrommäßige Parallelschaltung der Transistorausgänge und infolge des niedrigen Ausgangswiderstandes r_{2c} einer Kollektor- Schaltung ist die Ausgangsimpedanz der gesamten Endstufe niederohmig. Dies eröffnet die Möglichkeit, den Ausgang direkt mit der ebenfalls niederohmigen Schwingspule eines Lautsprechers verbinden zu können. Die Schaltung arbeitet dann in der Nähe der ausgangsseitigen Anpassung, die sich gewöhnlich nicht ideal erreichen läßt, weil die Endstufe so ausgelegt werden muß, daß die Endtransistoren die geforderte Ausgangsleistung P_L bei einer vorgegebenen Betriebsspannung U_B liefern können.

Weil der Spannungsteilerwiderstand R_3 sehr niederohmig ist ($R_3 \ll R_4$) sind die Eingangsspannungen der beiden Endtransistoren etwa gleich groß und gleich der Ausgangsspannung des Treibertransistors T_1 (vergl. [1] Bild 12):

$$u_{bc3} \approx u_{bc2} = u_{ce1} \tag{651}$$

Da es sich um Kollektor-Schaltungen handelt, ist die Ausgangsspannung u_{ec} etwas kleiner als die Eingangsspannung u_{bc} (Spannungsverstärkung etwas kleiner als eins); beide Spannungen sind außerdem phasengleich:

$$u_{bc3} \approx u_{ec3} \approx u_{bc2} \approx u_{ec2} \tag{652}$$

Weiter gilt allgemein nach [1] Gl.(5)

$$u_{be3} = u_{bc3} - u_{ec3} \quad ; \quad u_{be2} = u_{bc2} - u_{ec2} \tag{653}$$

Damit ergeben sich folgende Aussteuerungsverhältnisse:

Während der positiven Halbwelle der Treibersteuerspannung u_{be1} sind die Spannungen u_{ce1}, u_{bc2}, $u_{bc3}u_{be2}$, u_{be3}, u_{ec2}, u_{ec3} jeweils negativ (Phasendrehung der Emitter-Schaltung von T_1). Durch den B-Betrieb sind beide Endtransistoren ohne Aussteuerung ($u_{be1} = 0$) praktisch gesperrt. Die positive Halbwelle von u_{be1} öffnet also nur den oberen PNP-Transistor $T_3(u_{be3} < 0)$, während der untere NPN-Transistor $T_2(u_{be2} < 0)$ gesperrt bleibt.

Bei der negativen Halbwelle der Steuerspannung u_{be1} sind alle gerade aufgezählten Spannungen positiv, so daß jetzt der obere Transistor T_3 gesperrt ist und der untere NPN-Transistor $T_2(u_{be2} > 0)$ geöffnet wird.

Aufgrund dieses Zusammenspiels sagt man, daß die Endtransistoren "antiparallel"oder noch gebräuchlicher "im Gegentakt"arbeiten. Daher kommt der Begriff *Gegentaktschaltung*.

Zum leichteren Verständnis der Wirkungsweise dieser Endstufe ist es zweckmäßig, wenn man die an sich notwendigen Vorspannungen U_{BE2} und U_{BE3} zunächst gleich Null setzt. Hierzu ist der Widerstand R_3 in Bild 134 durch einen Kurzschluß zu ersetzen. Man erhält so die in Bild 135 gezeichnete weiter vereinfachte Schaltung, bei der die Zusammenhänge zwischen den entscheidenden Wechselgrößen überschaubar werden.

Positive Halbwelle der Treibersteuerspannung u_{be1}

Die Transistoren T_1 und T_2 sind gesperrt und der Transistor T_3 ist leitend (Bild 135a).

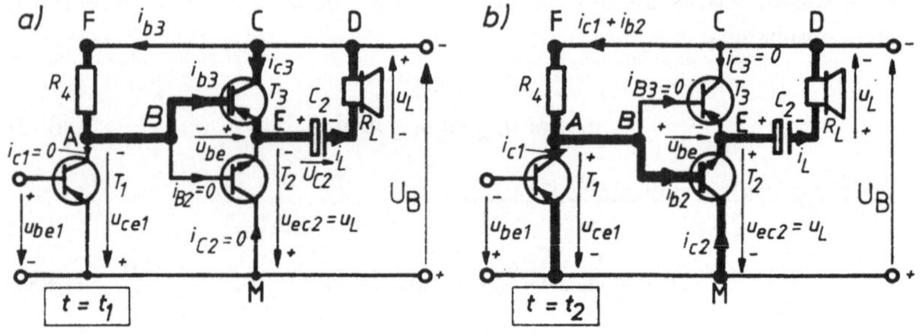

Bild 135   Zur Wirkungsweise der Endstufe
a) positive   b) negative Halbwelle von u_{be1}
(stromführende Pfade sind dicker gezeichnet)

Weil die Endtransistoren gleichstrommäßig in Reihe geschaltet sind und der Transistor T_2 gesperrt ist, kann die Speisespannung U_B keinen Strom für den leitenden Transistor T_3 liefern. Der Transistor T_3 schließt aber den Entladestromkreis des Kondensators C_2. Die Kondensatorspannung $U_B/2$ wirkt in dieser Halbwelle daher als "Speisespannung" für den Transistor T_3. Durch diese Energieentnahme wird der Kondensator C_2 etwas entladen. Der hierdurch bedingten Schwankung der "Speisespannung" für T_3 muß durch die Verwendung eines genügend großen Kondensators C_2 begegnet werden ($C_2 = 250\ldots1000\mu F$).

Der Entladestrom des Kondensators C_2 fließt als Laststrom i_L (negative Halbwelle von i_L) über die Schwingspule des Lautsprechers und ruft an dessen Scheinwiderstand R_L (typisch: $R_L = 4; 8$ oder 16Ω) die Ausgangsspannung u_L hervor. Es gilt

$$i_L = -i_{e3} \approx i_{c3} \tag{654}$$

<u>Negative Halbwelle der Treibersteuerspannung u_{be1}</u>

Die Transistoren T_1 und T_2 sind leitend und der Transistor T_3 ist gesperrt (Bild 135b).

Durch den leitenden Transistor T_2 ist der Kondensator C_2 wieder mit dem Pluspol der Speisespannung U_B verbunden, so daß der Kollektorstrom

$$i_{c2} \approx -i_{e2} = i_L \tag{655}$$

über den Lautsprecher diesen Kondensator C_2 wieder aufladen kann. Dieser Ladestrom stellt für den Lautsprecher einen Laststrom i_L jetzt in entgegengesetzter Richtung (positive Halbwelle von i_L) dar. Die Endstufe entnimmt also nur während dieser Halbperiode aus der Batterie Strom. Während der nächsten Halbwelle übernimmt der Kondensator C_2 die Stromversorgung der Endstufe.

Die Endtransistoren T_2 und T_3 wirken also jeweils eine Halbperiode lang als Wechselspannungsgenerator für den Lastwiderstand R_L.

In Bild 136 ist die Aussteuerung der Endstufe anhand der Kennlinien dargestellt. Da die Steuerspannung u_{ce1} gleichzeitig auf die beiden Endtransistoren einwirkt, werden die Kennlinien dieser beiden Transistoren nicht separat angegeben, sondern vielmehr die dynamischen Spannungssteuerkennlinien und die Ausgangskennlinienfelder beider Transistoren jeweils in einem Diagramm zusammengefaßt. Es ergibt sich dann eine anschauliche Darstellung des Gegentakt-B-Betriebes.

Die Steigung der Wechselstrom-Arbeitsgeraden ist für jeden Endtransistor durch die Lautsprecherimpedanz R_L gegeben.

Wir erkennen jetzt aus dem Bild 136c) deutlich, was oben bereits erwähnt wurde: nur bei dem Ruhewert der Mittenspannung $U_{EM} = -U_{CE2} = U_{CE3} = -U_B/2$ ist eine symmetrische Vollaussteuerung der Endstufe möglich, weil dann die positive und negative Halbwelle der Spannung u_L durch die Restspannungen $U_{CErest2}$ und $U_{CErest3}$ bei der gleichen Amplitude $\hat{u}_{Lm}$ begrenzt werden.

Bei Vollaussteuerung hat die Ausgangsspannung fast die Amplitude

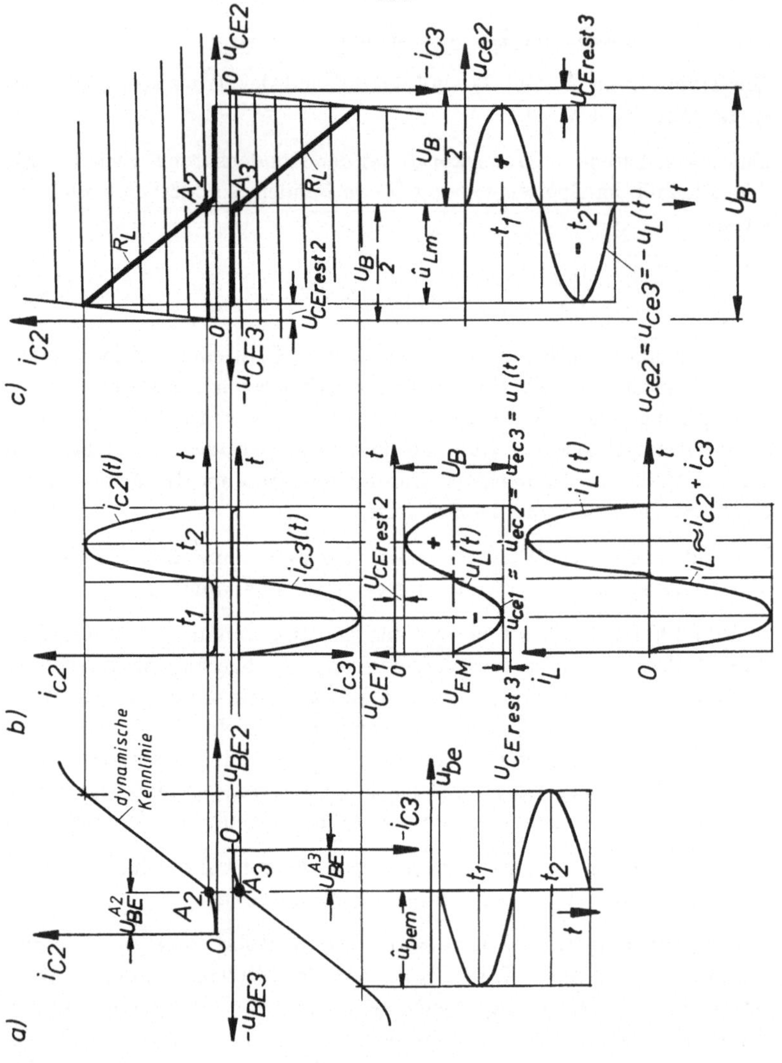

Bild 136 Darstellung der Aussteuerung einer
Komplementär-Gegentakt-B-Endstufe
Index Kleinbuchstabe: Wechselwerte vom Mittelwert an gezählt.
Index Großbuchstabe: Gesamtwerte vom Wert Null an gezählt.

$$\hat{u}_{Lm} \approx \frac{U_B}{2} \tag{656}$$

Weiter kann man aus der Zeichnung in Bild 136c) entnehmen, daß an dem jeweils gesperrten Transistor fast die volle Batteriespannung U_B liegen kann. Bei der Transistorauswahl muß also auf die Bedingung

$$U_{CE0max} > U_B \tag{657}$$

geachtet werden.

Treiber-Speisepunkt F am "heißen" Ende des Lautsprechers

In Bild 136 ist angenommen, daß der Endtransistor T_3 durch die Ausgangsspannung u_{ce1} des Treibertransistors T_1 bis auf seine Restspannung $U_{CErest3}$ durchgesteuert werden kann (siehe auch Bild 135a). In den Bildern 136b) und c) erreicht daher die Ausgangsspannung u_{EC2} im Zeitpunkt $t = t_1$ bei Vollaussteuerung den negativen Höchstwert

$$u_{EC2min} = U_{EM} + u_L(t) = -\frac{U_B}{2} - \hat{u}_{Lm} = -\frac{U_B}{2} - (\frac{U_B}{2} - |U_{CErest3}|)$$

$$= -(U_B - |U_{Cerest3}|) \approx -U_B \tag{658}$$

Weil in der Schaltungsausführung nach Bild 134 bzw. 135 der negative Basisstrom i_{b3} des leitenden Transistors T_3 über den Kollektorwiderstand R_4 des Treibertransistors T_1 fließt, kann dessen Kollektorspannung u_{CE1} jedoch nicht den negativen Höchstwert $-U_B$ erreichen, sondern nur den Augenblickswert

$$u_{CE1min} = -(U_B - \hat{i}_{b3m}R_4) \tag{659}$$

Durch diese Begrenzung der Kollektorspannung u_{CE1} des Treibertransistors T_1 wird der Endtransistor T_3 nicht voll durchgesteuert. Da die Endstufentransistoren jeweils in Kollektor-Schaltung betrieben werden, ist deren Spannungsverstärkung fast gleich eins, also gilt $u_{EC2} \approx u_{CE1}$. Damit wird entsprechend Gl.(659) auch die Spannung u_{EC2} in der negativen Halbwelle von u_L durch den Spannungsabfall $R_4 i_{b3}$ begrenzt, so daß der in Gl.(658) angegebene Wert nicht erreicht werden kann. Der im Zeitpunkt $t = t_1$ bei Vollaussteuerung erreichbare Wert läßt sich aus Bild 135a) ablesen:

$$u_{EC2min} = -(U_B - R_4 \hat{i}_{b3m} - \hat{u}_{be3m}) \tag{660}$$

Um die Aussteuerung des Transistors T_3 zu erhöhen, müßte man den Widerstand R_4 verkleinern, dann wäre die negative Amplitude $\hat{u}_{ec2m} = \hat{u}_{Lm}$ und damit die Lautsprecherleistung P_{Lm} größer. Dieser einfache Weg kann aber nicht beschritten werden, weil einmal durch den kleineren Widerstand R_4 nach Gl.(650) der Treiberruhestrom $|I_{C1}^A|$ und damit die Verlustleistung in T_1 ansteigt, außerdem geht dann auch der größte Teil der vom Treibertransistor T_1 abgegebenen Wechselleistung in R_4 verloren (vergl.[1] Bild 12).

Der Aussteuerbereich des Endtransistors T_2 ist nicht eingeschränkt; er läßt sich im Zeitpunkt $t = t_2$ bis auf den Augenblickswert

$$u_{EC2max} = -(\hat{u}_{be2m} + |U_{CErest1}|) \tag{661}$$

aussteuern, wie aus Bild 135b) hervorgeht.

Um den Aussteuerungsbereich des Transistors T_3 zu vergrößern, wird der Speisepunkt F des Treibertransistors T_1 direkt mit dem "heißen " Ende des Lautsprechers verbunden, siehe Bild 137a).

Die Speisespannung am Punkt F beträgt jetzt ohne Aussteuerung

$$U_{FM} = -(U_{C2} + U_{CE3}^A + U_B) = -U_B \tag{662}$$

weil $U_{C2} = -U_{CE3}^A = U_B/2$ gilt. Im Zeitpunkt $t = t_1$, wenn der Transistor T_3 durchgesteuert ist, wird zur Batteriespannung U_B die Ladespannung $U_{C2} = U_B/2$ in Reihe geschaltet, so daß die Speisespannung u_{FM} für die Treiberstufe jetzt den Augenblickswert $u_{FMmin} = -3U_B/2$ erreicht. Man erkennt daraus, daß die Speisespannung der Treiberstufe nun aus der Überlagerung der Batteriespannung U_B mit der Ausgangsspannung u_L besteht:

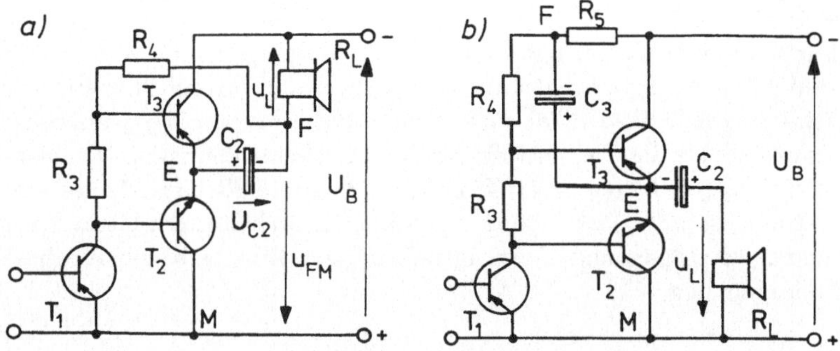

Bild 137   Schaltungsprinzipien für eisenlose Endstufen

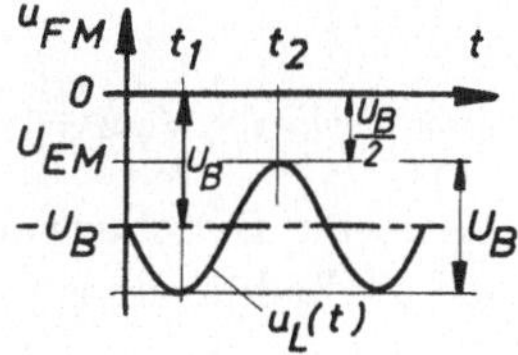

Bild 138   Spannungsverlauf zur Anordnung in Bild 137a)

$$u_{FM} = -U_B + u_L(t) \tag{663}$$

Die Batteriespannung U_B wird also für die Treiberstufe um die Ausgangsspannung u_L "aufgestockt". Auf diese Weise kann auch der Transistor T_3 voll ausgesteuert werden.

Von Nachteil ist, daß der Treiberruhestrom I_{C1}^A in dieser Schaltungsvariante direkt über den Lautsprecher fließt, wodurch man eine geringfügige Verschiebung der Lautsprechermembrane in Kauf nehmen muß (Gleichstromvormagnetisierung). Aus diesem Grund wird dieses Schaltungsprinzip nur bei kleineren Geräten (Batteriegeräte) mit geringer Ausgangsleistung angewendet.

Kapazitive Ankopplung des Treiber-Speisepunktes F

Für Verstärker mit mittlerer oder großer Ausgangsleistung wird das in Bild 137b) gezeigte Schaltungsprinzip angewandt. Ähnlich wie in der Schaltung nach Bild 137a) wird hier die Ruhespannung U_{FM} am Speisepunkt F für die Treiberstufe um die Ausgangsspannung $u_L(t)$ aufgestockt: $u_{FM} = U_{FM} + u_L(t)$. Der zusätzlich erforderliche große Elektrolytkondensator C_3 (z.B. $100\mu F$) wird beim Einschalten des Gerätes auf die negative Spannung U_{FE} aufgeladen. Nach Bild 137b) gilt für diese Ladespannung

$$U_{FE} = I_{C1}^A R_4 + U_{BE3}^A \tag{664}$$

weil die Ruheströme I_{B2}^A und I_{B3}^A praktisch gleich Null sind (B-Betrieb). Aus Bild 137b) läßt sich weiter die Maschengleichung

$$I_{C1}^A(R_4 + R_5) + U_{BE3}^A + U_{EM} = -U_B \tag{665}$$

ablesen. Eliminiert man mit dieser Beziehung den Treiberruhestrom I_{C1}^A in Gl.(664), so erhält man die Ladespannung des Kondensators C_3:

$$-U_{FE} = (U_B - |U_{EM}|)\frac{R_4}{R_4 + R_5} + |U_{BE3}^A|\frac{R_5}{R_4 + R_5} \tag{666}$$

Die Mittenspannung U_{EM} beträgt auch hier etwa $-U_B/2$.

Über den Wechselstromkurzschluß des Kondensators C_3 wird der Gleichspannung $U_{FM} = U_{FE} + U_{EM} = -(U_B - |I_{C1}^A|R_5)$ die Ausgangswechselspannung $u_L(t)$ überlagert, so daß die gesamte Speisespannung u_{FM} der Treiberstufe am Punkt F die in Bild 139a) angegebenen Augenblickswerte erreicht. Durch diese Zusatzspannung u_L wird der vom Basisstrom i_{b3} an den Widerständen R_4 und R_5 erzeugte Spannungsabfall, der die Aussteuerbarkeit des Endtransistors T_3 während der negativen Halbwelle von u_L begrenzt, wieder ausgeglichen.

Der zusätzliche Widerstand R_5 verhindert, daß in dieser Schaltungsanordnung der Lautsprecher durch die Batterie kurzgeschlossen wird. Wie das in Bild 139b) für den Transistor T_3 gezeichnete Wechselstromersatz-

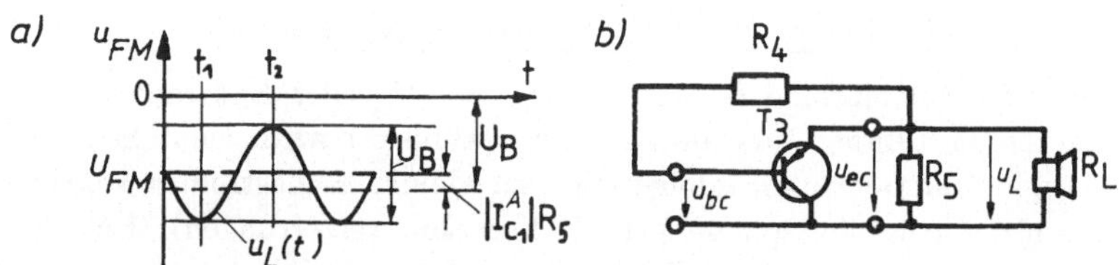

Bild 139   Zum Schaltungsprinzip in Bild 137b)
        a) Spannungsverlauf
        b) Ersatzschaltung vergl. [2] Bild 61b)

schaltbild zeigt, wird dieser Widerstand R_5 über die Kondensatoren C_2 und C_3 sowie über die Batterie wechselstrommäßig parallel zum Lautsprecher geschaltet. Der Wirkungsgrad der Schaltung wird hierdurch etwas verschlechtert.

Den Widerstand R_5 wählt man daher in der Größenordnung $R_5 \geq 10 R_L$, [15] S.182).

Um die Vollaussteuerung des Transistors T_3 zu gewährleisten, muß der Widerstand R_4 zwischen einem oberen und unteren Grenzwert gewählt werden, [15] S.180.

Über den Kondensator C_3 entsteht eine Wechselstromverbindung zwischen dem Punkt F und dem Ausgang E der Endstufe. Wie in Bild 139b) angegeben, kommt der Widerstand R_4 hierdurch zwischen den Ein- und Ausgang der Kollektor-Schaltung des Transistors T_3 zu liegen. Über R_4 fließt daher fast kein Wechselstrom, weil die Kollektor-Schaltung eine Spannungsverstärkung nahe bei eins hat, $u_{bc} \approx u_{ec}$.

Man erkennt, daß durch das Hinzufügen der Bauelemente C_3 und R_5 aus der normalen Kollektor-Schaltung für den Transistor T_3 die in [2] Bild 61 behandelte "bootstrap"-Anordnung entsteht. In der Schaltungsanordnung nach Bild 137b) fließt der Ruhestrom des Treibertransistors nicht über den Lautsprecher. Dies ist ein großer Vorteil, wenn bei getrennt aufgestellten Lautsprechern lange Verbindungsleitungen zwischen Endstufe und Lautsprecher erforderlich sind.

Arbeitspunktstabilisierung bei Gegentakt-B-Endstufen

Wenn der gemeinsame Ruhestrom $I^A_{C2} = -I^A_{C3}$ der Endtransistoren nicht gegen Temperaturschwankungen stabilisiert wird, entstehen bei niedrigen Temperaturen infolge eines zu kleinen Ruhestromes Verzerrungen der Ausgangsspannung u_L (Übernahmeverzerrungen). Bei hohen Temperaturen besteht die Gefahr, daß die Endtransistoren thermisch überlastet werden oder daß eine thermische Instabilität auftritt.

Die Methode, den Ruhestrom der Endtransistoren durch eine Gleichstrom- Gegenkopplung über einen Emitterwiderstand R_E zu stabilisieren, kann hier nur stark beschränkt angewendet werden. Der Emitterwiderstand R_E ist in Endstufen im allgemeinen unerwünscht, weil er einen Verstärkungsverlust bedeutet. Durch den Gleichspannungsabfall an R_E läßt sich nämlich die Speisespannung U_B bei der Aussteuerung der Endtransistoren nicht voll ausnutzen. Der Aussteuerbereich und damit die Ausgangsspannung u_L werden dadurch eingeschränkt. Der Leistungsbedarf von R_E setzt außerdem den Wirkungsgrad der Schaltung herab.

Der Emitterwiderstand kann in Gegentakt-B-Endstufen auch nicht mit einem Kondensator zur Vermeidung einer Wechselstrom-Gegenkopplung überbrückt werden, weil er immer nur von Stromhalbwellen in einer Richtung durchflossen wird. Dieser Kondensator würde sich also bei den unterschiedlich großen Aussteuerungsamplituden auf verschieden hohe Spannungen aufladen, die den Arbeitspunkt der Endtransistoren verändern und so zu Verzerrungen führen.

Falls trotzdem Emitterwiderstände in der Endstufe verwendet werden, dürfen sie nur sehr kleine Werte haben (typisch: $R_E = 0,5\,\Omega$).

Zur Stabilisierung des Ruhestromes der beiden Endtransistoren benutzt man den in [1] Abschn.10.6 bereits behandelten Basisspannungsteiler mit NTC-Widerstand. In Bild 140 ist ein typisches Beispiel für eine Komplementär-Endstufe angegeben.

Um den Einfluß von Speisespannungsschwankungen zu vermindern, wird häufig wie hier in der Schaltung nach Bild 140 zusätzlich zur NTC-Stabilisierung noch eine Stabilisierung mit einer in Durchlaßrichtung betriebenen Diode angewandt,[1] Abschn.10.7.

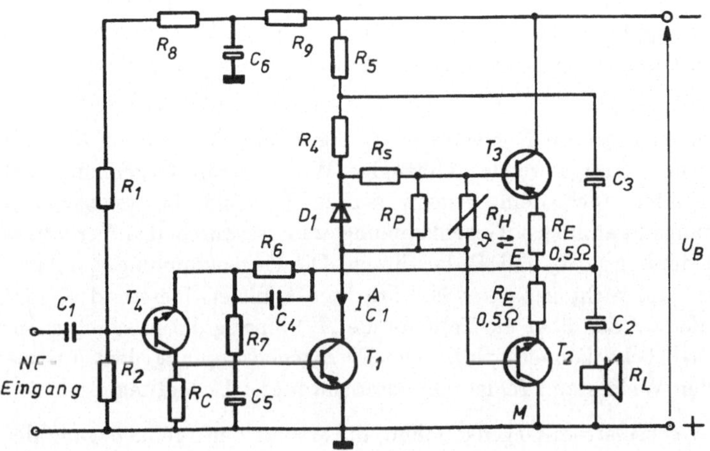

Bild 140   Komplementär-Endstufe

Weitere Angaben zur Arbeitspunktstabilisierung von Endstufen siehe z.B. [15] Abschn.2.1.4, 2.1.5, 2.3.3; [16] S.273ff.

Für die Mittenspannung U_{EM} gilt in der Schaltung aus Bild 140 die Beziehung

$$U_{EM} \approx -[U_B - |I_{C1}^A|(R_4 + R_5) - |U_{BE3}^A|] \tag{667}$$

Die Spannungsabfälle an R_S und R_E sind hierbei vernachlässigbar. Diese Mittenspannung muß wie bereits erwähnt stabilisiert werden, damit stets eine symmetrische Vollaussteuerung der Endstufe möglich ist. Wie man aus der Gl.(667) erkennen kann, kommt es hierbei in erster Linie darauf an, den Ruhestrom I_{C1}^A des Treibertransistors T_1 konstant zu halten. Hierzu dient die in der Schaltung nach Bild 140 enthaltene Gleichstrom-Gegenkopplung über den Widerstand R_6. Die Mittenspannung U_{EM} wird über den Widerstand R_6 auf den Emitter des Transistors T_4 ("Vorstufe") zurückgeführt. Am Transistor T_4 ist dann ein Vergleich dieser Spannung mit der unteren Teilspannung des

Basis-Spannungsteilers R_1, R_2 möglich. Durch die zusätzliche galvanische Ankopplung des Treibertransistors T_1 an die Vorstufe (T_4) erhält man insgesamt eine ausgezeichnete Stabilisierung des Treiberstromes I_{C1}^A.

Zusammen mit dem Kondensator C_4 ergibt der Widerstand R_6 auch noch eine wichtige frequenzabhängige Wechselstrom-Gegenkopplung. Sie arbeitet nach dem Prinzip der in [2] Bild 71 angegebenen Spannungs-Spannungs- Gegenkopplung und ist durch das Verhältnis der Widerstände R_6 und R_7 bestimmt. Die Gegenkopplungsspannung entsteht am nicht kapazitiv überbrückten Emitterwiderstand R_7 der Vorstufe, auf den über die Treiberstufe (T_1) hinweg die Ausgangsspannung u_L rückgekoppelt wird. Die Eigengegenkopplung der Vorstufe über den Widerstand R_7 ist von untergeordneter Bedeutung.

Diese Wechselstrom-Gegenkopplung linearisiert den Frequenzgang der Endstufe und verringert vor allem deren Klirrfaktor.

Berechnungen zum B-Betrieb

In Bild 136c) wurde bereits gezeigt, daß die Aussteuerungsverhältnisse beim B-Betrieb ganz analog wie beim A-Betrieb (Bild 125) im Ausgangskennlinienfeld der Endtransistoren dargestellt werden können. Zur leichteren Orientierung ist für die nachfolgende Rechnung in Bild 141 nochmals das Kennlinienfeld des NPN-Transistors T_2 mit der zugehörigen Widerstandsgeraden r_{lw} gezeichnet. Bei Vernachlässigung des Ruhestromes ($I_C^A \approx 0$) und des Reststromes liegt der Arbeitspunkt auf der Abszissenachse bei der halben Batteriespannung, Gl.(646).

Bei Vollaussteuerung mit einem sinusförmigen Steuersignal beträgt die von *einem* Transistor an den Lastwiderstand r_{lw}
abgegebene Wechselstromleistung

$$P_{Lm} = \frac{1}{4}\hat{i}_{cm}\hat{u}_{cem} \tag{668}$$

Hier steht jetzt der Faktor 1/4 statt wie sonst 1/2, weil der einzelne Transistor nur während einer Halbperiode für den Lastwiderstand r_{lw} als Generator wirkt.

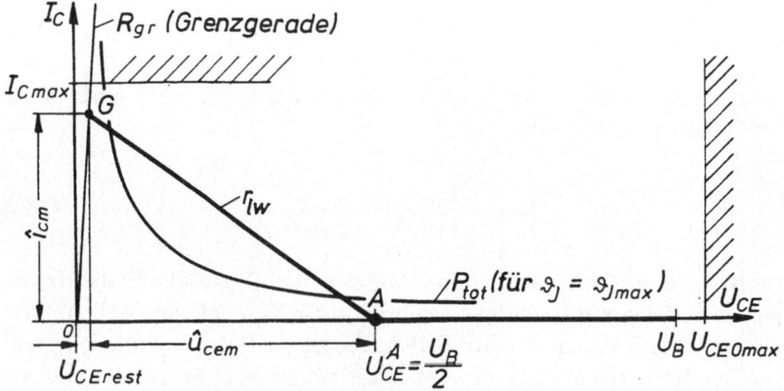

Bild 141   Aussteuerungsverhältnisse beim B-Betrieb

Aus Bild 141 lassen sich die Beziehungen

$$\hat{u}_{cem} = |U_{CE}^A| - |U_{CErest}| \tag{669}$$

$$|U_{CErest}| = \hat{\imath}_{cm} R_{gr} \tag{670}$$

$$\hat{u}_{cem} = \hat{\imath}_{cm} r_{lw} = \hat{u}_{Lm} \tag{671}$$

ablesen. Eliminiert man in Gl.(669) mit Hilfe der Gl.(670) die Restspannung und setzt anschließend das Ergebnis gleich der Gl.(671), so
folgt

$$\hat{\imath}_{cm} = \frac{|U_{CE}^A|}{r_{lw} + R_{gr}} \tag{672}$$

mit Gl.(671) gilt dann auch

$$\hat{u}_{cem} = |U_{CE}^A| \frac{r_{lw}}{r_{lw} + R_{gr}} \tag{673}$$

und durch Einsetzen der Gln.(672) und (673) in Gl.(668) erhält man schließlich je Transistor

$$P_{Lm} = \frac{1}{4} |U_{CE}^A|^2 \frac{r_{lw}}{(r_{lw} + R_{gr})^2} \tag{674}$$

(vergl.Gl.(630) beim A-Betrieb). Die von der Gegentakt-Endstufe abgegebene Leistung ist doppelt so groß als in Gl.(674) angegeben. Wir erkennen, daß auch hier beim B-Betrieb nur die Betriebsdaten U_{CE}^A und r_{lw} eine Rolle spielen. Als einzige Transistorgröße steht nur der formale Grenzwiderstand R_{gr} in der Leistungsformel (674). Es kommt also weder die Steilheit, der Ein- oder Ausgangswiderstand des Endtransistors vor. Daran ist - wie bereits beim A-Betrieb besprochen - nochmals die außerordentliche Bedeutung der Größe R_{gr} bzw. der Restspannung U_{CErest} für den Großsignalbetrieb zu ersehen. Die abgegebene Wechselleistung ist auch hier umso größer, je kleiner die Werte für R_{gr} bzw. U_{CErest} sind (steile Grenzgerade).

Um den *Wirkungsgrad* der Endstufe berechnen zu können, benötigen wir die von der Batterie an einen Endtransistor während einer Periode gelieferte Gleichleistung. Da während der Sperrphase des Transistors der Kollektorstrom praktisch gleich Null ist und die Batterie nur während der Leitzeit des Transistors Gleichstrom liefert, müssen wir im folgenden mit dem Mittelwert $\overline{I}_c$ des Kollektorwechselstromes rechnen:

$$|\overline{I}_c| = \frac{1}{T} \int_0^{T/2} \hat{i}_c \sin \omega t \, dt = \frac{\hat{i}_c}{\pi} \tag{675}$$

verwendet man noch den Zusammenhang (672), so gilt bei Vollaussteuerung auch

$$|\overline{I}_{cm}| = \frac{\hat{i}_{cm}}{\pi} = \frac{1}{\pi} \cdot \frac{|U_{CE}^A|}{r_{lw} + R_{gr}} \tag{676}$$

Die während einer Aussteuerungsperiode von der Batterie an einen Endtransistor gelieferte Gleichstromleistung ist also im Gegensatz zum A-Betrieb, Gl.(617), hier abhängig von der Aussteuerungsamplitude $\hat{i}_c$. Sie beträgt bei Vollaussteuerung

$$\tilde{P}_{\ominus m} = |\bar{I}_{cm}| \cdot |\overline{U}_{CE}| \tag{677}$$

Von Vorteil ist, daß die in den Aussteuerungspausen ($\hat{i}_c = 0$) von der Batterie an die B-Endstufe zu liefernde Gleichleistung vernachlässigbar klein ist ($P_{\ominus} \approx 0$).

Da die mittlere Kollektor-Emitter-Spannung $\overline{U}_{CE}$ nach Bild 136c) bzw. Bild 141 gleich der Ruhespannung $U_{CE}^A = U_B/2$ (siehe auch (Gl.599)) ist, liefert die Batterie je Transistor bei Vollaussteuerung die *Gleichleistung*

$$\tilde{P}_{\ominus m} = \frac{1}{\pi} \cdot \frac{|U_{CE}^A|^2}{r_{lw} + R_{gr}} = \frac{\hat{i}_{cm}}{\pi} |U_{CE}^A| \tag{678}$$

Die von der Batterie an beide Endtransistoren gelieferte Gleichleistung ist doppelt so groß.

Nach der Definition in Gl.(620) errechnet sich der *Wirkungsgrad im B-Betrieb* zu

$$\eta_m = \frac{P_{Lm}}{\tilde{P}_{\ominus m}} = \frac{\pi}{4} \cdot \frac{r_{lw}}{r_{lw} + R_{gr}} \tag{679}$$

Dieser Zusammenhang ist in Bild 142 dargestellt.

Der Wirkungsgrad η und die abgegebene Wechselleistung sind natürlich auch hier aussteuerungsabhängig; die Gl.(602) gilt auch beim B-Betrieb. Statt Gl.(622) gilt hier $\eta = a\eta_m$.

Durch den Kurvenverlauf in Bild 142 findet man nun bestätigt, was eingangs schon behauptet wurde: Der maximale Wirkungsgrad η_m ist im B-Betrieb wesentlich größer als im A-Betrieb. Er erreicht hier im Grenzfall den Wert

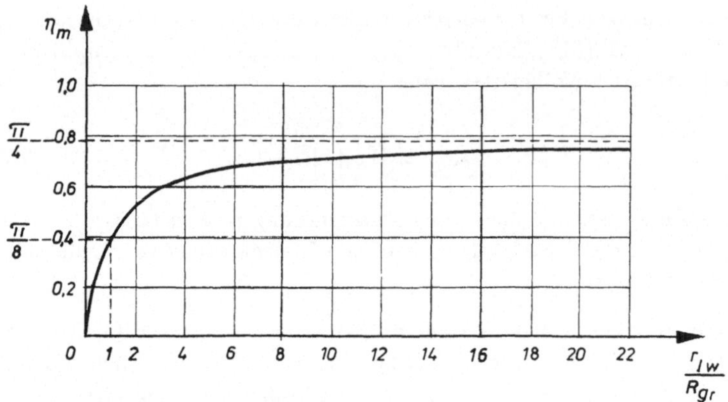

Bild 142 Wirkungsgrad beim B-Betrieb

$$(\eta_m)_{max} = \frac{\pi}{4} = 78,5\% \tag{680}$$

(Im A-Betrieb maximal 50%, Bild 126).

Auch beim B-Betrieb interessiert uns, ob es einen optimalen Lastwiderstand $(r_{lw})_{opt}$ gibt, für den die abgegebene Wechselleistung P_{Lm} ein Maximum $(P_{Lm})_{max}$ annimmt. Die Kurvendiskussion zur Gl.(674) liefert mit dem Ansatz $\partial P_{Lm}/\partial r_{lw} = 0$ ein Maximum bei

$$(r_{lw})_{opt} = R_{gr} \tag{681}$$

von der Größe (je Transistor)

$$(P_{Lm})_{max} = \frac{|U_{CE}^{A}|^2}{16R_{gr}} \tag{682}$$

Der Zusammenhang aus Gl.(674) ist in Bild 143 normiert auf den Maximalwert nach Gl.(682) aufgetragen.

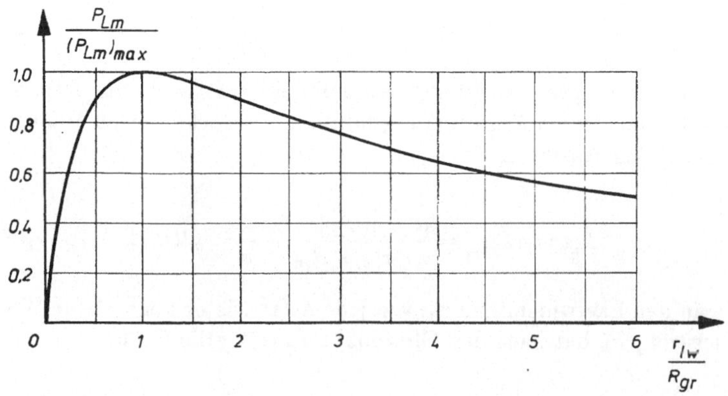

Bild 143   Abgegebene Wechselleistung bei B-Betrieb

Vergleicht man den Maximalwert aus Gl.(682) mit der entsprechenden Beziehung (627) beim A-Betrieb, so erkennt man, daß in beiden Betriebsarten eine gleich große maximale Wechselleistung erreicht werden kann. Beim zugehörigen Wirkungsgrad besteht jedoch ein erheblicher Unterschied: Der Wirkungsgrad η_m hat hier nach Gl.(679) für $r_{lw} = R_{gr}$ die Größe $\eta_m = \pi/8 = 39,3\%$ (beim A-Betrieb nur 25%).

Sobald die Endstufe ausgesteuert wird, nehmen die Endtransistoren eine aussteuerungsabhängige Gleichleistung $\tilde{P}_\ominus$ von der Batterie auf. Bei Vollaussteuerung ist diese Leistung je Transistor durch Gl.(678) gegeben. Ein Teil dieser Gleichleistung $\tilde{P}_\ominus$ wird von den Transistoren in eine Wechselleistung P_L umgesetzt und an den Lastwiderstand r_{lw} abgegeben. Die Differenz zwischen aufgenommener und abgegebener Leistung wird im Transistor in Wärme umgesetzt; sie stellt also die Verlustleistung $\tilde{P}_{tot}$ des Transistors dar. Die Leistungsbilanz lautet demnach: $\tilde{P}_{tot} = \tilde{P}_\ominus - P_L$; vergl.Gl.(613).

Die Gleichstromleistung, die von der Batterie an *einen* Endtransistor abgegeben wird, beträgt

$$\tilde{P}_\ominus = |\overline{I}_c| \cdot |U_{CE}^A| = \frac{\hat{i}_c}{\pi} \frac{|U_B|}{2} \tag{683}$$

Da sie aussteuerungsabhängig ist, läßt sie sich auch durch den in Gl.(597) definierten Aussteuerungsfaktor a ausdrücken. Man erhält mit Gl.(678) den Ausdruck

$$\tilde{P}_\ominus = a\tilde{P}_{\ominus m} = \frac{a}{\pi} \cdot \frac{|U_{CE}^A|^2}{r_{lw} + R_{gr}} = \frac{a}{\pi} \cdot \hat{i}_{cm} |U_{CE}^A| \tag{684}$$

Die an den Lastwiderstand r_{lw} von jedem Transistor abgegebene Wechselleistung P_L hat nach den Gln.(602) und (674) die Größe

$$P_L = a^2 P_{Lm} = \frac{a^2}{4} |U_{CE}^A|^2 \frac{r_{lw}}{(r_{lw} + R_{gr})^2} \tag{685}$$

Aus den Gln.(684) und (685) ergibt sich jetzt die Verlustleistung $\tilde{P}_{tot}$ im Transistor als Funktion der Aussteuerung a zu

$$\tilde{P}_{tot} = \tilde{P}_\ominus - P_L = a\frac{|U_{CE}^A|^2}{r_{lw} + R_{gr}} \left(\frac{1}{\pi} - \frac{a}{4} \cdot \frac{r_{lw}}{r_{lw} + R_{gr}} \right) \tag{686}$$

Die zugehörige Kurvendiskussion zeigt, daß das Maximum der Verlustleistung $\tilde{P}_{tot}$ nicht in jedem Fall bei Vollaussteuerung auftritt, sondern bei einem Aussteuerungsfaktor a_{krit}, dessen Größe vom Widerstandsverhältnis r_{lw}/R_{gr} abhängt. Um dies zu verdeutlichen, wurde in Bild 144 ein Beispiel für $R_{gr} = 0,5\Omega$; $|U_B| = 10V$; $|U_{CE}^A| = 5V$ bei drei verschiedenen Verhältnissen r_{lw}/R_{gr} aufgetragen.

Die Lage des Maximums ergibt sich aus dem Ansatz für Extremwerte: $\partial P_{tot}/\partial a = 0$. Man erhält daraus den kritischen Aussteuerungsfaktor

$$a_{krit} = \frac{2}{\pi} \cdot \frac{r_{lw} + R_{gr}}{r_{lw}} \overset{(673)}{=} \frac{2}{\pi} \frac{|U_{CE}^A|}{\hat{u}_{cem}} \tag{687}$$

bei dem die maximale Verlustleistung auftritt. Sowohl die Lage als auch die Höhe des Maximums ist von dem Lastwiderstandswert r_{lw} abhängig.

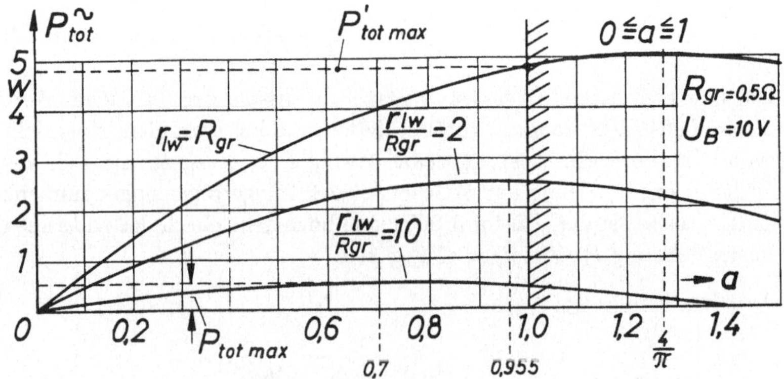

Bild 144 Transistorverlustleistung als Funktion des Aussteuerungsfaktors a bei B-Betrieb

Für $r_{lw} = R_{gr}$ dem Optimalfall nach den Gln.(681) und (682) ist
$a_{krit} \overset{(687)}{=} 4/\pi = 1,27$ und $\tilde{P}_{totmax} \overset{(686)}{=} |U_{CE}^A|^2/(\pi^2 R_{gr})$. Dieser Maximalwert hat aber nur einen rein theoretischen Charakter. Er wird nie
erreicht, weil $a \leq 1$ gilt. Im Optimalfall $r_{lw} = R_{gr}$ tritt die größte Verlustleistung daher real bei Vollaussteuerung ($a = 1$) auf. Sie hat dort
den Wert $P'_{totmax} = 0,097 \cdot |U_{CE}^A|^2/R_{gr}$.

Da die üblichen Lautsprecher Nennscheinwiderstände von 4; 8 oder
$16\,\Omega$ haben und bei einem geeigneten Leistungstransistor der Grenzwiderstand R_{gr} äußerst kleine Werte hat (Bruchteile von Ohm) liegt
im **Normalfall** das Größenverhältnis $r_{lw} \gg R_{gr}$ vor. Dann ist nach
Gl.(687) für rein sinusförmiger Aussteuerung

$$a_{krit} \approx \frac{2}{\pi} = 0,64 \qquad\qquad (688)$$

und die maximale Verlustleistung beträgt nach Gln.(686) und (672) mit
$|U_{CE}^A| = |U_B|/2$

$$\tilde{P}_{totmax} = \frac{|U_B|^2}{4\pi^2 r_{lw}} = \frac{1}{2\pi^2}\hat{i}_{cm}|U_B| \qquad (689)$$

Da bei praktischen Aussteuerungsverhältnissen der kritische Wert $a_{krit} = 0,64$ nicht dauernd vorliegt, kann man bei normalem Nachrichteninhalt die Verlustleistung etwas geringer ansetzen als sie sich aus Gl.(689) ergibt. Diese um üblicherweise $1,3\%$ geringer angenommene Transistorbelastung (Faktor $0,987$) darf höchstens gleich der zulässigen Verlustleistung P_{tot}(für $\vartheta_J = \vartheta_{Jmax}$) sein.

Aus der Bedingung

$$P_{tot}(\text{für } \vartheta_J = \vartheta_{Jmax}) \geq \frac{0,987}{4\pi^2}\frac{|U_B|^2}{r_{lw}} \approx \frac{0,987}{2\pi^2}\hat{i}_{cm}|U_B| \qquad (690)$$

folgt der *zulässige Spitzenstrom* für $r_{lw} \gg R_{gr}$

$$\hat{i}_{cm} \leq \frac{20P_{tot}(\text{für } \vartheta_J = \vartheta_{Jmax})}{|U_B|} < I_{Cmax} \qquad (691)$$

bzw. der erforderliche *Mindestwert für den Lastwiderstand*

$$r_{lw} \geq \frac{|U_B|^2}{40P_{tot}(\text{für } \vartheta_J = \vartheta_{Jmax})} \qquad (692)$$

Wie das Beispiel in Bild 141 zeigt, bleibt die Wechselstromarbeitsgerade nicht überall unterhalb der Verlustleistungshyperbel. Dies ist beim B-Betrieb möglich, weil hier nur während einer Halbwelle ein Kollektorstrom fließt und außerdem das Gebiet kritischer Verlustleistung schnell überschritten wird, da die Periodendauer des Aussteuersignals normalerweise klein gegen die thermische Zeitkonstante des Transistors ist.

Die von *beiden* Endtransistoren bei Vollaussteuerung an den Lastwiderstand r_{lw} abgegebene Wechselleistung P_{Lmges} hat nach Gl.(668) allgemein die Größe $P_{Lmges} = \hat{i}_{cm}\hat{u}_{cem}/2$. Weil unter Vernachlässigung der Restspannung $\hat{u}_{cem} \approx |U_B|/2$ gilt, erhält man daraus mit dem zulässigen Spitzenstrom aus Gl.(691) die nützliche grobe *Dimensionierungsregel* für $r_{lw} \gg R_{gr}$

$$P_{Lmges} \leq 5P_{tot}(\text{für } \vartheta_J = \vartheta_{Jmax}) \tag{693}$$

Diese Beziehung gibt Auskunft, inwieweit der Transistor ausgenutzt werden kann. Würde man das gleiche Transistorpaar in der Komplementär-Endstufe jeweils im A-Betrieb verwenden, so würde jeder Transistor im günstigsten Fall die in Gl.(624) angegebene Wechselleistung an den Lastwiderstand r_{lw} abgeben. Diese sog. Gegentakt-A-Endstufe liefert also insgesamt nur eine maximale Ausgangsleistung von der Größe $P_{Lmges} \approx P_{tot}$ (für $\vartheta_J = \vartheta_{Jmax}$). Dies ist aber nach Gl.(693) nur der fünfte Teil dessen, was die Gegentakt-B-Endstufe abzugeben vermag. Neben diese bessere Ausnutzung der Transistoren tritt beim B-Betrieb außerdem noch der bessere Wirkungsgrad.

Bei der *Auswahl der Transistortypen* haben wir durch die Gln.(657), (691) und (693) für $r_{lw} \gg R_{gr}$ folgende Bedingungen zu beachten:

$$|U_{CE0max}| > |U_B| \quad ; \quad |I_{Cmax}| > \frac{4P_{Lmges}}{|U_B|}$$

$$P_{tot}(\text{für } \vartheta_J = \vartheta_{Jmax}) > 0{,}2P_{Lmges} \tag{694}$$

Um einer Verwirrung vorzubeugen, sei darauf hingewiesen, daß die Auswahlkriterien bei einer Gegentakt-B-Endstufe mit Ausgangsübertrager anders lauten, weil dort die Kollektor-Emitter-Spannung größer ist: $|U_{CE}^A| = |U_B|$. Daraus resultiert bei jener klassischen Schaltung die Forderung $|U_{CE0max}| > 2|U_B|$. Bei gleicher Spannungsfestigkeit der Transistoren kann also in der eisenlosen Endstufe die Batteriespannung U_B größer gewählt werden als bei der Verwendung eines Ausgangsübertragers.

Weiter sei erwähnt, daß bei der Verwendung eines Emitterwiderstandes für den Treibertransistor T_1 in einer Komplementär-Gegentakt-B-Endstufe die thermische Belastung für beide Transistoren nicht mehr gleich groß ist. Es gilt dann allgemein: Die Verlustleistung ist in demjenigen der beiden Endtransistoren größer, der die dem Treibertransistor entgegengesetzte Zonenfolge (PNP bzw. NPN) hat, [16] S.291.

Aufgrund der Nichtlinearität der dynamischen Steuerkennlinie besonders im Bereich kleiner Kollektorströme (Bild 136a) kommt es zu sog. *Übernahmeverzerrungen* beim Nulldurchgang des Laststromes $i_L(t)$ bzw. der Lastspannung $u_L(t)$; siehe Bild 136b).

Durch eine geringe Vorspannung U_{BE}^A für die Endtransistoren in Durchlaßrichtung kann man erreichen, daß die in Bild 136a) gezeichnete gemeinsame Kennlinie nahezu linear verläuft. Erfahrungsgemäß werden bei einem Kollektorruhestrom I_C^A von etwa $1\ldots 2\%$ der maximalen Kollektorstromamplitude $\hat{i}_{cm}$ diese Verzerrungen ausreichend klein, ohne daß der Wirkungsgrad wesentlich verschlechtert wird. Weil der Arbeitspunkt der Endtransistoren durch diese Vorspannung etwas mehr in Richtung A-Betrieb eingestellt ist, spricht man des öfteren auch vom *AB-Betrieb*. Die notwendige Vorspannung wird in dem Beispiel aus [1] Bild 3 bzw. hier in Bild 134 durch den Gleichspannungsabfall am Widerstand R_3 erzeugt.

Das in Bild 134 gezeichnete Schaltungsprinzip für eine Komplementär-Endstufe hat den weiteren Vorteil, daß es auch für die entgegengesetzte Polarität der Speisespannung U_B ausgelegt werden kann. Hierzu sind lediglich die Endtransistoren untereinander zu vertauschen und die Transistoren in der Vor- und Treiberstufe durch die entsprechenden komplementären Typen zu ersetzen sowie die Diode und die Elektrolytkondensatoren aus Bild 140 sind umzupolen.

Auswahl der Kondensatoren C_2 und C_3 (in Bild 140)

Die Kondensatoren C_2 und C_3 beschneiden den Frequenzgang des Verstärkers bei tiefen Frequenzen. Läßt man einen Abfall der Ausgangsleistung von 3 dB bei der unteren Grenzfrequenz f_u zu, so gilt als Richtwert für die Mindestgröße der Kondensatoren:

$$C_2 \geq \frac{1}{2\pi f_u r_{lw}} \tag{695}$$

$$C_3 \geq \frac{1}{2\pi f_u R_5} \tag{696}$$

Weil ein guter NF-Endverstärker normalerweise eine Wechselstrom- Gegenkopplung hat, liegt die wirkliche untere Grenzfrequenz niedriger als der Wert f_u, den man bei gegebenen Kondensatoren aus den Gln.(695)

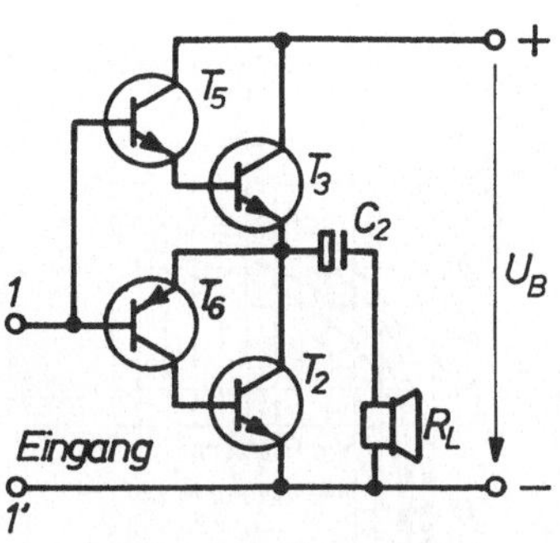

Bild 145   Prinzipschaltung einer Quasi-Komplementär-Endstufe

und (696) berechnet.

Ausgangsleistung und Betriebsart

Beim A-Verstärker ist die Verlustleistung des Endtransistors nach Gl.(624) mehr als doppelt so hoch wie die abgegebene Wechselleistung. Aus wirtschaftlichen Gründen wird deshalb in der Praxis $5W$ als obere Grenze für die Ausgangsleistung beim A-Betrieb angesehen.

Für Ausgangsleistungen von mehr als $5W$ ist der Wirkungsgrad des Verstärkers von ausschlaggebender Bedeutung. Hier ist der Gegentakt-B- bzw. AB-Betrieb die bevorzugte Betriebsart bis etwa $20W$ Ausgangsleistung.

Für noch größere Ausgangsleistungen wird die Verlustleistung des im A-Betrieb arbeitenden Treibertransistors sehr groß, und der der Batterie entnommene Ruhestrom gewinnt an Bedeutung. Verstärker für Ausgangsleistungen von mehr als $20W$ werden daher im allgemeinen als *Quasi-Komplementär-Endstufen* ausgelegt, [15] S.196ff. Bei dieser Schaltungsart haben beide Endtransistoren die gleiche Zonenfolge, die Treiberstufe ist dagegen mit einem komplementären Transistorpaar bestückt, das für die jetzt notwendige Phasenumkehr sorgt. In Bild 145 ist das Schaltungsprinzip wiedergegeben. Man erkennt, daß der obere Endtransistor T_3 wieder in Kollektor-Schaltung betrieben wird.

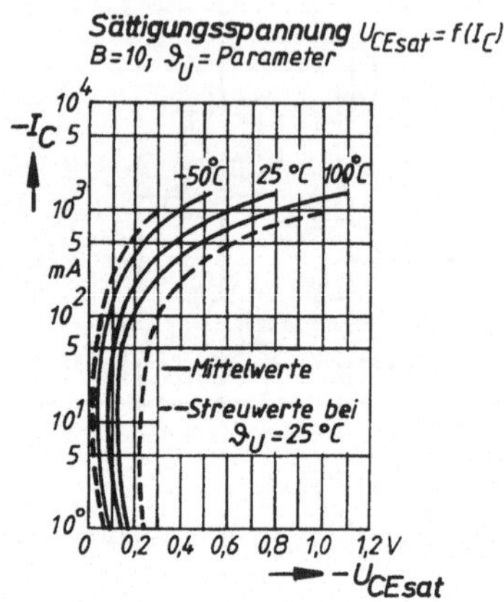

Bild 146   Datenblattauszug für ein komplementäres Transistorpaar
(Silizium)

Er bildet zusammen mit Transistor T_5 die in [2] Bild 29 behandelte Darlington-Schaltung. In dem unteren Verstärkungszweig bilden die Transistoren T_2 und T_6 ebenfalls eine Darlington-Schaltung, die in ihrem Aufbau gegenüber der oberen etwas abgewandelt ist. Auf diese Weise erhält jede Seite der Endstufe eine sehr hohe Stromverstärkung, so daß die Treiber-Ausgangsleistung dann geringer sein kann.

Beispiel 74:

Die Komplementär-Endstufe nach Bild 134 soll an einen $5\,\Omega$-Lautsprecher bei Vollaussteuerung eine Wechselleistung von $8W$ abgeben. Verwendet werden soll das Komplementärpaar BD.../BD..., von dem in Bild 146 ein Datenblattauszug angegeben ist.

<u>Grenzdaten:</u>

Kollektor-Emitter-Spannung	$\|U_{CEO}\| = 45V$
Kollektor-Spitzenstrom	$\|I_{CM}\| = 2,0A$
Kollektorstrom	$\|I_C\| = 1,5A$
Sperrschichttemperatur	$\vartheta_J = 150°C$
Gesamtverlustleistung	$(\vartheta_G = 45°C)\ P_{tot} = 12,5W$
Innerer Wärmewiderstand	$R_{thJG} \leq 8,4\frac{K}{W}$

Wie groß ist

a) die erforderliche Speisespannung U_B?

b) die gesamte Gleichleistung der Batterie?

c) die Verlustleistung eines Transistors?

d) der Wirkungsgrad der Endstufe?

e) der Maximalwert für den Wärmewiderstand R_{thGU}, wenn die Umgebungstemperatur ϑ_U maximal auf 60°C (Autoradio) ansteigt?

f) Wie groß ist die Amplitude $\hat{u}_{Lm}$ der Ausgangsspannung?

Lösung:

a) Mit den Gln.(668) und (671) gilt für beide Transistoren $P_{Lm} = \hat{i}_{cm}^2 r_{lw}/2$. Daraus folgt für den *Spitzenstrom*

$$\hat{i}_{cm} = \sqrt{\frac{2P_{Lm}}{r_{lw}}} \tag{697}$$

$\hat{i}_{cm} = \sqrt{2 \cdot 8/5}A = 1,79A < \|I_{CM}\| = 2A$. Weil die Endtransistoren beim B-Betrieb praktisch im Impulsbetrieb arbeiten (Schalter), darf der Spitzenstrom $\|I_{CM}\|$ größer sein als der maximale Dauerstrom $\|I_{Cmax}\| = 1,5A$. Aus Bild 146 kann die Restspannung $\|U_{CErest}\| = \|U_{CEsat}\|$ abgelesen werden. Bei der Temperatur $\vartheta_U = 25°C$ und $\|I_C\| = \hat{i}_{cm} = 1,79A$ liest man ab: $\|U_{CErest}\| \approx 0,8V$.

Mit dem aus Bild 141 ablesbaren Zusammenhang

$$R_{gr} = \frac{\|U_{CErest}\|}{\hat{i}_{cm}} \tag{698}$$

haben die vorgegebenen Transistoren den Grenzwiderstand $R_{gr} = 0,8V/1,79A = 0,45\Omega$.

Die Maschengleichung für die Masche CEDC in Bild 135a) lautet im Zeitpunkt $t = t_1$:

$$U_{CErest3} + U_{C2} + u_{Lm} = 0$$

Hieraus findet man mit $U_{CErest3} < 0$; $u_{Lm} = i_{Lm}R_L < 0$ (Bild 136); $U_B > 0$ und $U_{C2} \overset{(647)}{=} U_B/2$ die Beziehung

$$U_B = 2(\hat{i}_{cm}R_L + |U_{CErest}|) \tag{699}$$

$$U_B = 2(1,79A \cdot 5\Omega + 0,8V) = 19,50V < |U_{CEOmax}| = 45V.$$

b) Mittelwert des Kollektorstromes $|\overline{I}_{cm}| \overset{(676)}{=} 1,79A/\pi = 0,57A$.

Gleichleistung der Batterie (für beide Transistoren) $\tilde{P}_{\ominus m} \overset{(683)}{=} |\overline{I}_{cm}||U_B| = 11,12W$.

c) $r_{lw} = 11,11 R_{gr}$; $r_{lw} \gg R_{gr}$. Verlustleistung eines Transistors $P_{totmax} \overset{(689)}{=} \hat{i}_{cm}|U_B|/(2\pi^2) = 1,77W$.

d) Wirkungsgrad:

$\eta_m \overset{(679)}{=} P_{Lm}/\tilde{P}_{\ominus m} = 8W/11,12W = 0,72 = 72\%$

e) Mit [1] Gl.(71) und Gl.(63) folgt $R_{thGU} \leq (\vartheta_{Jmax} - P_{tot}R_{thJG} - \vartheta_{Umax})/P_{tot} = (150°C - 1,77W \cdot 8,4°C/W - 60°C)/1,77W = 42,45°C/W$.

f) Ausgangsspannung: $\hat{u}_{Lm} \overset{(671)}{=} \hat{i}_{cm}r_{lw} = 8,95V$.

Beispiel 75:

In Bild 147 ist ein Datenblattauszug eines komplementären Transistorpaares AD.../AD... wiedergegeben. Die Grenzdaten sollen in einer Gegentakt-B-Endstufe nach Bild 134 möglichst voll ausgenutzt werden.

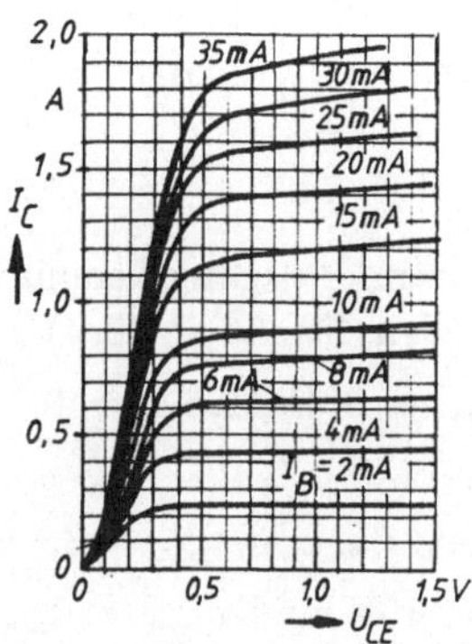

Bild 147   Datenblattauszug für ein komplementäres Transistorpaar
(Germanium)

<u>Grenzdaten:</u>

Kollektor-Emitter-Spannung	$|U_{CEO}| = 20V$
Kollektorstrom	$|I_C| = 3A$
Sperrschichttemperatur	$\vartheta_J = 90°C$
Gesamtverlustleistung	$P_{tot} = 4W$
Wärmewiderstand	$R_{thJG} \leq 4,5\frac{K}{W}$

Wie groß ist

a) die Lautsprecherimpedanz (4; 5; 8 oder 16Ω) zu wählen?

b) der Spitzenstrom $\hat{i}_{cm}$?

c) die Speisespannung U_B?

d) die Amplitude $\hat{u}_{Lm}$ der Ausgangsspannung?

c) die Ausgangsleistung P_{Lm} der Endstufe?

f) die Verlustleistung eines Transistors?

g) die gesamte Gleichleistung der Batterie?

h) der Wirkungsgrad η_m?

178

i) der erforderliche Wärmewiderstand R_{thGU} bei $\vartheta_{Umax} = 45°C$?

k) der Kondensator C_2 für $f_{u(3dB)} = 30Hz$?

Lösung:

Die Grenzgerade R_{gr} geht im Ausgangskennlinienfeld durch den Ursprung und etwa durch den Punkt P $(0,4V; 1,6A)$. Daraus folgt der Grenzwiderstand $R_{gr} \approx 0,4V/1,6A = 0,25\Omega$ und $|U_{CErest}| \overset{(698)}{=} 3A \cdot 0,25\Omega = 0,75V$.

Volle Ausnutzung bedeutet: $\hat{i}_{cm} = |I_{Cmax}| = 3A$ und $U_B = |U_{CEOmax}| = 20V$. Dann ist $|U_{CE}^A| \overset{(646)}{=} 10V$ und $\hat{u}_{cem} = \hat{u}_{Lm} \overset{(669)}{=} 10V - 0,75V = 9,25V$.

a) Zu diesen Maximalamplituden $\hat{u}_{cem}$ und $\hat{i}_{cm}$ gehört der Lastwiderstand $r_{lw} = 9,25V/3A = 3,08\Omega$.
Gewählt wird ein 4Ω-Lautsprecher.

b) Spitzenstrom: $\hat{i}_{Lm} \approx \hat{i}_{cm} \overset{(672)}{=} 10V/(4\Omega + 0,25\Omega) = 2,35A$.

c) Speisespannung: $U_B = |U_{CEOmax}| = 20V$.

d) Ausgangsspannung: $\hat{u}_{Lm} = \hat{u}_{cem} \overset{(673)}{=} 10V \cdot 4\Omega/4,25\Omega = 9,41V$.

e) Ausgangsleistung: $P_{Lm} = \hat{u}_{Lm}\hat{i}_{Lm}/2 = 11,06W$.

f) Verlustleistung: Da $r_{lw} \gg R_{gr}$ gilt $P_{tot} \overset{(689)}{=} 2,53W$ bzw. $2,38W$.

g) Batterieleistung: $\tilde{P}_{\ominus m} \overset{(683)}{=} 2,35A \cdot 20V/\pi = 14,96W$

h) Wirkungsgrad: $\eta_m \overset{(679)}{=} 11,06W/14,96W = 0,74 = 74\%$.

i) Wärmewiderstand analog Beisp.74e):
$R_{thGU} \leq (90°C - 2,38W \cdot 4,5°C/W - 45°C)/2,38W = 14,4°C/W$.

k) Kondensator: $C_2 \overset{(695)}{=} 1/(2\pi \cdot 30Hz \cdot 4\Omega) = 1326\mu F$; gewählt wird $C_2 = 1500\mu F$.

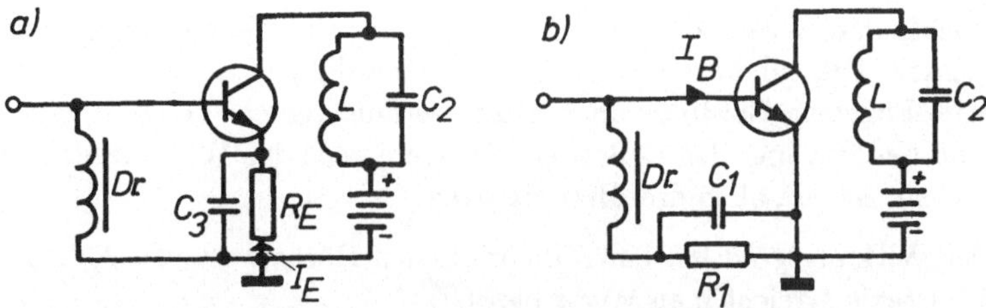

Bild 148 Vorspannungseinstellung beim C-Betrieb
a) automatische Vorspannung
b) äußerer Basiswiderstand R_1

5.7 C-Betrieb/Sendeverstärker

Die Vorspannung U_{BE}^A hat beim C-Betrieb solche Werte, daß der Arbeitspunkt auf der dynamischen Kennlinie $I_C = f(U_{BE})$ links von der Schleusenspannung U_S liegt (Bild 123c). Ohne Aussteuerung des Transistors fließen nur die Transistorrestströme, so daß in diesem Fall (Standby-Betrieb) praktisch kein Strom verbraucht wird und die thermische Stabilität unkritisch ist. Durch die extreme Arbeitspunktlage - sie entspricht nicht mehr dem in [1] Abschn.1 definierten normalen Betrieb - ist der Teil der Steuerperiode, während dem ein Kollektorstrom fließt, kleiner als π (Bild 123c), d.h. der Stromflußwinkel θ ist kleiner als $90°C$.

Seine Größe hängt von der Vorspannung U_{BE}^A ab, Gl.(594). Der Kollektorstrom $i_c(t)$ ist so stark verzerrt, daß ein Gegentaktbetrieb unmöglich wird. Um in diesem Fall zu einem unverzerrten Ausgangssignal zu kommen, besteht nur die Möglichkeit, aus dem Frequenzgemisch des Kollektorstromes mit einem Filter die Grundwelle oder eine bestimmte Oberwelle (Frequenzvervielfacher) herauszusieben. In den Schaltungsbeispielen nach Bild 148 bestehen diese Selektionsmittel jeweils aus einem einfachen Parallelresonanzkreis.

Der Lastwiderstand bei Verstärkern im C-Betrieb muß also stets selektiv und schmalbandig sein. Es handelt sich daher hauptsächlich um Hochfrequenz-Verstärker, die vorwiegend nur eine Frequenz verarbeiten müssen. Dies sind die sog. *Sendeverstärker*, die z.B. in Seefunkgeräten, beim Flugzeug-Bordfunk oder im zivilen Funkverkehr benötigt werden. Man benützt hier den C-Betrieb vor allem, weil der Wirkungsgrad der höchste ist von allen drei Betriebsarten.

Der Wirkungsgrad hat einen theoretischen Höchstwert von $89,7\%$. In der Praxis erreicht man Werte bis 85%.

Ein weiterer Vorteil des C-Betriebes ist die einfache Schaltungsauslegung, weil eine aufwendige Arbeitspunktstabilisierung entfällt, die Kollektor- Verlustleistung sehr gering ist und ohne Aussteuerung praktisch kein Strom verbraucht wird. Außerdem benötigt man keine Gegentaktanordnung.

Die Verstärkung ist im C-Betrieb zwar geringer als im A- und B-Betrieb, sie ist aber immer noch völlig ausreichend. In Bild 148 sind zwei einfache Methoden gezeigt, wie man die erforderliche Vorspannung U_{BE}^A gewinnen kann.

Automatische Vorspannung

Bei der in Bild 148a) gezeigten Schaltungsvariante entsteht am Emitterwiderstand R_E automatisch eine Sperrspannung U_{BE}. Dies kann man sich wie folgt klar machen:

Bei Vernachlässigung des Gleichstromwiderstandes der Drossel Dr. ist $U_{BE} \approx I_E R_E$. Da die Ruheströme im Reststrombereich liegen, wird zur Erklärung der Zusammenhänge das Bild 77 aus [1] herangezogen.

Der Emitterwiderstand R_E kann nur zwischen den Extremwerten Null und Unendlich variiert werden. Für $R_E = 0$ ist $U_{BE} = 0$ und für $R_E = \infty$ ist $I_E = 0$. Die Vorspannung U_{BE}^A liegt also nach [1] Bild 77 im Bereich

$$U_{BE2} \leq U_{BE}^A \leq 0.$$

In diesem U_{BE}-Intervall ist bei einem NPN-Transistor der Emitterstrom negativ, d.h. die Vorspannung $U_{BE}^A \approx I_E R_E$ ist ebenfalls negativ und die Basis-Emitter-Strecke ist automatisch in Sperrichtung gepolt.

Zur Vermeidung einer Wechselstrom-Gegenkopplung muß der Emitterwiderstand kapazitiv überbrückt werden, sonst geht die Verstärkung der Stufe stark zurück. In der Praxis können hierbei Schwierigkeiten auftreten, weil bei den i.a. hohen Betriebsfrequenzen die Zuleitungsinduktivitäten vom Transistor und vom Kondensator eine Rolle spielen, [2] Bild 16b). Man schaltet daher meistens mehrere Kondensatoren parallel. Hierdurch läßt sich der Einfluß der Zuleitungsinduktivitäten reduzieren, [2] Beisp.30). Eine andere Methode, die außerordentlich wirkungsvoll ist, besteht darin, daß die Induktivität der Zuleitungsdrähte mit der Überbrückungskapazität bei der Betriebsfrequenz in Serienresonanz gebracht wird. Die Bandbreite der Verstärkerstufe kann hierdurch allerdings verringert werden, weil die Zuleitungsinduktivitäten nur bei der Resonanzfrequenz weggestimmt werden.

Es wurde bereits erwähnt, daß man besonders bei Silizium-Transistoren infolge ihrer großen Schleusenspannung U_S den C-Betrieb auch noch mit einer Flußspannung im Bereich $0 \leq U_{BE}^A < U_S$ einstellen kann. Eine hierfür häufig verwendete Schaltungsart ist in Bild 148b) gezeichnet. Wie in [1] Abschn.9 bereits erklärt wurde, erzeugt der Basisstrom I_B am äußeren Basiswiderstand R_1 einen Spannungsabfall, der im Bereich $0 \leq U_{BE}^A \leq U_{BE1}$ liegt, [1] Bild 77. Bei einem NPN-Transistor ist in diesem Vorspannungsintervall der Basisstrom I_B negativ; die sich ergebende Vorspannung $U_{BE} = -I_B R_1$ ist daher positiv und die Basis-Emitter-Strecke ist noch schwach in Durchlaßrichtung gepolt. Da der Widerstand R_1 zwischen Basis und Emitter die Kollektor-Emitter-Durchbruchspannung U_{CER} beeinflußt, [1] Bild 100, muß seine Größe sorgfältig ausgewählt werden.

Die Drosselspulen Dr. in Bild 148 lassen sich leicht mit einer sog. Dämpfungsperle aus dem Kernmaterial "Ferroxcube"(z.B. FXB 3 B), durch die die Spulendrähte geführt werden, realisieren.

Die rechnerische Behandlung eines Transistor-Leistungsverstärkers im C-Betrieb ist nicht einfach. Das liegt hauptsächlich daran, daß die nichtlineare dynamische Steuerkennlinie des Transistors im Aussteuerungsbereich (Großsignalbetrieb) um den Arbeitspunkt herum mathematisch nicht in geschlossener Form angegeben werden kann. Die Kennlinie ist z.B. weder eine reine Exponentialfunktion noch ein exakter

Parabelbogen. Obwohl diese Tatsache auch beim A- und B-Betrieb vorliegt, konnten wir die Eigenschaften dieser beiden Verstärkerarten relativ einfach berechnen, weil die idealisierte Betrachtung der Aussteuerungsverhältnisse (Bild 125 und Bild 136) dort noch auf sinusförmige Ausgangsgrößen $i_c(t)$ und $u_{ce}(t)$ führt. Beim C-Betrieb ist dies nicht mehr der Fall. Der Kollektorstromverlauf ist impulsförmig (Bild 123c) und in seiner Form stark vom Stromflußwinkel θ abhängig.

Um hier zu einer quantitativen Analyse zu kommen, muß man die Steuerkennlinie durch eine in geschlossener Form angebbare mathematische Funktionsgleichung annähern. Üblicherweise wird eine Knickkennlinie, ein spezieller Parabelbogen oder eine Exponentialkennlinie vorausgesetzt. Setzt man dann noch eine sinusförmige Aussteuerung voraus, so kann der impulsförmige Kollektorstromverlauf durch eine Fourier-Reihe dargestellt werden. Daraus lassen sich die Amplituden der einzelnen Frequenzkomponenten des Kollektorstromes entnehmen. Weil diese Amplituden stark vom Stromflußwinkel θ abhängen, werden sie üblicherweise durch die sog. *Stromflußwinkelfunktionen* $f_k(\theta)$ dargestellt. Auf diese Art gelangt man schließlich auch zu mathematischen Ausdrücken, die die Ausgangsleistung und den Wirkungsgrad des C-Verstärkers als Funktionen des Stromflußwinkels angeben.

Der beschriebene Rechengang kann hier aus Platzgründen nicht wiedergegeben werden. Es wird deshalb auf die Literatur verwiesen: [14], [17], [18].

5.8 Verzerrungen und Klirrfaktor

Weil die Transistorkennlinien nichtlinear sind, wird bei einer Großsignalaussteuerung der zeitliche Verlauf des Ausgangssignals gegenüber dem des Eingangssignals verzerrt. Man spricht hierbei von *nichtlinearen Verzerrungen*. Durch sie enthält das Ausgangssignal bei sinusförmiger Aussteuerung des Transistors (mit einer Frequenz) neue Frequenzen. Der Transistor fügt dem Nutzsignal also Störsignale anderer Frequenzen hinzu. Das Auftreten dieser sog. *Oberwellen* (Oberschwingungen oder *Harmonischen*) ist bei der Verstärkung großer Signale unerwünscht.

Als Maß für die nichtlinearen Verzerrungen eines periodischen Stromes

$i(t)$ dient der *Klirrfaktor k*. Damit aus ihm der Anteil der neu entstandenen Oberwellen (Oberwellengehalt) an dem verzerrten Gesamtsignal hervorgeht, wurde er wie folgt definiert:

$$k = \frac{\text{Effektivwert aller Oberschwingungen}}{\text{Effektivwert der gesamten Schwingung}} \qquad (700)$$

Das nicht sinusförmiger Ausgangssignal kann man bekanntlich mit der sog. *Fourier-Analyse* [17], stets als Summe von einzelnen sinusförmigen Teilschwingungen darstellen, deren Amplituden und Anfangsphasen i.a. verschieden und deren Frequenzen ganzzahlige Vielfache der *Grundwelle* sind. Die Grundwelle hat die tiefste Frequenz, die mit der Frequenz des sinusförmigen Steuersignals am Eingang übereinstimmt. Im allgemeinen kommt dazu noch ein konstantes Glied, das sog. *Gleichstromglied*.

Zur Bezeichnungsweise:

Mit dem Ausdruck *Harmonische* lassen sich alle Teilschwingungen erfassen. Die Grundwelle mit der Frequenz ω ist die 1. Harmonische. Es folgen dann die 2. Harmonische mit der Frequenz 2ω, die 3. Harmonische mit der Frequenz 3ω usw. (höhere Harmonische).

Der ebenfalls übliche Begriff "Oberwelle" wird nicht einheitlich verwendet. Sinnvoll ist, die 2. Harmonische als 1. Oberwelle, die 3. Harmonische als 2. Oberwelle, also allgemein die n-te Harmonische als (n-1)-te Oberwelle zu bezeichnen. Weil diese Bezifferung aber nicht einheitlich eingehalten wird, ist bei Zahlenangaben der Ausdruck "Harmonische" vorzuziehen.

Im folgenden bezeichnet das Symbol $i_{n\omega}$ den Effektivwert der n-ten Harmonischen.

Durch das Einführen eines *Klirrfaktors p-ter Ordnung*

$$k_p = \frac{\hat{i}_{p\omega}}{\sqrt{\hat{i}_\omega^2 + \hat{i}_{2\omega}^2 + \hat{i}_{3\omega}^2 + \ldots}} = \frac{\hat{i}_{p\omega}}{\sqrt{\sum_{n=1}^{\infty} \hat{i}_{n\omega}^2}} \qquad (701)$$

kann der Einfluß der p-ten Harmonischen dargestellt werden, weil sich der gesamte Klirrfaktor k aus den Klirrfaktoren k_p zusammensetzt:

$$k = \sqrt{k_2^2 + k_3^2 + \ldots} = \sqrt{\sum_{p=2}^{\infty} k_p^2} \qquad (702)$$

Zur Messung des Klirrfaktors k einer verzerrten Signalgröße stehen sog. *Klirrfaktormeßbrücken* zur Verfügung, die den Klirrfaktor direkt anzeigen.

Der Klirrfaktor wird in Prozent angegeben.

Das Ausmaß der Verzerrungen, d.h. die Größe des Klirrfaktors hängt davon ab, wie stark die Kennlinien gekrümmt sind (Transistortyp). Da die Transistorkennlinien mehr oder weniger lineare Bereiche aufweisen, hat auch die Arbeitspunktlage einen entscheidenden Einfluß. Schließlich hängt der Klirrfaktor noch von der Amplitude des Steuersignals und vom Innenwiderstand der Steuerquelle ab. Für alle diese Einflußgrößen läßt sich keine allgemein gültige Empfehlung zu ihrer Dimensionierung geben, weil sich die Forderungen vielfach widersprechen. Man muß in diesem Zusammenhang also stets einen Kompromiß schließen. Hierbei ist die Kenntnis der nachfolgend behandelten grundlegenden Zusammenhänge sehr nützlich.

Aufgrund der nichtlinearen Eingangskennlinie des Transistors [1] Bild 28, kann nur eine der beiden Eingangsgrößen $u_{be}(t)$ oder $i_b(t)$ sinusförmig verlaufen, während die andere zwangsläufig nicht sinusförmig ist. Man unterscheidet daher zwei Grenzfälle: Die Spannungs- und die Stromsteuerung, [1] Abschn.7.

Spannungssteuerung $r_{iw} \ll r_1$

Bei der Spannungssteuerung ist der Innenwiderstand r_{iw} der Steuerquelle sehr klein gegenüber dem Eingangswiderstand r_1 des Transistors, [2] Bild 7. Weil der Spannungsabfall am Innenwiderstand vernachlässigbar ist, liegt an der Steuerstrecke des Transistors praktisch die ganze sinusförmige Leerlaufspannung u_g des Steuergenerators. Für eine Emitter-Schaltung gilt dann $u_{be}(t) = u_g(t) = \hat{u}_g \sin \omega t$. Es wird also in diesem Fall eine sinusförmige Eingangsspannung erzwun-

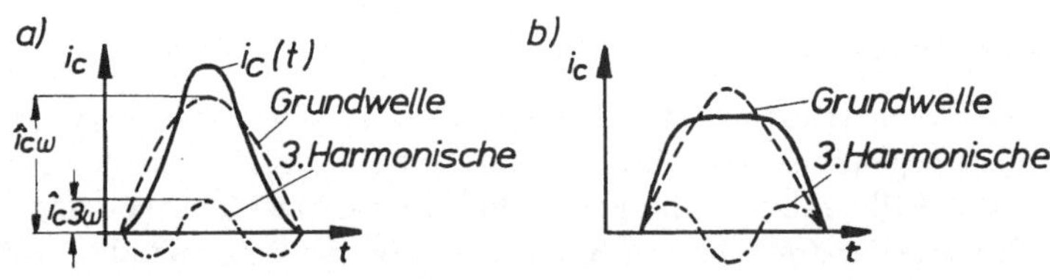

Bild 149   Verzerrungen im B-Betrieb bei
a) Spannungs-,
b) Stromsteuerung mit großen Steuersignalen

gen (Spannungseinprägung). Die Verzerrungen der Ausgangsspannung $u_{ce}(t) = -r_{lw}i_c(t)$ entsprechen bei einem reellen Lastwiderstand r_{lw} dann den Verzerrungen des Kollektorstromes $i_c(t)$, die durch die nichtlineare dynamische Spannungs-Steuerkennlinie zustande kommen, [1] Bild 58. Die Steilheit dieser Kennlinie ist nicht konstant, dadurch werden bei Gegentakt-Endstufen ungeradzahlige Harmonische hervorgerufen. Das Gegentaktprinzip bedingt die Auslöschung der geradzahligen Harmonischen, sofern beide Endtransistoren genau gleiche Eigenschaften haben, [17] S.55.

Da z.B. beim B-Betrieb der Ruhestrom I_C^A praktisch gleich Null ist, nimmt nach [1] Gl.(35) die Transistorsteilheit S mit wachsendem Augenblickswert des Kollektorstromes $i_C(t)$ linear zu. Bei sinusförmiger Spannung $u_{be}(t)$ entsteht dadurch eine Überspitzung des Ausgangsstromes $i_c(t) \approx Su_{be}(t)$; der Strom $i_c(t)$ nimmt stärker als linear mit der Spannung $u_{be}(t)$ zu, Bild 149a).

Wenn man in der Wahl des Arbeitspunktes (beim A-Betrieb) noch frei ist, empfiehlt es sich, bei Spannungssteuerung den Ruhestrom I_C^A relativ groß zu wählen. Der Arbeitspunkt liegt dann in der Nähe des Wendepunktes der Steuerkennlinie (z.B. [1] Bild 58a) Punkt 2') und die Verzerrungen des Kollektorstromes sind am kleinsten, weil dort die Kennlinie ziemlich linear verläuft. Es muß allerdings bedacht werden, daß bei großen Ruheströmen der Eingangswiderstand r_{1e} stark abnimmt, [1] Bild 41. Hierdurch kann sich die Realisierung einer Spannungssteuerung erschweren.

<u>Stromsteuerung $r_{iw} \gg r_1$</u>

Bei der Stromsteuerung ist der Innenwiderstand r_{iw} der Steuerquelle sehr groß gegenüber dem Eingangswiderstand r_1 des Transistors. Weil in diesem Fall praktisch die ganze sinusförmige Leerlaufspannung u_g des Steuergenerators an seinem Innenwiderstand r_{iw} abfällt, wird ein sinusförmiger Steuerstrom - bei der Emitter-Schaltung $i_b(t) \approx (\hat{u}_g/r_{iw})\sin\omega t$ - am Transistoreingang erzwungen (Stromeinprägung). Die Verzerrungen des Kollektorstromes $i_c(t)$ sind bei Stromsteuerung demnach durch die Nichtlinearität der dynamischen Strom-Steuerkennlinie gegeben. Diese erhält man entsprechend [1] Bild 58 aus dem Ausgangskennlinienfeld mit I_B als Parameter. Ihre Form entspricht für nicht zu große Lastwiderstände r_{lw} weitgehend der statischen Strom-Steuerkennlinie, [1] Bild 25. In der Nähe des Nullpunktes ist sie aufwärts gekrümmt und durchläuft schon bei kleinen Kollektorströmen $|I_C|$ einen Wendepunkt, von dem ab die Kennlinie bei größeren Strömen $|I_C|$ abwärts gekrümmt verläuft. Aufgrund dieser Kennlinienform nimmt die Stromverstärkung B des Transistors bei sehr kleinen Strömen zunächst mit wachsendem Strom zu, erreicht dann ein mehr oder weniger ausgeprägtes Maximum und nimmt bei weiter zunehmendem Strom schließlich wieder ab, [1] Bild 46. Weil die Stromverstärkung β nicht konstant ist, werden ungeradzahlige Harmonische hervorgerufen.

Im B-Betrieb z.B. bei dem der Kollektorstrom praktisch vom Wert Null an ausgesteuert wird, nimmt mit wachsendem Augenblickswert des Stromes $i_C(t)$ die Stromverstärkung β zu. Bei kleiner Aussteuerung steigt daher der Kollektorstrom $i_c(t) \approx \beta i_b(t)$ schneller an als es dem sinusförmigen Verlauf des Steuerstromes $i_b(t)$ entspricht. Es ergibt sich dann ebenfalls eine Überspitzung des Ausgangssignals, Bild 149a).

Bei großen Steuersignalen nimmt die Stromverstärkung infolge großer Augenblickswerte $i_C(t)$ mit zunehmender Aussteuerung dagegen ab. Der Kollektorstrom $i_c(t) \approx \beta i_b(t)$ wächst dann weniger als linear mit dem sinusförmigen Basisstrom $i_b(t)$. Es entsteht dadurch ein abgeflachter Verlauf des Kollektorstromes, der verglichen mit der Überspitzung bei Spannungssteuerung die 3. Harmonische in entgegengesetzter Phasenlage enthält, Bild 149b).

Weil der Eingangswiderstand r_{1e} des Transistors für kleine Kollektorströme groß und für große Kollektorströme klein ist, [1] Bild 41, hat
man in der Praxis bei vorgegebenem Innenwiderstand r_{iw} (z.B. Ausgangswiderstand der Treiberstufe) weder reine Spannungs- noch reine
Stromsteuerung. Für $I_C^A \approx 0$ besteht daher im B-Betrieb bei kleiner Aussteuerung meistens eine Spannungssteuerung und bei großer
Aussteuerung eine Stromsteuerung.

Günstiger ist jedoch - wie bereits erwähnt - wenn ein hinreichend großer
Ruhestrom I_C^A eingestellt wird (AB-Betrieb). Dann liegt der Arbeitspunkt unten in der Nähe des Wendepunktes der Strom- Steuerkennlinie.
Da bei modernen Silizium-Planar-Transistoren diese Kennlinie oberhalb des Wendepunktes weitgehend linear verläuft (konstante Stromverstärkung), [1] Bild 26, ist für kleine Signale eine Stromsteuerung
anzustreben. Für große Aussteuerungen hat man aber immer noch
den abflachenden Einfluß des Stromverstärkungsabfalles, Bild 149b).
Dieser Einfluß ließe sich aber durch einen kleineren Innenwiderstand
r_{iw} reduzieren, weil man damit in die Richtung einer Spannungssteuerung übergeht und die dann einsetzende Überspitzung (Bild 149a) die
genannte Abflachung gerade aufheben kann (gegenphasige 3. Harmonische). Um die Verzerrungen gering zu halten, muß also der Innenwiderstand r_{iw} für kleine Signale groß und für große Signale klein sein.
Diese entgegengesetzten Forderungen an den Innenwiderstand r_{iw} der
Treiberstufe zwingen in der Praxis zu einem Kompromiß. Man hält
die Verzerrungen durch geeignete Wahl des Ruhestromes sowie durch
eine ausreichend große Treiber-Ausgangsimpedanz r_{iw} bei kleinen Aussteuerungen gering und verhindert die Vergrößerung des Klirrfaktors
bei großen Aussteuerungen durch eine entsprechend ausgelegte Gegenkopplung.

Bei hohen Anforderungen an den Klirrfaktor muß auch beim Kleinsi-
gnalverstärker auf den Innenwiderstand r_{iw} des Steuergenerators geachtet werden. Die in Bild 150 angegebenen Meßkurven zeigen, daß
der Klirrfaktor bei Spannungssteuerung (Bild 150a) proportional mit
der Eingangsspannung $\hat{u}_{be}$ ansteigt und bei konstanter Aussteuerung
der Klirrfaktor durch eine Stromsteuerung klein gehalten werden kann
(Bild 150b).

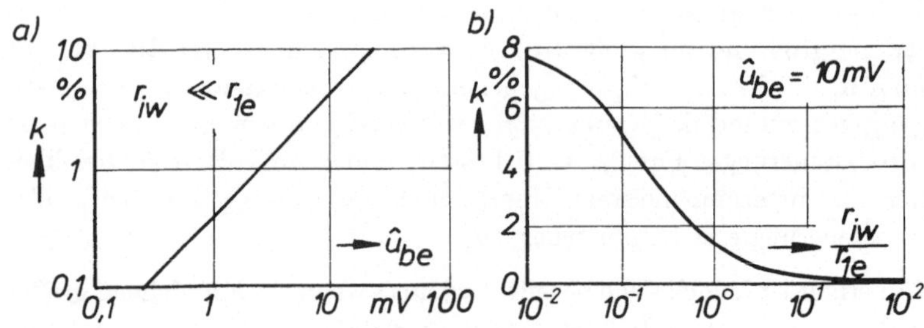

Bild 150   Klirrfaktor bei kleiner Aussteuerung
a) Spannungssteuerung   b) $\hat{u}_{be} = konst$

Dieses Meßergebnis bestätigt unsere obige Feststellung, daß auch für den Großsignalverstärker die Stromsteuerung günstig ist, wenn dieser mit kleiner Aussteuerung betrieben wird.

Die entgegengesetzte Krümmung der Spannungs- und Stromsteuerkennlinien, [1] Bild 24 und 25, kann auch beim Großsignal-A-Betrieb vorteilhaft genutzt werden: Man wählt den Ruhestrom I_C^A so, daß er auf der Spannungs-Steuerkennlinie unterhalb und auf der Strom-Steuerkennlinie oberhalb des Wendepunktes zu liegen kommt. Bei einer großen konstanten Aussteuerung mit variablem Innenwiderstand r_{iw} des Steuergenerators zeigt der Klirrfaktor dann den in Bild 151 angegebenen Verlauf.

Bei kleinen r_{iw}-Werten (Spannungssteuerung) machen sich die Nichtlinearitäten der Spannungs-Steuerkennlinie stark bemerkbar. Der Klirrfaktor hat infolge der beschriebenen Überspitzung große Werte. Bei großem r_{iw}-Wert (Stromsteuerung) ist die Nichtlinearität der Strom-Steuerkennlinie maßgebend. Die beschriebene Abflachung führt wiederum zu einem großen Klirrfaktor. Dazwischen gibt es bei einem bestimmten Innenwiderstand r_{iw} ein ausgeprägtes Minimum für den Klirrfaktor. Bei diesem Betriebsfall zwischen Spannungs- und Stromsteuerung tritt zu einem großen Teil eine Kompensation der Verzerrungen durch die entgegengesetzte Krümmung der beiden Steuerkennlinien

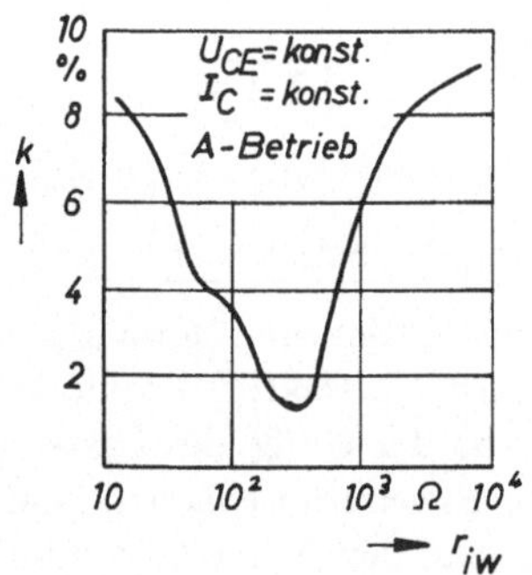

Bild 151   Klirrfaktor bei großer Aussteuerung

auf. Der günstige Wert für r_{iw} liegt oft in der Nähe der Leistungsanpassung, er ist abhängig vom Transistortyp und vom Arbeitspunkt.

Aus den Meßkurven in den Bildern 150 und 151 geht auch die Größenordnung des Klirrfaktors hervor.

Durch Gegenkopplung läßt sich der Klirrfaktor beliebig verringern.

Heute verlangt man bei Sprach- und Musikübertragung Klirrfaktoren kleiner als $0,5\%$.

Wesentliche höhere Forderungen sind jedoch an die Zwischenverstärker bei Kabel-Weitverkehrssystemen (Telefonnetz) zu stellen. Hier liegen viele Zwischenverstärker (z.B. mehrere Hundert) in etwa konstanten Abständen im Zuge der Nachrichtenstrecke hintereinander. Weil sich bei der Kettenschaltung von Verstärkern ihre Klirrfaktoren näherungsweise addieren, werden hier Klirrfaktoren von 10^{-4} bis 10^{-5} für den Einzelverstärker gefordert. Diese hohe Linearität kann natürlich nur durch eine starke Gegenkopplung erreicht werden.

Der Klirrfaktor k geht etwa im selben Ausmaß zurück, wie die Verstärkung durch Gegenkopplung abnimmt. Für die in [2] Abschn.4.6.1 behandelte Strom- Spannungs-Gegenkopplung durch den Emitterwiderstand gilt mit [2] Gl.(188) z.B.

$$k' \approx \frac{k}{1 + k_{iu}v_{ue}} \qquad (703)$$

k'   Klirrfaktor mit Gegenkopplung.

Graphische Bestimmung des Klirrfaktors

Mit dem nachstehend beschriebenen Verfahren läßt sich besonders bei Leistungsverstärkern der Klirrfaktor als Funktion der Aussteuerung und in Abhängigkeit von der Größe des Lastwiderstandes r_{lw} auf graphischem Weg näherungsweise abschätzen. Bei der Spannungs- bzw. Stromsteuerung kann man den Klirrfaktor unmittelbar aus dem Ausgangskennlinienfeld mit U_{BE} bzw. I_B als Parameter oder aus der dynamischen Spannungs- bzw. Stromsteuerkennlinie grob bestimmen. Für die Fälle zwischen Strom- und Spannungssteuerung ist die Methode schwieriger, weil man sich zuerst die verzerrten Eingangssignalgrößen $u_{be}(t)$ und $i_b(t)$ konstruieren muß, [12] S.1010.

In Bild 152 ist ein Beispiel für einen Leistungstransistor BD ... mit Stromsteuerung angegeben. Der Arbeitspunkt ist $I_C^A = 0,5A$; $U_{CE}^A = 16V$; $I_B^A = 6mA$. Ferner wurde ein Lastwiderstand von $r_{lw} = 4\Omega$ und eine Aussteueramplitude von $\hat{i}_b = 4mA$ angenommen. Die zugehörige dynamische Strom- Steuerkennlinie ist entsprechend den Angaben in [1] Abschn.7 konstruiert und in Bild 152a) gezeichnet. Die zu den Scheitelwerten des Basisstromes i_b gehörenden Kollektorströme sind mit a_1 bzw. a_5 und die zu den halben Maximalwerten des Basisstromes i_b gehörenden Kollektorströme mit a_2 bzw. a_4 bezeichnet. Der Kollektorruhestrom erhielt die Bezeichnung $a_3 = I_C^A$. Mit den entsprechenden Abschnitten b_1 bis b_4 auf der I_C-Achse in Bild 152b) besteht der Zusammenhang

$$b_1 = a_5 - a_3; \; b_2 = a_4 - a_3; \; b_3 = a_3 - a_2; \; b_4 = a_3 - a_1$$

und es gilt für die Amplitude der *Grundwelle* des verzerrten Kollektorstromes

$$\hat{i}_{c\omega} = \frac{(a_4 + a_5) - (a_1 + a_2)}{3} = \frac{b_1 + b_2 + b_3 + b_4}{3} \qquad (704)$$

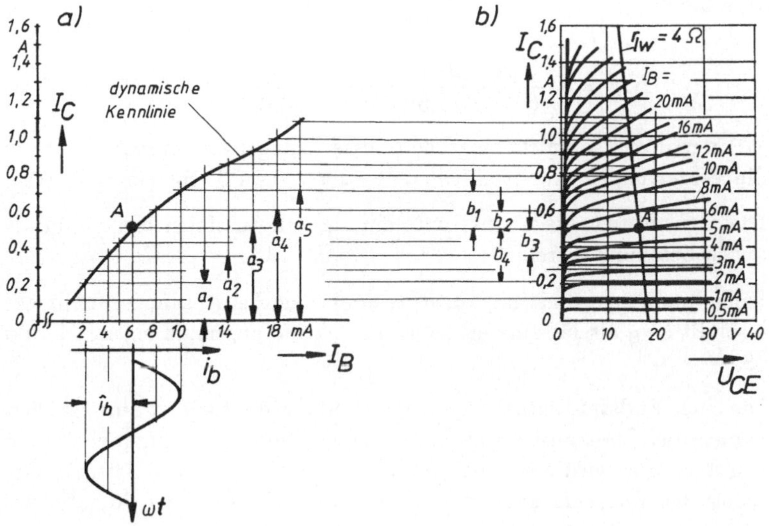

Bild 152   Graphische Bestimmung des Klirrfaktors bei Stromsteuerung

für die Amplitude der *2. Harmonischen*

$$\hat{\imath}_{c2\omega} = \frac{a_3}{2} - \frac{a_1 + a_5}{4} = \frac{b_4 - b_1}{4} \tag{705}$$

für die Amplitude der *3. Harmonischen*

$$\hat{\imath}_{c3\omega} = \frac{a_4 - a_2}{3} - \frac{a_5 - a_1}{6} = \frac{b_2 + b_3}{3} - \frac{b_1 + b_4}{6} \tag{706}$$

für die Amplitude der *4. Harmonischen*

$$\hat{\imath}_{c4\omega} = \frac{a_3}{2} + \frac{a_1 + a_5}{12} - \frac{a_2 + a_4}{3} = \frac{b_3 - b_2}{3} - \frac{b_4 - b_1}{12} \tag{707}$$

für den Betrag, um den sich bei dieser Aussteuerung infolge der in $i_c(t)$ enthaltenen *Gleichstromkomponente* der Kollektorruhestrom I_C^A

verschiebt

$$\Delta I_C^A = \frac{a_1 + a_5}{6} + \frac{a_2 + a_4}{3} - a_3 = \frac{b_1 - b_4}{6} + \frac{b_2 - b_3}{3} \qquad (708)$$

Wenn man sich auf nicht zu große Aussteuerungen beschränkt, bestehen die Verzerrungen im wesentlichen aus der 2. und 3. Harmonischen.

Die Abschnitte b_1 bis b_4 müssen für eine andere Aussteuerungsamplitude $\hat{i}_b$ neu bestimmt werden.

Falls Spannungssteuerung vorliegt, muß man das Ausgangskennlinienfeld mit U_{BE} als Parameter der Konstruktion zugrunde legen, [1] Bild 58.

Die einer Endstufe entnehmbare Wechselstromleistung ist umso größer, je mehr der Endtransistor ausgesteuert werden kann. Mit zunehmender Aussteuerung wird aber auch der Klirrfaktor größer. Die Ausgangsleistung der Endstufe kann daher nur unter gleichzeitiger Angabe des Klirrfaktors charakterisiert werden.

Beispiel 76:

Für das in Bild 152 gegebene Beispiel ist der Klirrfaktor k und die Arbeitspunktverschiebung ΔI_C^A zu ermitteln.

Lösung:

Aus Bild 152b) kann man ablesen

$b_1 = 200 mA; \ b_2 = 100 mA; \ b_3 = 150 mA; \ b_4 = 290 mA.$

Dann ist $\hat{i}_{c\omega} \overset{(704)}{=} 246,7 mA;$

$\hat{i}_{c2\omega} \overset{(705)}{=} 22.5 mA;$

$\hat{i}_{c3\omega} \overset{(706)}{=} 1,7 mA;$

$\hat{i}_{c4\omega} \overset{(707)}{=} 9,2 mA;$

$\Delta I^A{}_C \overset{(708)}{=} -31,7 mA;$

$k_2 \overset{(701)}{=} 9\%; \ k_2 \overset{(701)}{=} 0,7\%;$

$k_4 \overset{(701)}{=} 3,7\%; \ k \overset{(702)}{=} 9,8\%.$

Da ein reeller Lastwiderstand $r_{lw} = 4\Omega$ vorliegt, hat die Ausgangsspannung $u_{ce}(t) = -i_c(t)r_{lw}$ den gleichen Klirrfaktor wie der Kollektorstrom.

Beispiel 77:

Um wieviel verringern sich die Verzerrungen, wenn bei einem mehrstufigen Verstärker über alle Stufen hinweg mit $6dB$ gegengekoppelt wird (vergl.[2] Beisp.53c) ?

Lösung:

Nach [2] Beisp.53c) bedeuten $6dB$ Gegenkopplung über den ganzen Verstärker z.B. bei einer Strom-Spannungs-Gegenkopplung:

$$1 + k_{iu}v_{uges} \approx 2. \text{ Somit gilt } k'/k \overset{(703)}{\approx} 1/(1 + k_{iu}v_{uges}) \approx 1/2.$$

Die Verzerrungen gehen also auf die Hälfte zurück.

6 Feldeffekttransistoren

6.1 Ersatzschaltbilder des FET

Für viele Anwendungen im NF-Gebiet genügt die einfache Wechselstrom-Ersatzschaltung der häufig benutzten Source-Schaltung nach Bild 153.

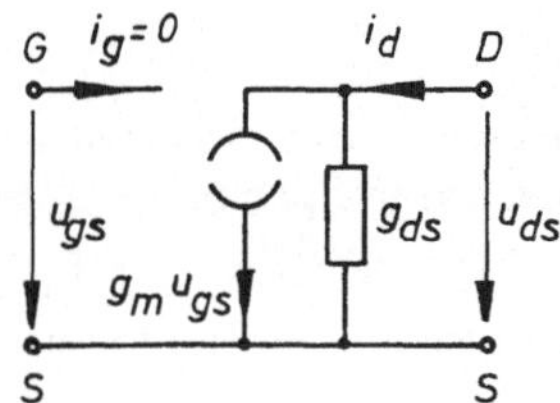

Bild 153   NF-Ersatzschaltbild der Source-Schaltung

Dem schwachen Anstieg des Drainstromes mit zunehmender Spannung U_{DS} im Abschnürbereich, [1] Bild 108b) ist im Ersatzschaltbild durch den *Drain-Source-Leitwert*

$$g_{ds} = \frac{1}{r_{ds}} = \lim_{\Delta \to 0} \left| \frac{\Delta I_D}{\Delta U_{DS}} \right|_{U_{GS}=konst} = \frac{\partial I_D}{\partial U_{DS}} \bigg|_{AP} \qquad (709)$$

Rechnung getragen (vergl.[1] Gl.(15)).

Der *Wechselstrom-Ausgangswiderstand* r_{2s} der Source- Schaltung kann analog zu (1) Bild 34 aus der Neigung der Ausgangskennlinie im Abschnürbereich ermittelt werden. Aus der Ersatzschaltung in Bild 153 läßt sich ablesen

$$r_{2s} = \frac{1}{g_{ds}} = r_{ds} \qquad (710)$$

Je nach Frequenz und Arbeitspunkt hat der Ausgangswiderstand r_{2s} Werte von einigen zehn bis hundert Kiloohm. In Bild 153 stellt die Größe g_m die Steilheit S nach [1] Gl.(114) dar.

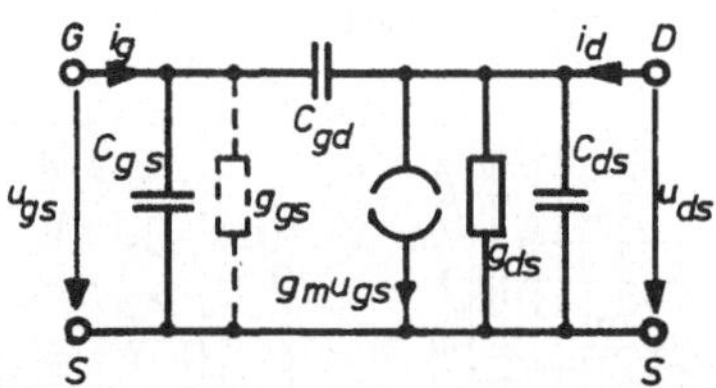

Bild 154   Ersatzschaltbild der Source-Schaltung für mittlere
Frequenzen

Beispiel 78:

Wie groß ist der NF-Ausgangswiderstand des MOS-FET aus [1] Bild
108 im Arbeitspunkt $U_{DS} = 14V$; $I_D = 13,7mA$?

Lösung:

$$r_{ds} = 6,1V/2,3mA = 2,7k\Omega; \quad g_{ds} = 377\mu S.$$

Bereits bei mittleren Frequenzen müssen die durch den technologischen
Aufbau eines FET bedingten Sperrschicht- und Streukapazitäten in der
Kleinsignal-Ersatzschaltung berücksichtigt werden, Bild 154. Es handelt sich um eine physikalische Ersatzschaltung, da sie in dem betrachteten Frequenzbereich dem physikalischen Aufbau eines FET entspricht.

Weil der statische Eingangswiderstand zwischen Gate und Source sehr
groß ist (10^{10} bis $10^{15}\Omega$) wird die Eingangsimpedanz der Source- Schaltung aufgrund der Gate-Source-Kapazität C_{gs} schon bei relativ niedrigen Frequenzen kapazitiv.

Der Leitwert g_{gs} ist bei mittleren Frequenzen wesentlich kleiner als der
Leitwert der parallel geschalteten Kapazität C_{gs} ($g_{gs} \ll \omega C_{gs}$). Man
kann ihn daher bis zu mittleren Frequenzen vernachlässigen. Bei Hochfrequenzanwendungen muß er berücksichtigt werden.

Es ist allgemein üblich, daß die Hersteller einen FET für Hochfre-
quenzanwendungen wie bei bipolaren Transistoren durch die y-
Parameter spezifizieren. Im HF-Gebiet verwendet man daher das
Vierpol- Ersatzschaltbild in Leitwertform, [2] Bild 28.

6.2 Vierpolparameter des FET

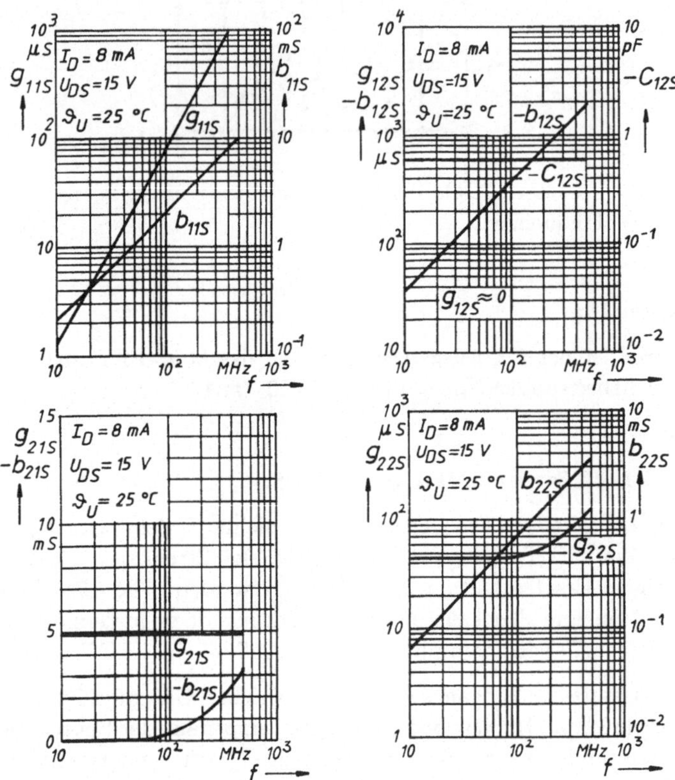

Bild 155 y-Parameter eines FET als Funktion der Frequenz

Das Bild 155 zeigt den typischen Frequenzgang der y-Parameter eines FET in Source-Schaltung.

Bemerkenswert ist, daß die Steilheit $S = g_m = g_{21s}$ in einem weiten Bereich von der Frequenz unabhängig ist. Man darf also beim FET auch im HF-Bereich mit dem NF-Wert der Steilheit rechnen. Die Steilheit des bipolaren Transistors hängt stärker von der Frequenz ab, [2] Bild 17c) und [2] Abschn.4.3.

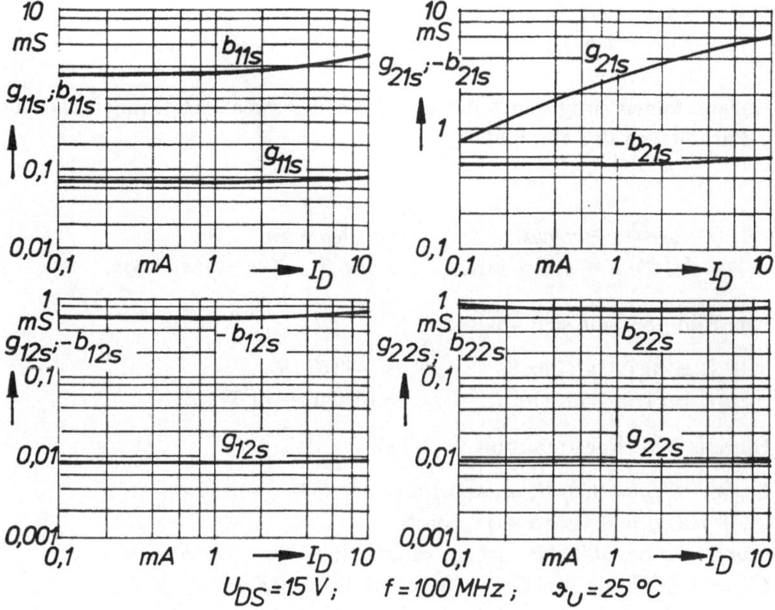

Bild 156   Stromabhängigkeit der y-Parameter

Abgesehen von der Steilheit g_{21s} und dem Imaginärteil b_{11s} der Eingangsadmittanz sind die y-Parameter praktisch unabhängig vom Drainstrom I_D, Bild 156.

Beispiel 79:

Für den in Bild 155 charakterisierten FET sind im Arbeitspunkt $U_{DS} = 15V$, $I_D = 8mA$ bei $f = 100MHz$ die Elemente der Ersatzschaltung aus Bild 154 zu bestimmen.

Lösung:

Die Leitwertparameter der Ersatzschaltung aus Bild 154 lauten:

$$y_{11s} = g_{gs} + j\omega(C_{gs} + C_{gd}); \quad y_{12s} = -j\omega C_{gd};$$
$$y_{21s} = g_m - j\omega C_{gd}; \qquad\qquad y_{22s} = g_{ds} + j\omega(C_{ds} + C_{gd}) \qquad (711)$$

Daraus folgen umgekehrt die Elemente der Ersatzschaltung aus den y-Parametern des Datenblattes:

$$j\omega C_{gd} = -y_{12s}; \qquad\qquad g_m = y_{21s} - y_{12s} \qquad (712)$$
$$g_{gs} + j\omega C_{gs} = y_{11s} + y_{12s}; \qquad g_{ds} + j\omega C_{ds} = y_{22s} + y_{12s}$$

Aus Bild 155 läßt sich ablesen:

$$y_{11s} = (0,08 + j2)mS; \qquad y_{12s} = -j370\mu S$$
$$y_{21s} = (4,9 - j0,4)mS; \qquad y_{22s} = (0,046 + j0,7)mS$$

Hieraus berechnet man mit Gl.(712):

$$C_{gd} \approx -C_{12s} = 0,6pF; \; g_m \approx 4,9mS;$$
$$g_{gs} + j\omega C_{gs} = 0,08mS + j1,63mS$$
(auch hier bei $100MHz$ ist $g_{gs} \ll \omega C_{gs}$); $g_{gs} = 0,08mS$;
$$C_{gs} = 2,6pF; \; g_{ds} + j\omega C_{ds} = (0,046 + j0,33)mS;$$
$$g_{ds} = 0,05mS \; (r_{ds} = 20k\Omega); \; C_{ds} = 0,5pF.$$

Beispiel 80:

Man zeichne für den in [1] Bild 114a) angegebenen NF-Verstärker (Bild 158a mit $R_{geg} = 0$) das Wechselstrom-Ersatzschaltbild und berechne seine Spannungsverstärkung v_{us} sowie den Wechselstrom-Eingangswiderstand R_{1s} und den Wechselstrom-Ausgangswiderstand r_{2s}. Es sind der FET und die Widerstandswerte aus [1] Beisp.36 zu verwenden ($R_G = 100M\Omega$, $R_1 = 450k\Omega$, $R_2 = 1M\Omega$, $R_S = 2,4k\Omega$, $R_D = 1k\Omega$.

Wie groß ist die Amplitude $\hat{i}_1$ des Eingangsstromes, wenn die Steuerspannungsamplitude $\hat{u}_{gs} = 10mV$ beträgt?

Lösung:

In Bild 157 ist unter Verwendung des Bildes 153 die Kleinsignal-NF-Ersatzschaltung gezeichnet.

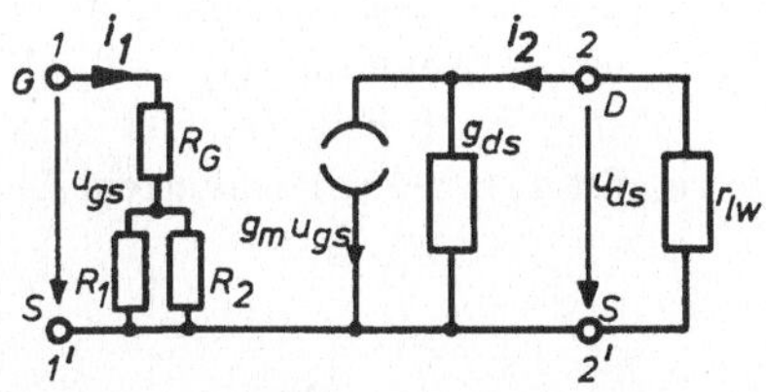

Bild 157 Wechselstrom-Ersatzschaltung zu Bild 158a)
        mit $R_{geg} = 0$

Aus ihr läßt sich mit $g_m = S$ ablesen:

$$u_{ds} = -Su_{gs}\frac{r_{ds}r_{lw}}{r_{ds} + r_{lw}}$$

(Hier ist $r_{lw} = R_D$). Daraus folgt sofort die
Spannungsverstärkung der Source-Schaltung

$$v_{us} = \frac{u_{ds}}{u_{gs}} = -S\frac{r_{ds}r_{lw}}{r_{ds} + r_{lw}} \approx -Sr_{lw} \tag{713}$$

Im Normalfall ist der Lastwiderstand r_{lw} wesentlich kleiner als der Drain-Source-Widerstand r_{ds}.

Die Spannungsverstärkung eines FET in Source-Schaltung kann also mit der gleichen Beziehung wie beim bipolaren Transistor in Emitter-Schaltung berechnet werden, [2] Gl.(30). Es sind hierbei aber die in [1] Abschn.12.1.2 erläuterten Unterschiede zwischen der Steilheit eines FET und eines bipolaren Transistors unbedingt zu beachten.

In diesem Beispiel gelten folgende Zahlenwerte:

$r_{lw} = R_D = 1k\Omega.$ $I_{DSS} = 13mA;$ $U_p = -4,5V;$
Arbeitspunkt: $U_{DS} = 15V;$ $I_D = 5mA$ [1] Bild 113a);
$S \overset{[1](115)}{=} 3,6mS.$ $v_{us} \overset{(713)}{=} -3,6.$
$R_{1s} \overset{\wedge}{=} R_G + R_1 \parallel R_2 = 100,31M\Omega;$
$\hat{i}_1 = 10mV/100,31M\Omega = 0,1nA.$

Der Verstärker kann praktisch leistungslos gesteuert werden: $P_1 = \hat{i}_1\hat{u}_{gs}/2 = 0,5pW$. Aus der Kennlinie [1] Bild 113b) liest man ab: $r_{ds} = 10V/0,5mA = 20k\Omega$. Nach Bild 157 gilt $r_{2s} = r_{ds} = 20k\Omega$. Die größte Verstärkung ergibt sich bei angenähertem Leerlauf ($r_{lw} \gg r_{ds}$) aus Gl.(713) zu

$$v_{us\infty} \approx -Sr_{ds} \tag{714}$$

Ebenso wie der bipolare Transistor kann der FET im Kleinsignalbetrieb als linearer Vierpol betrachtet werden. Die Wechselstromeigenschaften einer FET-Verstärkerschaltung lassen sich mit den in [2] Abschn.4 angegebenen Formeln berechnen, wenn dort die Vierpolparameter des FET eingesetzt werden.

Beispiel 81:

Wie groß ist bei $f = 100MHz$ die Ein- und Ausgangsadmittanz des FET, dessen y-Parameter in Beisp.79 bestimmt wurden, wenn er an seinem Ein- und Ausgang mit einem reellen Leitwert ($Y_{iw} = Y_{lw} = 1mS$) belastet wird? Man berechne auch die Betriebs- Eingangskapazität C_{1s} und die Betriebs-Ausgangskapazität C_{2s} sowie die Spannungsverstärkung.

Lösung:

Mit [2] Gl.(76) ist $Y_{1s} = (0,98 + j3,13)mS$, $C_{1s} = 5pF$. Mit [2] Gl.(77) folgt $Y_{2s} = (0,78 + j1,02)mS$, $C_{2s} = 1,6pF$. Nach [2] Gl.(75) berechnet man $v_{us} = 3,9e^{j142°}$; $|v_{us}| = 3,9$; Phasenverschiebung zwischen u_{ds} und u_{gs} gleich 142°.

Beispiel 82:

Der Verstärker aus [1] Bild 114a) mit der Arbeitspunktstabilisierung entsprechend [1] Beisp.36 und den Betriebseigenschaften aus Beisp.80 ist in der Schaltung nach Bild 158a) so abgewandelt, daß neben der Gleichstrom- auch eine Wechselstrom- Gegenkopplung auftritt.

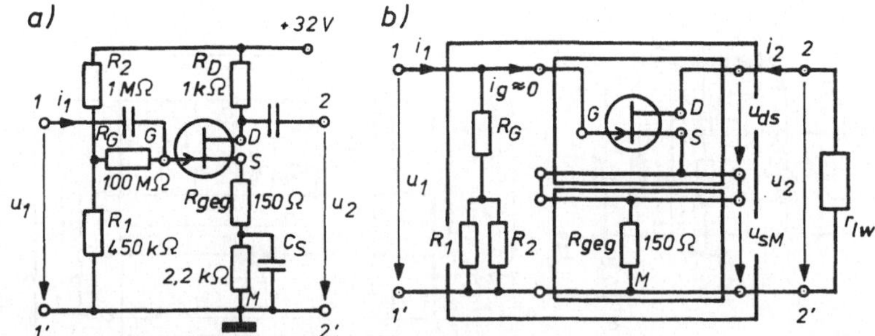

Bild 158 Strom-Spannungs-Gegenkopplung
a) Schaltbild b) Vierpolschema

a) Man zeichne das Vierpolschema und

b) berechne die gegenüber den Ergebnissen aus Beisp.80 veränderten Betriebswerte v'_{us}, R'_{1s}, r'_{2s} des FET-Verstärkers mit Strom-Spannungs-Gegenkopplung.

c) Wie groß sind bei einer Eingangsspannung von $\hat{u}_1 = 10mV$ die Amplituden der Wechselgrößen $i_1, u_2, u_{sM}, u_{ds}, i_2$?

Lösung:

a) Das Vierpolschema zeigt Bild 158b); vergl. [2] Bild 51.

b) Aus Beisp.80 übernehmen wir die Werte: $r_{lw} = R_D = 1k\Omega$, $R_{1s} = 100,31M\Omega$, $v_{us} = -3,6$, $r_{2s} = 20k\Omega$. Der Gegenkopplungsfaktor hat nach [2] Gl.(185) hier den Wert $k_{iu} = -R_{geg}/r_{lw} = -0,15$. Daraus folgt der Gegenkopplungsgrad $1 + k_{iu}v_{us} = 1,54 \overset{\wedge}{=} 3,75dB$. Mit [2] Gl.(188) gilt $v'_{us} = -3,6/1,54 = -2,34$. Der Eingangswiderstand R_{1s} des Verstärkers wird nicht verändert: $R'_{1s} = R_{1s} = 100,31M\Omega$. Nach [2] Gl.(193) ist $r'_{2s} = 20k\Omega \cdot 1,54 = 30,8k\Omega$.

c) $\hat{i}_1 = 10mV/100,31M\Omega = 0,1nA$; $\hat{u}_2 = \hat{u}_1|v'_{us}| = 10mV \cdot 2,34 = 23,4mV$; $\hat{i}_2 = \hat{u}_2/r_{lw} = 23,4mV/1k\Omega = 23,4\mu A$; $\hat{u}_{sM} = \hat{i}_2 R_{geg} = 23,4\mu A \cdot 150\Omega = 3,5mV$. Die Spannungen u_2 und u_{sM} sind gegenphasig. Daher gilt mit $u_{ds} = u_2 - u_{sM}$ die Amplitudenbeziehung $\hat{u}_{ds} = \hat{u}_2 + \hat{u}_{sM} = 26,9mV$.

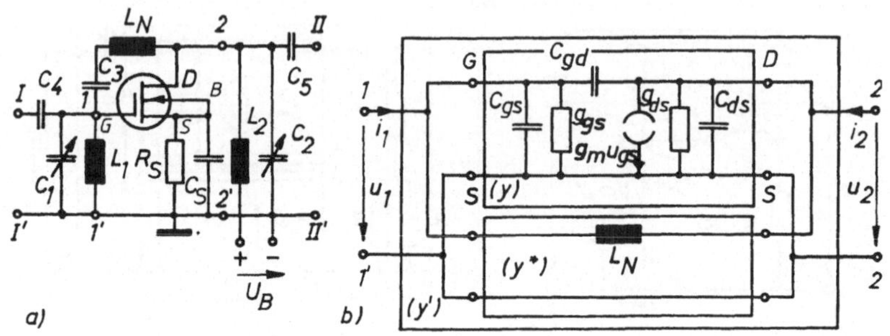

Bild 159   MOS-FET HF-Verstärker
    a) Schaltbild   b) Ersatzschaltung

Die Gegenkopplung durch den Source-Widerstand verkleinert die Spannungsverstärkung und vergrößert den Ausgangswiderstand.

Beispiel 83:

Die einfachste Art, einen FET bis etwa $500MHz$ bezüglich seiner inneren Rückwirkung über die Gate-Drain-Kapazität C_{gd} zu neutralisieren, ist in dem HF-Verstärker nach Bild 159a) gezeigt: Man schaltet eine Induktivität L_N parallel zur Gate-Drain-Strecke. Der Kondensator C_3 dient nur zur Gleichstromabblockung (Kurzschluß für Wechselströme).

a) Man zeichne eine Wechselstrom-Ersatzschaltung analog zu Bild 86b).

b) Die Dimensionierungsvorschrift für die verlustlos angenommene Neutralisationsinduktivität L_N ist mit Hilfe der Vierpoltheorie herzuleiten (vergl. Abschn.4.9).

c) Wie groß ist die Induktivität L_N zu wählen, daß ein FET mit $C_{gd} = 0,6pF$ bei $f = 100MHz$ neutralisiert wird?

Lösung:

a) Mit der HF-Ersatzschaltung aus Bild 154 ist in Bild 159b) das Vierpolschema des Verstärkers gezeichnet.

b) Mit $y_{12s} \overset{(711)}{=} -j\omega C_{gd}$ und $y_{12}^* = j/(\omega L_N)$ gilt für die Gesamtschaltung $y_{12'} = y_{12s} + y_{12}^*$. Aus der Neutralisationsbedingung $y_{12}' = 0$ folgt die erforderliche Induktivität

$$L_N = \frac{1}{\omega^2 C_{gd}} \tag{715}$$

Diese Beziehung entspricht der bekannten Formel $\omega_0 = 1/\sqrt{LC}$ für die Resonanzfrequenz eines Schwingkreises. Die Induktivität L_N bildet also zusammen mit der Kapazität C_{gd} einen Parallelresonanzkreis, bei dessen Resonanzfrequenz die Gate-Drain-Kapazität weggestimmt wird. Weil der Realteil g_{12s} sehr klein ist ($g_{12s} \approx 0$), wird dieser Schwingkreis praktisch nur durch die Verluste der Induktivität L_N gedämpft. Diese Neutralisation wirkt daher sehr schmalbandig.

c) $L_N = 4,2\mu H$.

6.3 Eigenschaften der FET-Grundschaltungen

6.3.1 Source-Schaltung

[1] Bild 104a)

Schaltbeispiele: [1] Bild 114a), b) und Bild 159

NF-Ersatzschaltung: Bild 153

HF-Ersatzschaltung: Bild 154

y-Parameter: Bild 155 und 156

Die Source-Schaltung entspricht der Emitter-Schaltung des bipolaren Transistors. Sie ist die am häufigsten verwendete Grundschaltung. Ihr NF- Eingangswiderstand R_{1s}, der praktisch nur durch den Gate-Widerstand R_G ([1] Bild 114a) bestimmt wird, ist sehr groß ($10M\Omega$ bis $100M\Omega$). Im NF-Gebiet kann die Source-Schaltung daher leistungslos gesteuert werden.

Schon bei relativ niedrigen Frequenzen wird der Eingangswiderstand der Source-Schaltung aufgrund der Gate-Source-Kapazität C_{gs} kapazitiv. Wie beim bipolaren Transistor, [2] Abschn.4.4, ist auch beim FET der *Miller-Effekt* festzustellen: die Rückwirkungskapazität C_{gd} erscheint am Eingang der Source-Schaltung mit dem Faktor $(1 - v_{us})$ vergrößert ($v_{us} < 0$). Auf ganz analoge Weise, wie in [2] Beisp.46 für den bipolaren Transistor gezeigt, läßt sich aus Bild 154 die *Betriebs-Eingangsadmittanz* der Source-Schaltung herleiten. Entsprechend [2] Gl.(151) findet man den Ausdruck

$$Y_{1s} = g_{gs} + j\omega[C_{gs} + (1 - v_{us})C_{gd}] \tag{716}$$

Die *Miller-Kapazität* hat beim FET die Größe

$$C_M = (1 - v_{us})C_{gd} \tag{717}$$

Die Rückwirkungskapazität C_{gd} liegt beim Sperrschicht-FET etwa in der Größenordnung $0,5pF$. Beim MOS-FET kann sie wesentlich kleiner gehalten werden, z.B. $0,025pF$.

Hauptsächlich der kapazitive Anteil der Eingangsadmittanz Y_{1s} führt schon bei mittleren Frequenzen zu einem Gate-Wechselstrom i_g. Da dann der FET eine kleine Steuerleistung benötigt, ist es sinnvoll, auch hier von Leistungsverstärkung zu sprechen. Mit der Source-Schaltung erreicht man die größte Leistungsverstärkung von allen drei Grundschaltungen.

Der bei niedrigen und mittleren Frequenzen noch relativ hohe Eingangswiderstand der Source-Schaltung gestattet es, daß die Resonanzkreise in selektiven Verstärkern ohne Anzapfung direkt an den FET-Eingang angeschlossen werden können, Bild 159a).

Neben dem hohen Eingangswiderstand hat die Source-Schaltung einen mittleren Ausgangswiderstand (einige $10k\Omega$), Gl.(710). Ihre Spannungsverstärkung ist größer Eins, (10 bis 40), Gl.(713). Das Minuszeichen in Gl.(713) besagt, daß bei der Source-Schaltung zwischen Ein- und Ausgangsspannung im NF-Gebiet eine Phasenverschiebung von 180° besteht.

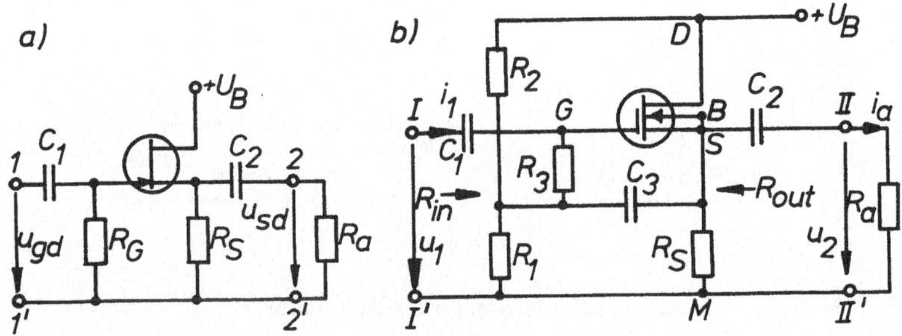

Bild 160   Drain-Schaltung (Sourcefolger)
a) einfachste Ausführung   b) bootstrap-Anordnung

Bei höheren Frequenzen ist meist eine Neutralisation erforderlich, Bild
159.

6.3.2 Drain-Schaltung oder Sourcefolger

[1] Bild 104b)

In Bild 160 sind zwei Schaltungsbeispiele angegeben.

Als NF-Ersatzschaltung erhält man zunächst durch Umzeichnen von
Bild 153 die Darstellung in Bild 161a). Die gesteuerte Stromquelle
$g_m u_{gs}$ der Source-Schaltung kann man mit der Beziehung $u_{gs} = u_{gd} - u_{sd}$
in zwei Stromanteile $g_m u_{gs} = g_m u_{gd} - g_m u_{sd}$ zerlegen. Der erste Term
ist die gesteuerte Stromquelle $g_m u_{gd}$ der Drain- Schaltung. Der zweite
Term entspricht einem Strom durch einen Leitwert g_m, an dem die
Spannung u_{sd} liegt und dessen Zählrichtung von Drain nach Source
zeigt (Minuszeichen), Bild 161b).

Aus dem Ersatzschaltbild 161b) kann man die Ausgangsspannung ermitteln, die vorhanden ist, wenn die Drain-Schaltung mit einem wirk-
samen Lastwiderstand r_{lw} (in Bild 160a ist z.B. $r_{lw} \overset{\wedge}{=} R_S \parallel R_a$) belastet
wird. Daraus folgt unmittelbar die *Spannungsverstärkung*

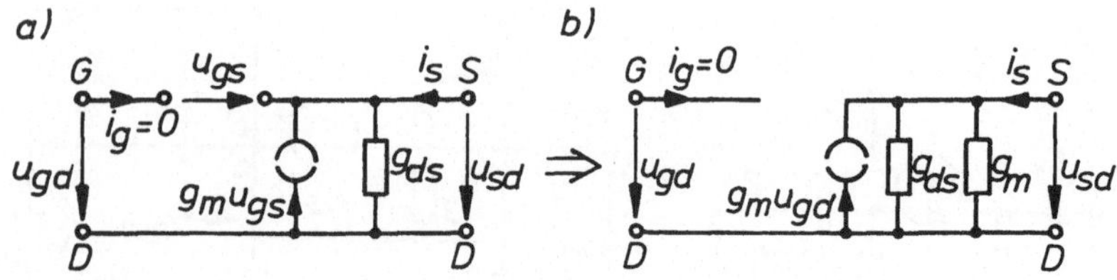

Bild 161   NF-Ersatzschaltbild der Drain-Schaltung

$$v_{ud} = \frac{g_m r_{lw}}{1 + (g_m + g_{ds})r_{lw}} \approx \frac{g_m r_{lw}}{1 + g_m r_{lw}} \approx 1 \qquad (718)$$

Die in Gl.(718) mit angegebenen Näherungen sind i.a. zutreffend, weil $g_{ds} \ll g_m$ und $g_m r_{lw} \gg 1$.

Die Spannungsverstärkung der Drain-Schaltung ist etwas kleiner als Eins und die Ein- und Ausgangsspannungen sind außerdem gleichphasig $(v_{ud} > 0)$.

Der *NF-Eingangswiderstand* wird wie bei der Source-Schaltung praktisch durch den Widerstand R_G bestimmt (Bild 160a).

Mit der bootstrap-Anordnung nach Bild 160b) (vergl.[2] Bild 61) wird der Gatewiderstand R_3 wechselstrommäßig auf Source-Potential gelegt. Es lassen sich dann sehr große Eingangswiderstände erzielen (Miller-Effekt):

$$R_{in} \approx \frac{R_3}{1 - v_{ud}} \qquad (719)$$

Für den *NF-Ausgangswiderstand* kann man direkt aus Bild 161b) ablesen

$$r_{2d} = \frac{1}{g_{ds} + g_m} \approx \frac{1}{g_m} = \frac{1}{S} \qquad (720)$$

Da die Drain-Schaltung einen hohen Eingangs- und einen niedrigen

Ausgangswiderstand hat, wird sie im NF-Gebiet hauptsächlich als *Impedanzwandler* eingesetzt.

Die Eigenschaften der Drain-Schaltung entsprechen denen der Kollektor-Schaltung.

Die Ausgangsspannung u_{sd} wirkt bei der Drain-Schaltung bei höheren Frequenzen über die Kapazität C_{gs} auf den Eingang zurück. Durch den Miller-Effekt wird hier die Betriebs-Eingangskapazität C_{1d} gegenüber C_{gd} kaum vergrößert:

$$C_{1d} = C_{gd} + (1 - v_{ud})C_{gs} \approx C_{gd} \tag{721}$$

Bei der Drain-Schaltung wirkt daher i.a. eine wesentlich kleinere Eingangskapazität als bei der Source-Schaltung.

Beispiel 84:

Der FET, dessen Kennlinien in [1] Bild 108 gegeben sind, soll bei $I_D = 5mA$; $U_{DS} = 14V$ in der *bootstrap- Schaltung* nach Bild 160b) eingesetzt werden. Vorgegeben sind die Widerstände $R_S = 3,3k\Omega$; $R_a = 12k\Omega$; $R_3 = 100M\Omega$. Man dimensioniere den Gate-Spannungsteiler R_1, R_2. Welche Batteriespannung U_B ist erforderlich? Wie groß ist die Spannungsverstärkung v_u, der Eingangswiderstand R_{in}, der Ausgangswiderstand R_{out} und die Stromverstärkung v_i der Gesamtschaltung zwischen den Klemmen I und II ?

Lösung:

Aus [1] Bild 108a) bei $U_{BS} = 0V$ abgelesen: $U_{GS} = -0,96V$; $U_p = -2V$; $I_{DSS} = 13,7mA$. $\overset{[1](115)}{\approx}$ $8mA/V$; $U_B = U_{DS} + I_D R_S = 30,5V$. Gewählt wird $R_1 = 1M\Omega$. $R_2 \overset{[1](120)}{=} 963k\Omega$. Gewählt wird $R_2 = 1M\Omega$. Das Vierpolschema ist durch [2] Bild 61b) gegeben, wenn dort der Vierpol ⓐ gegen die Drain-Schaltung ausgetauscht und $R_E = R_S$ gesetzt wird.

Da beim FET $h_{11s} \rightarrow \infty$ und $h_{21s}/h_{11s} = S$ ist, hat nach [2] Gl.(249) die bootstrap-Schaltung die y-Matrix

$$(y') = \begin{pmatrix} \dfrac{1}{R_3} & -\dfrac{1}{R_3} \\[2ex] -\left(S + \dfrac{1}{R_3}\right) & S + \dfrac{1}{R_3} \end{pmatrix} \qquad (722)$$

Daraus folgt $det(y') = 0$. Mit [2] Gl.(75) und $SR_3 \gg 1$ ergibt sich hieraus die *Spannungsverstärkung*

$$v_u = \frac{u_2}{u_1} \approx \frac{Sr_{lw}}{1 + Sr_{lw}} \overset{(713)}{=} \frac{|v_{us}|}{1 + |v_{us}|} \qquad (723)$$

Aus [2] Gl.(251) erhält man mit der Matrix (722) den *Eingangswiderstand*

$$R_{in} = \frac{u_1}{i_1} = R_3 + (SR_3 + 1)r_{lw} \approx |v_{us}|R_3 \qquad (724)$$

Der Ausgangswiderstand R_{out} links von den Klemmen II II' ist nach [2] Bild 61 mit $r_2' = u_2/i_2$ durch die Parallelschaltung der Widerstände $R_1 \parallel R_2 \parallel R_S \parallel r_2'$ festgelegt. Weil r_2' sehr niederohmig ist, gilt $R_{out} \approx r_2'$. Aus [2] Gl.(77) findet man mit Gl.(722) und $Z_{iw} \ll R_3$ (Spannungssteuerung) für den *Ausgangswiderstand* die Beziehung

$$R_{out} \approx \frac{1}{S} \qquad (725)$$

Durch Einsetzen von Gl.(722) in [2] Gl.(74) erhält man zunächst $i_2/i_1 \approx -SR_3$. Weil mit $R_p \overset{\wedge}{=} R_1 \parallel R_2 \parallel R_S$ außerdem $-i_a/i_2 = R_p/(R_a + R_p)$ gilt, hat man für die *Stromverstärkung* den Ausdruck

$$v_i = \frac{-i_a}{i_1} \approx -S\,\frac{R_3 R_p}{R_a + R_p} \qquad (726)$$

In diesem Beispiel ist: $R_p = 3,3k\Omega$; $r_{lw} \overset{\wedge}{=} R_1 \parallel R_2 \parallel R_S \parallel R_a \overset{\wedge}{=} 2,6k\Omega$; $|v_{us}| \overset{(713)}{=} 20,8$; $v_u \overset{(723)}{=} 0,95$; $R_{in} \overset{(724)}{=} 2,08G\Omega$; $R_{out} \overset{(725)}{=} 125\Omega$. $v_i \overset{(726)}{=} -1,7 \cdot 10^5$.

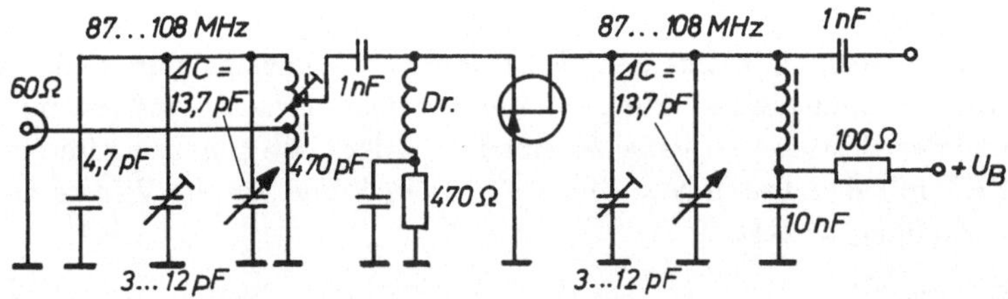

Bild 162   HF-Vorstufe in Gate-Schaltung

6.3.3 Gate-Schaltung

[1] Bild 104c)

In Bild 162 ist ein Schaltungsbeispiel (HF-Vorstufe eines UKW-Empfängers) angegeben.

Durch Umzeichnen der Bilder 153 und 154 erhält man das NF- und HF- Ersatzschaltbild der Gate-Schaltung (Bild 163).

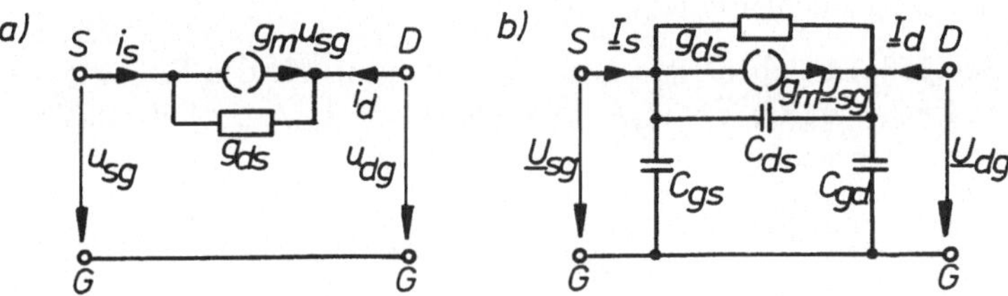

Bild 163   a) NF-   b) HF-Ersatzschaltbild der Gate-Schaltung

In bezug auf die Ein- und Ausgangswiderstände und die Phasenlage der Ein- und Ausgangsspannung entspricht die Gate-Schaltung der Basis-Schaltung.

Beispiel 85:

Man berechne mit Hilfe der NF-Ersatzschaltung aus Bild 163a) die Betriebsspannungsverstärkung v_{ug}, den Betriebs- Eingangswiderstand r_{1g} und den Betriebs-Ausgangswiderstand r_{2g} der Gate-Schaltung für einen FET mit den Daten $S = 5mS$; $g_{ds} = 50\mu S$ und für die Widerstände $r_{iw} = 0$; $r_{lw} = 1k\Omega$.

Lösung:

Mit $v_{ug} = u_{dg}/u_{sg} = -i_d r_{lw}/u_{sg}$ und $-i_d = (g_m + g_{ds})u_{sg}/(1 + r_{lw}g_{ds})$ folgt

$$v_{ug} = \frac{g_m + g_{ds}}{1 + r_{lw}g_{ds}} r_{lw} \tag{727}$$

Im NF-Bereich bestehen gewöhnlich die Größenverhältnisse $r_{lw} \ll 1/g_{ds} = r_{ds}$ und $g_m = S \gg g_{ds}$. Es gilt dann die Näherung

$$v_{ug} \approx S r_{lw} \tag{728}$$

Die Gate-Schaltung hat also eine gleich große Spannungsverstärkung wie die Source-Schaltung, Gl.(713), aber ihre Ein- und Ausgangsspannungen sind gleichphasig ($v_{ug} > 0$).

Aus Bild 163a) ist abzulesen: $i_s = -i_d$. Somit gilt für den Eingangswiderstand $r_{1g} = u_{sg}/i_s = -u_{sg}/i_d = u_{sg}r_{lw}/u_{dg} = r_{lw}/v_{ug}$. Mit Gl.(727) läßt sich daher schreiben

$$r_{1g} = \frac{r_{lw}}{v_{ug}} = \frac{1 + r_{lw}g_{ds}}{g_m + g_{ds}} \tag{729}$$

und mit $r_{lw} \ll 1/g_{ds}$; $g_m = S \gg g_{ds}$ schließlich auch

$$r_{1g} \approx \frac{1}{S} \tag{730}$$

Die Gate-Schaltung hat also einen sehr kleinen Eingangswiderstand. Bei höheren Frequenzen kommt noch ein kapazitiver Imaginärteil hinzu, Bild 163b). Aufgrund der sehr niederohmigen Eingangsimpedanz muß der erste HF-Kreis mit einer passend gewählten Anzapfung versehen werden, Bild 162.

Für Spannungssteuerung ($r_{iw} = 0$) kann der Ausgangswiderstände r_{2g} direkt aus Bild 163a) abgelesen werden:

$$r_{2g} = \frac{1}{g_{ds}} = r_{ds} \tag{731}$$

In diesem Fall haben die Gate- und die Source-Schaltung den gleich großen Ausgangswiderstand, vergl.Gl.(710). Für $r_{iw} \neq 0$ erhält man den Ausdruck

$$r_{2g} = \frac{1 + (S + g_{ds})r_{iw}}{g_{ds}} \tag{732}$$

Mit den im Beisp.85 vorgegebenen Werten ist: $v_{ug} \overset{(728)}{=} 5$; $r_{1g} \overset{(730)}{=} 200\Omega$; $r_{2g} \overset{(731)}{=} 20k\Omega$.

Die Gate-Schaltung läßt sich aufgrund ihres sehr kleinen Eingangswiderstandes nicht leistungslos steuern ($i_s = -i_d$). Sie wird daher hauptsächlich als *Impedanzwandler* eingesetzt.

Weil bei jedem selbstleitenden FET die in [1] Abschn.12.5 behandelte automatische Arbeitspunkteinstellung möglich ist, kann die Gate-Elektrode bei einem N-Kanal-FET und positiver Betriebsspannung U_B direkt auf Masse gelegt werden, Bild 162. Dies ist bei höheren Frequenzen von großem Vorteil, weil sich hierdurch der Schaltungsaufwand verringert. Durch die auf Nullpotential liegende Steuerelektrode G wird auch die Rückwirkung zwischen Aus- und Eingang stark reduziert. Der Ein- und Ausgangskreis ist also in der Gate-Schaltung weitgehend entkoppelt und der Rückwirkungsleitwert y_{12g} hat sehr kleine Werte. Im Vergleich zur Source-Schaltung arbeitet damit die Gate-Schaltung wesentlich stabiler, so daß bei ihr i.a. keine Neutralisation erforderlich ist. Insgesamt gesehen ist die Gate-Schaltung der Source-Schaltung im HF-Bereich überlegen.

In der Normalausführung ist das Gate mit dem Substrat verbunden. Durch das Erden des Substrates wird in der Gate-Schaltung die parasitäre Drain-Gate- Kapazität etwa um den Faktor 3 herabgesetzt. Dies begünstigt ebenfalls das HF-Verhalten der Gate-Schaltung.

FET's haben ganz allgemein für HF-Anwendungen an Bedeutung gewonnen, weil bei ihnen nur die Beweglichkeit der Majoritätsträger eine Rolle spielt. Damit ist der FET in dieser Hinsicht dem bipolaren Transistor überlegen, dessen Verwendbarkeit bei sehr hohen Frequenzen durch die relativ träge Diffusion der Minoritätsträger begrenzt wird. Die Beweglichkeit der Majoritätsträger des FET im elektrischen Feld ist viel größer (Driftbewegung). Da die Löcherbeweglichkeit stets wesentlich kleiner ist als die Elektronenbeweglichkeit, verwendet man immer FET's mit N-Kanal, um gute HF-Eigenschaften zu erzielen.

Beispiel 86:

Der Ausgangskreis der in Bild 162 wiedergegebenen UKW-Vorstufe hat eine Bandbreite von $b = 1,5 MHz$. Man berechne den Betrag der Spannungsverstärkung v_{ug} bei $f = 100 MHz$ als Funktion der Kreiskapazität $C (1pF \leq C \leq 25pF)$, wenn der FET eine Steilheit von $|y_{21g}| = 14mS$ hat und der Ausgangskreis unter Einschluß aller Kapazitäten jeweils auf $100 MHz$ abgestimmt ist.

Lösung:

Auf die in Bild 162 gezeichnete HF-Vorstufe folgt in einem UKW-Empfänger die sog. Mischstufe, die i.a. ebenfalls einen FET-Transistor in Source-Schaltung enthält. Weil deren Eingangswiderstand hochohmig ist, interessiert vor allem die Spannungsverstärkung der Vorstufe. Für sie folgt aus [2] Gl.(75) mit $y_{22g} \ll Y_{lw} = G_{lw}$ die Näherung $|v_{ug}| \approx |y_{21g}|/G_{lw}$. Setzt man den Kreisleitwert G_{lw} nach Gl.(415) gleich $2\pi bC$, so gilt schließlich der Zusammenhang

$$|v_{ug}| \approx \frac{1}{2\pi bC}|y_{21g}| \tag{733}$$

Bei gegebener Bandbreite b und vorgegebenem FET ist die Spannungsverstärkung also umgekehrt proportional zur Kreiskapazität C (Hyperbelfunktion). Die Spannungsverstärkung ist umso größer, je kleiner die gesamte Kreiskapazität C gewählt wird.

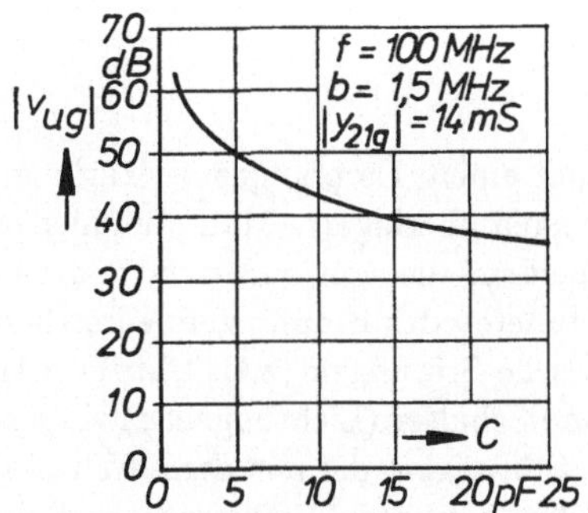

Bild 164 Spannungsverstärkung als Funktion der Kreiskapazität

Die numerische Auswertung der Gl.(733) ist in Bild 164 dargestellt.

7. Rauschen

Den Signalen, die mit einem Empfänger verstärkt werden, sind immer irgend welche Störungen überlagert. Man muß hier prinzipiell zwischen Störungen unterscheiden, die von außen in den Empfänger gelangen und solche, die im Inneren des Empfängers entstehen. Zu den ersteren gehören atmosphärische Störungen (z.B. Blitz), industrielle Störungen durch Maschinen und Schalter (Lichtbogenschwingungen), Zündfunken von Motoren sowie Störungen, die aus dem Weltall kommen und zwar überwiegend vom Zentrum der Milchstraße und schließlich auch die Wärmestrahlung der Atmosphäre und der Gegenstände im Einzugsbereich der Antenne.

Im Inneren des Empfangsgerätes kann z.B. bei ungenügender Siebung in der Stromversorgung die Netzfrequenz ($50Hz$) zum sog. "Netzbrummen" führen. Weiter machen sich naturgegebene Schwankungserscheinungen in den Bauelementen (Widerständen, Röhren, Transistoren) als innere Störsignale bemerkbar.

Alle Störsignale können auch noch durch ihr Zeitverhalten unterschieden werden: Von den aufgezählten Störsignalen weisen einige eine Periodizität auf (Netzbrumm, Zündfunken) andere laufen zeitlich impulsförmig mit längeren Intervallen ab (Schalter, Blitz) bzw. die Störungen gehen völlig regellos ohne definierte Zeitfunktion vor sich. Für die letzteren hat sich der Begriff *Rauschen* eingebürgert, weil sie im Tonfrequenzbereich bei genügender Verstärkung und fehlendem Nutzsignal am Ausgang eines NF- Verstärkers im Lautsprecher einen Höreindruck erzeugen, der dem Begriff "Rauschen"entspricht. Man verwendet diesen Ausdruck aber heute auch in allen anderen Frequenzgebieten und Anwendungsbereichen der Physik und Technik, sobald Vorgänge von regellosen Schwankungserscheinungen begleitet sind.

Im strengen Sinn kennzeichnet man also mit dem Begriff "Rauschen" ungeordnete Schwankungserscheinungen (z.B. bei den Strömen und Spannungen eines Verstärkers), die ganz zufällig auftreten und nur statischen Gesetzmäßigkeiten gehorchen.

Rauschen setzt sich aus einer sehr großen Anzahl von Einzelereignissen

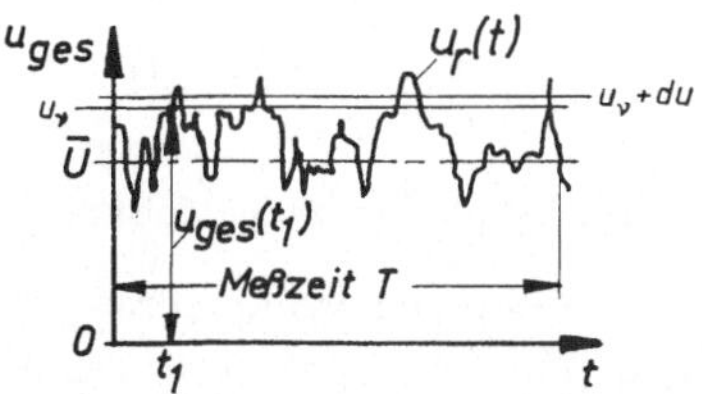

Bild 165 Oszillogramm einer Spannung $\overline{U}$ mit überlagerter stark
verstärkter Rauschspannung u_r

(Impulsen) zusammen, die voneinander völlig unabhängig sind, so daß
man vom Ablauf des Einzelereignisses nicht auf irgend ein anderes,
früher oder später auftretendes schließen kann.

Es lassen sich lediglich mit der mathematischen Statistik bestimmte
Aussagen über die Eigenschaften der Zeitfunktion des Rauschens machen. So kann man bei der in Bild 165 als Beispiel wiedergegebenen
regellos schwankenden Spannung $u_{ges} = \overline{U} + u_r(t)$ nicht voraussagen,
wie groß der Augenblickswert $u_{ges}(t_1)$ im Zeitpunkt t_1 der Messung sein
wird. Man kann aber etwas darüber sagen, wie groß die Wahrscheinlich-
keit ist, daß der Wert $u_{ges}(t_1)$ in einem bestimmten Intervall zwischen
u_ν und $u_\nu + du$ liegt. Damit ist wenigstens die Häufigkeit bekannt,
mit der ein gewisser Augenblickswert u_ν während der Meßzeit T auftritt. Nähere Untersuchungen zeigen, daß die Amplitudenverteilung des
Rauschens (eng.: random noise) eine sog. Gauß'sche Wahrscheinlich-
keitsverteilung besitzt, [22], [23], [24], [29].

Eine weitere statistische Eigenschaft solcher Rauschsignale (z.B. in Bild
165) ist, daß der *arithmetische Mittelwert* ihrer Augenblickswerte $u_r(t)$

$$u_r = \lim_{T \to \infty} \frac{1}{T} \int_0^T u_r(t)dt = 0 \qquad (734)$$

gleich Null ist. D.h. es gilt auch

216

$$\overline{U} = \lim_{T\to\infty} \frac{1}{T} \int_0^T u_{ges}(t)dt \tag{735}$$

Der Querstrich über den Symbolen kennzeichnet die zeitliche Mittelung.

Der arithmetische Mittelwert der ins Quadrat erhobenen Augenblickswerte (Amplituden) $u_r(t)$ ist dagegen positiv und endlich:

$$\overline{|u_r|^2} = \lim_{T\to\infty} \frac{1}{T} \int_0^T u_r^2(t)dt \tag{736}$$

Genauere Untersuchungen haben ergeben, daß sich die regellosen Vorgänge des Rauschens allein mit Hilfe des quadratischen Mittelwertes der Schwankungserscheinung entsprechend Gl.(736) kennzeichnen lassen. Diese Darstellung ist für die meisten praktischen Zwecke ausreichend.

Da die Wurzel aus dem quadratischen Mittelwert den *Effektivwert*, z.B. in Bild 165

$$u_{reff} = \sqrt{\overline{|u_r|^2}} = \sqrt{\lim_{T\to\infty} \frac{1}{T} \int_0^T u_r^2(t)dt} \tag{737}$$

der Rauschgröße darstellt, bestimmt der quadratische Mittelwert $\overline{|u_r|^2}$ die Rauschleistung

$$P_r = \frac{\overline{|u_r|^2}}{R} \tag{738}$$

die an einem Widerstand R auftritt.

Eine Rauschspannung u_r ist eine Wechselspannung mit der Besonderheit, daß ihre Amplitude, Frequenz und Phase ständig andere Werte annehmen, die zeitlich statistisch schwanken. Man kann also eine Rauschspannung nicht wie eine Sinusgröße beschreiben, weil hierfür unendlich viele Amplituden-, Frequenz- und Phasenwerte erforderlich wären.

Bei der Messung von Rauschgrößen lassen sich daher immer nur quadratische Mittelwerte bestimmen. Diese sind aber unabhängig davon, wie lange und wann man mißt, wenn die Meßzeit T (Bild 165) genügend lang ist ($T \gg 1/\Delta f$; Δf Bandbreite der Meßanordnung).

Will man die frequenzmäßige Zusammensetzung eines Rauschsignals bestimmen, so kann man nicht mit herkömmlichen Verfahren arbeiten. Die Fourier-Analyse ist nicht unmittelbar bei einer Rauschspannung anwendbar, weil ihr zeitlicher Verlauf unregelmäßig schwankt und daher nichtperiodisch ist. In [24] S.118 ist gezeigt, wie trotzdem eine Fourier-Zerlegung eines Rauschsignals gedacht werden kann.

Das Amplitudenspektrum einer Rauschspannung besteht nicht aus diskreten Frequenzen (Linienspektrum), sondern es ist kontinuierlich, weil der zeitliche Verlauf eines Rauschsignals nichtperiodisch ist, [25] Abschn.1.5.3.

Zur genauen Messung einer Spektrallinie wäre also ein selektives Voltmeter mit der Bandbreite Null erforderlich. Weil dies technisch unmöglich ist, geht man in der Praxis wie folgt vor: Wie erwähnt, mißt man stets den quadratischen Mittelwert $\overline{|u_r|^2}$, also eine der Rauschleistung proportionale Größe und zwar mit einem Meßgerät (z.B. Thermoumformer) endlicher Bandbreite Δf. Dividiert man die gemessene Rauschleistung durch den erfaßten Frequenzbereich Δf, so ergibt sich die sog. *Rauschleistungsdichte*, falls ein verhältnismäßig schmales Frequenzintervall Δf in der Umgebung einer Meßfrequenz f verwendet wurde, $\Delta f \ll f$.

Die Rauschleistungsdichte hat die Einheit $W/Hz = Ws$; sie ist also eine Energie.

Zur Charakterisierung eines bestimmten Rauschsignals trägt man die zugehörige Rauschleistungsdichte in Abhängigkeit von der Frequenz auf. Dies ist das sog. *Leistungsdichtespektrum.*

Eine der wichtigsten Rauscharten, die in einem Verstärker vorkommen, ist das

Widerstands-, Wärme- oder thermische Rauschen.

Man kann mit einer geeigneten Meßanordnung (hochohmig und ausreichende Verstärkung) an jedem Widerstand eine sehr kleine Rauschspannung feststellen, auch wenn an ihn von außen keinerlei Spannung gelegt wird. Diese natürliche schnell schwankende Spannung hat folgende Ursache: Die frei beweglichen Elektronen des Widerstandsmaterials führen infolge der Wärmezufuhr von außen unregelmäßige, in Zickzackform verlaufende Bewegungen nach allen Seiten aus. Von Zeit zu Zeit haben aber viele Elektronen eine gemeinsame Richtung, was zu ständig wechselnden Ladungen der beiden Widerstandsanschlußstellen führt. Durch die gegenseitigen Ladungsunterschiede tritt eine Spannung am Widerstand auf.

Mißt man im Frequenzband der Breite Δf den zeitlichen Mittelwert des Quadrates der am Widerstand R auftretenden Rausch-Leerlaufspannung $|u_r|$, so ergibt sich der Zusammenhang

$$u_{reff} = \sqrt{\overline{|u_r|^2}} = \sqrt{4kTR\Delta f} \qquad (739)$$

für den Effektivwert u_{reff} der Rauschspannung.

$k = 1,38 \cdot 10^{-23} Ws/K$ Boltzmann'sche Konstante

T absolute Temperatur in Kelvin.

Verbindet man die beiden Widerstandsanschlüsse durch einen Kurzschluß, so gilt für den Effektivwert des fließenden Rausch-Kurzschlußstromes analog

$$i_{reff} = \sqrt{\overline{|i_r|^2}} = \sqrt{4kTG\Delta f} \qquad (740)$$

(G = 1/R Leitwert)

Ein Widerstand kann somit hinsichtlich seines Wärmerauschens durch eine Ersatzspannungsquelle mit der Leerlaufspannung u_{reff} nach Gl.(739) und dem nichtrauschenden Innenwiderstand R dargestellt werden, Bild 166a). Seine *verfügbare Rauschleistung* hat nach [2] Gl.(52) die Größe $P_{vr} = u_{reff}^2/(4R)$ bzw. mit Gl.(739)

$$P_{vr} = kT\Delta f \qquad (741)$$

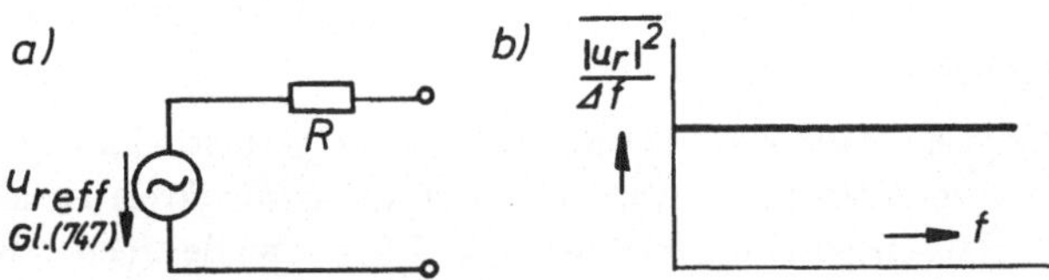

Bild 166 a) Spannungsersatzschaltbild und
b) Leistungsdichtespektrum für einen rauschenden
Widerstand

Aus dieser sog. *Nyquist-Formel* folgt unmittelbar, daß die Rausch-leistungsdichte $P_{vr}/\Delta f = kT$ unabhängig ist von dem Wert R des rauschenden Widerstandes und unabhängig ist von der Frequenz f, Bild 166b). Das thermische Rauschen erstreckt sich von der tiefsten bis zur höchsten technischen Frequenz. Weil bei weißem Licht auch alle Frequenzen (oder Farben) vorhanden sind, nennt man das Rau-schen eines Widerstandes gelegentlich auch "weißes Rauschen". Bei Beschreibungen des Rauschens bezieht man sich üblicherweise auf eine Bezugstemperatur T_0, die so definiert ist, daß das Produkt kT_0 den Wert

$$kT_0 = 4,00 \cdot 10^{-21} Ws \qquad (742)$$

annimmt. Aus Gl.(742) folgt für die *Rausch-Bezugstemperatur* der Wert $T_0 = 290K$, was etwa $17°C$ entspricht. Häufig wird auch der Wert $T_0 = 300K$ benutzt und die Bezugstemperatur als Raumtemperatur bezeichnet.

Beispiel 87:

Wie groß sind die Effektivwerte u_{reff} der Rausch- Leerlaufspannung und i_{reff} des Rausch-Kurzschlußstromes bei einem Widerstand von $R = 10k\Omega$ bei $T = T_0$ und $\Delta f = 10kHz$?

Lösung: $u_{reff} \overset{(739)}{=} 1,26\mu V$; $i_{reff} \overset{(740)}{=} 0,13nA$.

Diese Werte hängen nur von Δf, nicht dagegen von der Lage auf der Frequenzskala ab.

Das thermische Rauschen tritt überall auf, wo verlustbehaftete Schaltelemente vorhanden sind. An einem Parallelschwingkreis ist also z.B. auch eine Rauschspannung festzustellen. Ebenso an der reellen Komponente einer komplexen Impedanz. Reine Blindwiderstände (verlustfreie Induktivitäten und Kapazitäten) sind dagegen rauschfrei.

In Halbleiterbauelementen zeigen die Bahnwiderstände - beim bipolaren Transistor z.B. der Basisbahnwiderstand oder beim FET der Kanalwiderstand zwischen Source und Drain - thermisches Rauschen.

Im physikalischen Mechanismus der Transistoren liegen weitere Ursachen für zusätzliche Rauschbeiträge dieser Bauelemente. So treten Ladungsträger in statistischer Unregelmäßigkeit durch eine Sperrschicht, dies führt ebenso wie die unregelmäßige Generation und Rekombination von Ladungsträgern zu statistisch verteilten Schwankungen der zugehörigen Ströme. Auch die Aufteilung des Emitter-Gleichstromes in Kollektor- und Basis-Gleichstrom ist Schwankungen unterworfen (Stromverteilungsrauschen). Des weiteren rekombinieren die Ladungsträger mit schwankenden Geschwindigkeiten an der Oberfläche des Halbleiterkristalls.

Außer dem Wärmerauschen der Widerstände führen auch ein Teil der aufgezählten weiteren Rauschursachen in Halbleiterbauelementen zu einem frequenzunabhängigen weißen Rauschen. Hierfür hat man von der Elektronenröhre her die Bezeichnung *Schrotrauschen* übernommen. Die restlichen Rauschanteile haben eine zur Frequenz umgekehrt proportionale Leistung. Sie werden daher als *1/f-Rauschen* oder wie bei der Elektronenröhre als *Funkelrauschen* bezeichnet. Das Funkelrauschen überdeckt i.a. das Schrotrauschen im Bereich 0 bis 50 kHz. Bei HF-Transistoren spielt es aber praktisch keine Rolle.

Da sich in einer Verstärkerschaltung die Rauschsignale den Nutzsignalen überlagern und gleich diesen mit verstärkt werden, kann man die Verstärkung des Empfängers nicht beliebig vergrößern, um immer kleinere Nutzsignale empfangen zu können. Dies ist nur solange sinnvoll, wie sich die Nutzsignale trotz der unvermeidbaren Störsignale noch genügend erkennbar aus dem Störpegel abheben. Die kleinste Nutzsignal-Spannung, die noch einwandfrei empfangen wird, charakterisiert die *Empfindlichkeit* der Empfangsanlage. Sie ist abhängig von der Größe der Rauschleistung, die über die Antenne empfangen wird und von der Größe der *Eigenrauschleistung* des Empfängers. Während man das von der Antenne mit dem Nutzsignal aufgenommene Rauschen hinnehmen muß, ist es die Aufgabe des Ingenieurs, die Empfangsschaltung (Verstärker) so auszulegen, daß die durch den Empfänger selbst erzeugten Rauschbeiträge möglichst klein bleiben. Die Empfindlichkeit des Empfängers wird auf diesem Wege verbessert, so daß immer kleinere Nutzsignale verstärkt werden können. Man erreicht aber eine untere Grenze, wenn die vom Empfänger noch einwandfrei verstärkten Nutzsignale in die Größenordnung der von der Antenne gelieferten Rauschsignale kommen. Der sinnvoll noch verstärkbare Nutzsignal-Eingangspegel wird also durch den Rauschleistungspegel nach unten begrenzt. Diese untere Grenze ist bei Frequenzen bis ca. $500 MHz$ heute schon erreicht. D.h. in diesem Frequenzgebiet sind die vorhandenen Verstärkerelemente und Verstärkeranordnungen genügend rauscharm. Eine weitere Erhöhung der Empfänger-Empfindlichkeit würde hier keinen Gewinn bringen, weil bei diesen Frequenzen von der Antenne eine intensive Störstrahlung aus dem Weltraum aufgenommen wird. Erst bei höheren Frequenzen (im GHz-Bereich) liegen glücklicherweise günstigere Verhältnisse vor. Hier ist das Rauschen aus dem Weltall so klein, daß es sich wieder lohnt, nach Verstärkerbauelementen und Verstärkerkonzeptionen zu suchen, die noch rauscharmer sind als die herkömmlichen Verstärker. Die Ingenieurwissenschaften haben auf diesem Gebiet in den vergangenen Jahren große Fortschritte gemacht. Ergebnisse intensiver Forschung sind z.B. der Molekularverstärker (Maser), der parametrische Verstärker und auch Verstärker mit FET's.

Weil für die kleinste noch einwandfrei verstärkbare Nutzsignalleistung ihr Verhältnis zur vorhandenen Rauschleistung ausschlaggebend ist, hat man den *Rausch- oder Störabstand* definiert:

$$S_r = \frac{P_S}{P_r} \qquad\qquad (743)$$

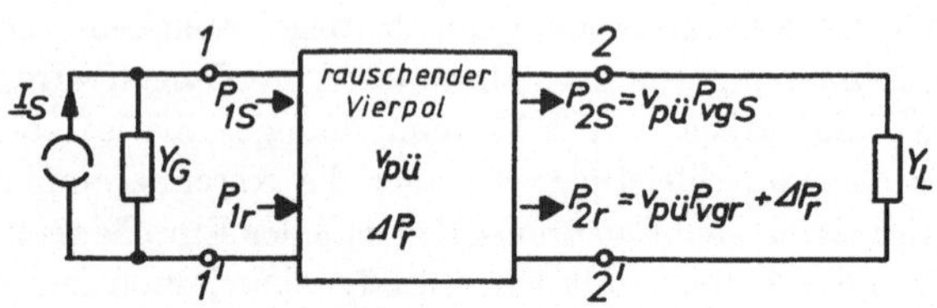

Bild 167 Verstärkervierpol zur Definition der Rauschzahl F

der meistens in dB angegeben wird.

Die Rauscharmut ist nur bei Verstärkern, die für kleine Nutzsignale (HF-Eingangsstufen) gedacht sind, von Bedeutung. Sie ist dagegen belanglos bei Großsignalverstärkern.

Bild 167 zeigt schematisch die Wechselgrößen, die in einer Verstärker-Betriebsschaltung bei Empfindlichkeitsüberlegungen zu berücksichtigen sind. Im einzelnen bedeuten die eingezeichneten Symbole:

Index: S Nutzsignal
Index: r Rauschen
$\underline{I}_S$ Signalurstrom der Quelle
Y_G Innenadmittanz der Signalquelle
P_{1S} Eingangs-Nutzsignalleistung
P_{1r} Eingangs-Rauschleistung
P_{2S} Ausgangs-Nutzsignalleistung
P_{2r} Ausgangs-Rauschleistung
ΔP_r Eigenrauschleistung des Verstärkervierpols
    auf seinen Ausgang bezogen
P_{vgS} verfügbare Nutzsignalleistung der Quelle
P_{vgr} verfügbare Rauschleistung der Quelle, Gl.(741)
$v_{pü}$ Übertragungs-Leistungsverstärkung, [2] Gl.(53)
Y_L Lastadmittanz

Die Rauschleistung, die am Ausgang 22' von der Last Y_L aufgenommen wird, setzt sich aus zwei Anteilen zusammen:

$$P_{2r} = v_{p\ddot{u}} P_{vgr} + \Delta P_r \qquad (744)$$

Der Anteil $v_{p\ddot{u}} P_{vgr}$ ist die am Ausgang auftretende verstärkte Rauschleistung der Signalquelle, hervorgerufen durch das thermische Rauschen des auf der Rausch-Bezugstemperatur $T_0 = 290K$ befindlichen Realteils der Innenadmittanz Y_G.

Der zweite Anteil ΔP_r ist die Ausgangsrauschleistung, die durch innere Rauschquellen des Verstärkers erzeugt wird.

Das Rauschen der Last Y_L bleibt unberücksichtigt, weil sie i.a. durch die Eingangsadmittanz der folgenden Stufe gegeben ist, und deren Eigenrauschen nicht mit zu dem vorhergehenden Verstärkervierpol gerechnet wird.

Damit man das Rauschverhalten eines Verstärkers beschreiben kann, braucht man ein Maß, d.h. eine Kenngröße, die sein Eigenrauschen ΔP_r kennzeichnet. Man faßt zu diesem Zweck alle verschiedenen Rauschanteile des Verstärkervierpols pauschal zusammen und charakterisiert sie durch die sog. *Rauschzahl* F. Diese Rauschkenngröße ist wie folgt definiert:

$$F = \frac{P_{2r}}{v_{p\ddot{u}} P_{vgr}} = \frac{v_{p\ddot{u}} P_{vgr} + \Delta P_r}{v_{p\ddot{u}} P_{vgr}} = 1 + \frac{\Delta P_r}{v_{p\ddot{u}} P_{vgr}} \qquad (745)$$

Die Rauschzahl F ist das Verhältnis der Gesamtrauschleistung P_{2r} am Ausgang einer Verstärkeranordnung, wenn am Eingang eine äußere Impedanz $Z_G = 1/Y_G = R_G + jX_G$ mit dem Realteil R_G angeschlossen ist zu der Rauschleistung, die am Ausgang dieser Anordnung entstehen würde, wenn

1.) die Anordnung ohne Eigenrauschen ΔP_r wäre und

2.) alles Rauschen nur durch den am Eingang angeschlossenen Widerstand R_G bei $T = T_0 = 290K$ erzeugt würde.

Der ideale (nicht realisierbare) Verstärker hat also die Rauschzahl $F = 1$. Die Rauschzahl eines realen Verstärkers hat einen umso größeren Zahlenwert, je größer sein Eigenrauschen ΔP_r ist.

Es ist üblich, die Rauschzahl in dB anzugeben; sie wird dann auch als *Rauschmaß* bezeichnet:

$$\frac{F}{dB} = 10 \lg F \tag{746}$$

Ein Verstärker bzw. Bauelement ist also umso rauscharmer, je näher sein Rauschmaß bei dem Idealwert $F = 0 dB$ liegt.

Zur Definition der Rauschzahl F werden hier bewußt die Übertragungs-Leistungsverstärkung $v_{p\ddot{u}}$, [2] Gl.(53) und die verfügbare Rauschleistung P_{vgr} der Signalquelle herangezogen, weil die Rauschzahl F keine Anpassung zwischen Signalquelle und Verstärkereingang 11' voraussetzt. Außerdem ist wegen der i.a. vorhandenen Fehlanpassung die tatsächliche Eingangs-Rauschleistung $P_{1r} \leq P_{vgr}$ selten bekannt, während die verfügbare Rauschleistung P_{vgr} des thermisch rauschenden Signalquelle- Innenwiderstandes über die Nyquist-Beziehung in Gl.(741) leicht berechnet werden kann: $P_{vgr} = kT\Delta f$.

Die Verstärkung $v_{p\ddot{u}}$ gilt sowohl für die Rausch- als auch für die Nutzsignalleistungen. Eliminiert man daher mit $v_{p\ddot{u}} = P_{2S}/P_{vgS}$ die Leistungsverstärkung in $F = P_{2r}/(v_{p\ddot{u}}P_{vgr})$, so ergibt sich wegen $P_{vgS}/P_{vgr} = P_{1S}/P_{1r}$ der leicht einprägsame Zusammenhang

$$F = \frac{\text{Rauschabstand am Eingang}}{\text{Rauschabstand am Ausgang}} = \frac{P_{1S}/P_{1r}}{P_{2S}/P_{2r}} \tag{747}$$

Die Abweichung der Rauschzahl F gegenüber ihrem Idealwert Eins

$$F_z = F - 1 = \frac{\Delta P_r}{v_{p\ddot{u}}P_{vgr}} = \frac{\Delta P_r}{v_{p\ddot{u}}kT\Delta f} \tag{748}$$

heißt *zusätzliche Rauschzahl F_z*.

Anhand der Gl.(747) ist leicht zu erkennen, daß die Rauschzahl F weder am Ein- noch am Ausgang des Verstärkervierpols Anpassung voraussetzt, denn die ein- und ausgangsseitige Fehlanpassung fällt in dem Ausdruck für F jeweils heraus, da sowohl das Rauschen als auch das Nutzsignal in ihrer Größe durch die Fehlanpassungen im gleichen Maß

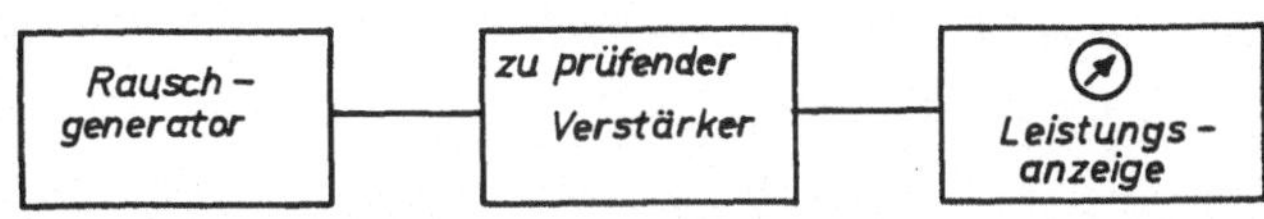

Bild 168   Blockschaltbild eines Rauschmeßplatzes

beeinflußt werden, so daß der Rauschabstand unverändert bleibt.

Messung der Rauschzahl F

In Bild 168 ist das Blockschaltbild eines Rauschmeßplatzes dargestellt.

Zur Messung werden benötigt

1.) ein *Rauschgenerator*. Dies ist ein spezieller Meßsender, der an seinen Ausgangsklemmen weißes Rauschen liefert. Für den praktischen Einsatz kommen hier im wesentlichen Hochvakuum-Dioden im Sättigungsgebiet sog. *Rauschdioden* in Betracht, [22], [23]. Mit ihnen läßt sich ein Rauschgenerator mit dem Innenwiderstand R_G aufbauen, dessen verfügbare Rauschleistung

$$P_{vr} = \frac{e I_D R_G \Delta f}{2} \tag{749}$$

durch den Dioden-Sättigungsstrom I_D d.h. mit der Heizspannung der Diode variiert und über Gl.(749) leicht berechnet werden kann. ($e = 1{,}6 \cdot 10^{-19} As$ Elementarladung; Δf Bandbreite des Meßinstrumentes in Bild 168).

2.) einen selektiven Leistungsmesser mit einstellbarer Mittenfrequenz f ($\Delta f \ll f$).

Es werden zwei Messungen durchgeführt:

In der ersten Messung wird der Rauschstrom des Rauschgenerators ausgeschaltet. Am Eingang des zu prüfenden Verstärkers liegt dann nur das thermische Rauschen des Innenwiderstandes R_G, weil in diesem Meßverfahren keine Nutzsignale erforderlich sind. Für die vom Instrument am Ausgang angezeigte Rauschleistung gilt nach den Gln.(745) und (741)

$$P_{2r} = v_{p\ddot{u}} P_{vgr} F = v_{p\ddot{u}} k T_0 \Delta f F \tag{750}$$

Bei einer zweiten Messung schaltet man den Rauschgenerator ein und stellt dann einen solchen Diodenstrom I_D ein, daß die Rauschleistung am Ausgang gerade verdoppelt wird. Wenn wir den hierfür erforderlichen Diodenstrom I_{D0} nennen, so stellt der Rauschgenerator in dieser Einstellung gemäß Gl.(749) dem Verstärkereingang die Rauschleistung $eI_{D0}R_G\Delta f/2$ zur Verfügung. Sie wird vom Meßobjekt mit $v_{p\ddot{u}}$ verstärkt und erscheint am Ausgang als zusätzliche Rauschleistung, die gleich groß ist wie die Rauschleistung P_{2r} aus der 1. Messung:

$$\frac{eI_{D0}R_G\Delta f}{2} v_{p\ddot{u}} = v_{p\ddot{u}} k T_0 \Delta f F \tag{751}$$

Von Vorteil ist, daß die Leistungsverstärkung $v_{p\ddot{u}}$ herausfällt. Sie muß also nicht separat ermittelt werden.

Aus Gl.(751) folgt für die zu messende Rauschzahl F

$$F = \frac{eI_{D0}R_G}{2kT_0} = \frac{I_{D0}R_G}{2U_T} \tag{752}$$

$U_T = kT/e$ *Temperaturspannung.* Bei $T = T_0 = 290K$ ist $U_T = 25mV$.

In der Beziehung der Gl.(751) kürzt sich auch die Meßbandbreite Δf heraus. Ihr genauer Wert ist also nicht so wichtig. Wählt man jedoch das Größenverhältnis $\Delta f \ll f$, so läßt sich die Frequenzabhängigkeit F(f) der Rauschzahl experimentell bestimmen, falls die Mittenfrequenz des selektiven Leistungsmessers variiert werden kann.

Ein auf diese Art gemessener typischer Frequenzgang der Rauschzahl F eines bestimmten HF-Transistors ist in Bild 169 aufgezeichnet.

Die Rauschzahl F eines Transistors ist frequenzabhängig. Bei niedrigen Frequenzen folgt das Rauschen dem bereits erwähnten $1/f$-Gesetz (Funkelrauschen). Durch die doppellogarithmische Darstellung des Bil-

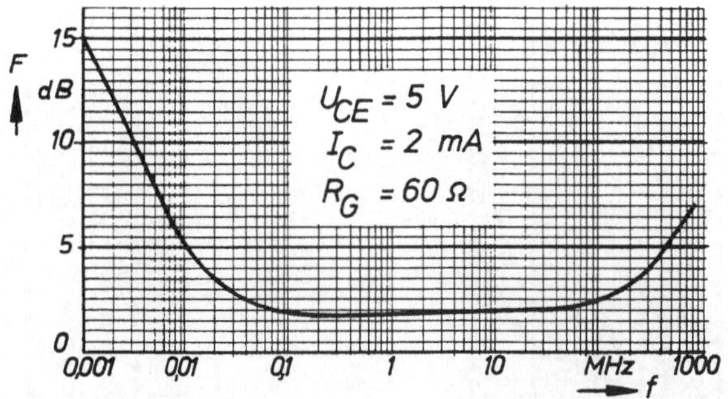

Bild 169   Frequenzgang der Rauschzahl F eines bestimmten
HF-Transistors

des 169 ergibt sich daher in diesem Frequenzbereich, der nach oben
bis einige kHz ausgedehnt ist, eine Gerade. In dem anschließenden
Frequenzgebiet ist das Rauschen praktisch frequenzunabhängig. Hier
überwiegt das weiße Rauschen des Transistors. Bei sehr hohen Frequenzen ist allerdings wieder ein Anstieg der Transistor-Rauschzahl
festzustellen. Dieses Anwachsen kann wie folgt erklärt werden: Die
verschiedenen Rauschanteile des Transistors entstehen nicht alle räum-
lich an derselben Stelle im Halbleitersystem. Von dem Eigenrauschen
ΔP_r des Transistors kann ein Teil ΔP_{r1} seinem Eingang 11' und ein
Teil ΔP_{r2} seinem Ausgang 22' zugeordnet werden. Der Anteil ΔP_{r1}
wird vom Transistor mit seiner Leistungsverstärkung v_p, [2] Gl.(83)
verstärkt, während der Anteil ΔP_{r2} unverstärkt am Ausgang auftritt:

$$\Delta P_r = \Delta P_{r1} v_p + \Delta P_{r2} \tag{753}$$

Eliminiert man hiermit in Gl.(745) die Größe ΔP_r, so ergibt sich mit
$v_p/(v_{pü} P_{vgr}) = 1/P_{1r}$ die Rauschzahl zu

$$F = 1 + \frac{\Delta P_{r1}}{P_{1r}} + \frac{\Delta P_{r2}}{P_{1r} v_p} \tag{754}$$

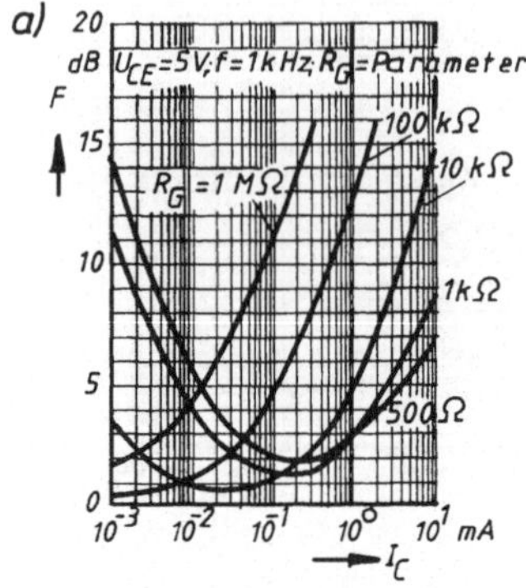

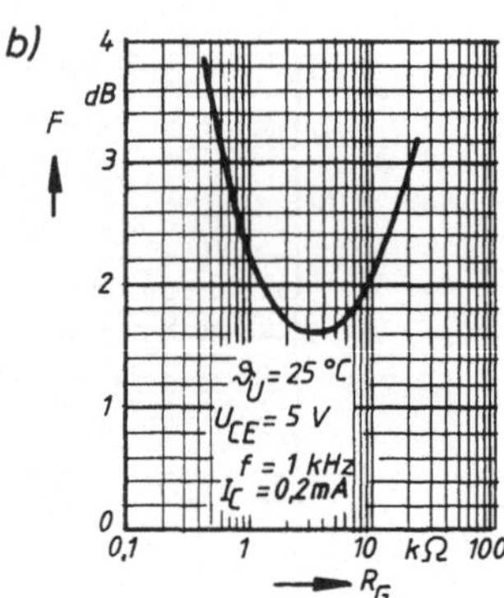

Bild 170 Rauschmaß F eines Transistors (Beispiel) als Funktion
  a) des Stromes I_C
  b) des Generatorinnenwiderstandes R_G

Der Anteil ΔP_{r1} geht also unabhängig von der Leistungsverstärkung in die Rauschzahl F ein, während der Anteil ΔP_{r2} mit zunehmender Frequenz immer mehr die Rauschzahl F anwachsen läßt, weil die Leistungsverstärkung v_p des Transistors mit steigender Frequenz abnimmt, [2] Bild 49.

Das Transistorrauschen ist außer von der Frequenz auch noch vom Arbeitspunkt abhängig. Bild 170a) zeigt die Abhängigkeit der Rauschzahl für einen bestimmten Transistor bei verschiedenen Kollektorströmen. Es existiert ein ausgeprägtes Minimum, dessen Lage und Größe von dem Innenwiderstand R_G des Steuergenerators abhängt. Die starke Abhängigkeit der Rauschzahl F vom Generatorinnenwiderstand R_G ist für einen bestimmten Transistortyp in Bild 170b) gesondert angegeben. Dieser Innenwiderstand ist entweder durch den Rauschgenerator oder durch eine Signalquelle festgelegt. Man erhält also eine günstige minimale Rauschzahl F_{opt} für einen Verstärker mit der Eingangsimpedanz $Z_E = R_E + jX_E$, wenn man dem Realteil R_G des Generatorinnenwiderstandes $Z_G = R_G + jX_G$ einen bestimmten von der Frequenz und vom Arbeitspunkt abhängigen Wert R_{Gopt} gibt. Der Imaginärteil X_G wird hierbei wie bei der Leistungsanpassung gewählt, $X_G = -X_E$. Diese Einstellung wird *Rauschanpassung* genannt. In den meisten Fällen ist der für die Rauschanpassung erforderliche Widerstand R_{Gopt} nicht identisch mit dem Wert $R_G = R_E$ für Leistungsanpassung. Die Leistungsanpassung führt daher i.a. nicht zu Minimalwerten der Rauschzahl.

Bei HF-Verstärkern, die mit einem Eingangsresonanzkreis ausgerüstet sind, kann durch eine passende geringe Verstimmung des Eingangskreises gegen seine Resonanzfrequenz die Rauschzahl des Verstärkers noch verkleinert werden. Diese günstige Einstellung des Imaginärteils der Admittanz der Eingangsschaltung geschieht unter Einschluß der Signalquelle und wird *Rauschabstimmung* genannt.

Ein absolutes Minimum F_{min} der Rauschzahl, das unter dem Wert F_{opt} der Rauschanpassung liegt, ergibt sich, wenn zunächst die Rauschabstimmung eingestellt und anschließend noch eine Rauschanpassung vorgenommen wird.

Für die interessierenden Anwendungsfälle geben die Hersteller die Rauschzahlen in den Transistor-Datenblättern an, Bild 170. Zu einer brauchbaren Angabe der Rauschzahl F gehört stets die Größe der Frequenz f und des Generatorinnenwiderstandes R_G sowie die Lage des Arbeitspunktes $(I_C; U_{CE})$.

Man bekommt heute HF-Transistoren angeboten, bei denen das weiße Rauschen bis zu einigen $100MHz$ reicht und deren Rauschmaß unter $1\ldots3dB$ liegt. Es gibt auch Mikrowellen-Transistoren, die z.B. bei $4GHz$ eine Rauschzahl von $4,2dB$ aufweisen. Besonders rauscharm sind die FET's. Mit ihnen erreicht man heute Rauschzahlen von z.B. $1dB$ bei $100MHz$.

Rauschzahl mehrstufiger Verstärker

Im folgenden berechnen wir die Rauschzahl F_{ges} einer Kettenschaltung von zwei Vierpolen aus den Rauschzahlen F_I und F_{II} der beiden Vierpole. Die Rauschzahl F_I hängt von dem Innenwiderstand Z_S der Signalquelle ab, und die Rauschzahl F_{II} hängt ab von der Ausgangsimpedanz Z_A, die der 1. Vierpol aufweist, wenn er eingangsseitig mit Z_S abgeschlossen ist. Zur separaten Messung der Rauschzahl F_I muß also der Rauschgenerator einen Innenwiderstand von der Größe $Z_G = Z_S$ ha-

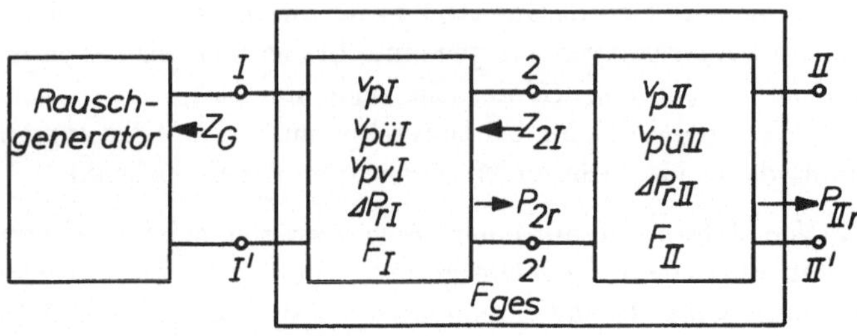

Bild 171   Zur Berechnung der Rauschzahl F_{ges}

ben. Nach den Gln.(745) und (741) gilt dann mit den Bezeichnungen aus Bild 171

$$F_I = \frac{P_{2r}}{v_{püI}kT\Delta f} \tag{755}$$

Zur separaten Messung der Rauschzahl F_{II} muß der 2. Vierpol aus der Kettenschaltung herausgenommen und an einen Rauschgenerator mit dem Innenwiderstand $Z_G = Z_A$ angeschlossen werden. (Die verschiedenen Innenwiderstände Z_G kann man durch Zwischenschalten von geeigneten Transformationsgliedern erreichen, [26] S.133). Nach den Gln.(745) und (741) gilt jetzt mit den Bezeichnungen aus Bild 171

$$F_{II} = 1 + \frac{\Delta P_{rII}}{v_{püII}kT\Delta f} \tag{756}$$

Zur Messung der Rauschzahl F_{ges} des Gesamtverstärkers wird dieser, wie in Bild 171 angegeben, an einen Rauschgenerator mit dem Innenwiderstand $Z_G = Z_S$ angeschlossen. Entsprechend den Gln.(745) und (741) gilt mit den Bezeichnungen aus Bild 171

$$F_{ges} = \frac{P_{IIr}}{v_{püges}kT\Delta f} \tag{757}$$

Mit den Definitionen, [2] Gln.(41), (53) und (61)

$$v_p = \frac{P_2}{P_1}; \quad v_{p\ddot{u}} = \frac{P_2}{P_{vg}}; \quad v_{pv} = \frac{P_{vout}}{P_{vg}}$$

läßt sich für die Kettenschaltung in Bild 171 z.B. anhand der Signalleistungen die Beziehung

$$v_{p\ddot{u}ges} = v_{p\ddot{u}I}v_{pII} = v_{pvI}v_{p\ddot{u}II} \tag{758}$$

leicht herleiten.

Bei der Messung von F_{ges} ist entsprechend Bild 171

$$P_{IIr} = P_{2r}v_{pII} + \Delta P_{rII} \tag{759}$$

Setzen wir die Ergebnisse aus den Gln.(758) und (759) in die Gl.(757) ein, so ist

$$F_{ges} = \frac{P_{2r}v_{pII} + \Delta P_{rII}}{v_{pvI}v_{p\ddot{u}II}kT\Delta f} = \frac{v_{p\ddot{u}I}P_{2r}v_{pII} + v_{p\ddot{u}I}\Delta P_{rII}}{v_{p\ddot{u}I}v_{pvI}v_{p\ddot{u}II}kT\Delta f} \tag{760}$$

Jetzt benützen wir erneut die Gl.(758) und erhalten

$$F_{ges} = \frac{v_{pvI}v_{p\ddot{u}II}P_{2r} + v_{p\ddot{u}I}\Delta P_{rII}}{v_{p\ddot{u}I}v_{pvI}v_{p\ddot{u}II}kT\Delta f} \tag{761}$$

bzw. gekürzt den Ausdruck

$$F_{ges} = \frac{P_{2r}}{v_{p\ddot{u}I}kT\Delta f} + \frac{1}{v_{pvI}} \cdot \frac{\Delta P_{rII}}{v_{p\ddot{u}II}kT\Delta f} \tag{762}$$

Durch den Vergleich mit den Gln.(755) und (756) finden wir schließlich den Zusammenhang

$$F_{ges} = F_I + \frac{F_{II} - 1}{v_{pvI}} \tag{763}$$

Die Rauschzahlen der Einzelstufen addieren sich also nicht.

Es geht lediglich die Rauschzahl F_I der ersten Stufe voll ein, diese ist also besonders rauschwirksam. Die Rauschzahl F_{II} der 2. Stufe geht umso weniger ein, je größer die verfügbare Leistungsverstärkung v_{pvI}, [2] Gl.(61) der 1. Stufe ist. Im Normalfall ist v_{pvI} so groß, daß der Beitrag der 2. Stufe bereits vernachlässigt werden kann.

Man beachte: Wenn auch v_{pvI} die verfügbare Leistungsverstärkung ist, so braucht doch für die Gültigkeit der Gl.(763) an keiner Stelle der Kette in Bild 171 eine Leistungsanpassung vorzuliegen.

Durch Erweitern der vorgeführten Rechnung auf n hintereinander geschaltete Verstärker erhält man die Rauschzahl

$$F_{ges} = F_I + \frac{F_{II} - 1}{v_{pvI}} + \frac{F_{III} - 1}{v_{pvI} v_{pvII}} + \frac{F_{IV} - 1}{v_{pvI} v_{pvII} v_{pvIII}} + \ldots \tag{764}$$

Sind die einzelnen Stufen nicht gleich, so ergibt sich die kleinste Rauschzahl F_{ges}, wenn die n Stufen im Sinne wachsender Rauschzahl aufeinander folgen.

Beispiel 88:

Ein bestimmter UKW-Tuner-Modul für HiFi-Stereoempfänger hat bei $f = 100MHz$ ein Rauschmaß $F = 5,44dB$. Wie groß muß die Nutzsignalleistung P_{1S} am Tuner-Eingang mindestens sein, daß bei einer Tuner-Bandbreite von $b = 1,5MHz$ an seinem Ausgang der für sehr gute Musikwiedergabequalität geforderte Störabstand von $S_{r2} = 60dB$ besteht?

Lösung:

$10 \lg S_{r2} = 60$. Daraus folgt $S_{r2} \overset{(743)}{=} P_{2S}/P_{2r} = 10^6$. Weiter ist $F \overset{(747)}{=} (P_{1S}/P_{1r})/S_{r2}$. Mit $P_{1r} \overset{(741)}{=} kT_0 b$ ergibt sich die Forderung

$$P_{1S} = kT_0 b F S_{r2} \tag{765}$$

Hier ist $F \overset{(746)}{=} 3,5$ und damit gilt für die erforderliche Eingangsleistung $P_{1S} \geq 21nW$.

In dieser Berechnung ist das zusätzliche Rauschen, das die Antenne einfängt nicht berücksichtigt, sondern nur das thermische Rauschen ihres Strahlungswiderstandes. Oberhalb etwa $100MHz$ ist dies zulässig, weil hier die Rauschzahl der heutigen Empfänger-Eingangsschaltungen die entscheidende Rolle spielt. Unterhalb $100MHz$ ist das Antennenrauschen größer als es dem thermischen Rauschen ihres Strahlungswiderstandes entspricht, weil die Antenne hier von außen Rauschsignale aufnimmt. Diese erhöhte Rauschleistung wird formal durch die sog. *Antennentemperatur* T_A berücksichtigt, [22], [23], [29].

Beispiel 89:

Wie groß ist der Rauschabstand am Ausgang eines Verstärkers für $f = 350MHz$ mit $F = 2$, wenn am Eingang eine Nutzsignalleistung von $P_{1S} = 8 \cdot 10^{-15}W$ empfangen wird und der Verstärker eine Bandbreite von $b = 10kHz$ hat?

Lösung:

Aus Gl.(765) folgt direkt $S_{r2} = P_{1S}/(kT_0bF) = 100 \overset{\wedge}{=} 20dB$.

Beispiel 90:

Im UHF-Gebiet des Fernsehens (z.B. $f = 600MHz$) ist das zusätzliche Rauschen, das die Antenne einfängt, praktisch zu vernachlässigen. Sie liefert hier nur das thermische Rauschen ihres Strahlungswiderstandes R_S. Um einen rauschfreien Bildeindruck zu bekommen, muß der Störabstand $40dB$ betragen. Wie groß muß der Effektivwert u_{1eff} der erforderlichen Mindesteingangsspannung sein, wenn ein UHF-Tuner mit einem Eingangswiderstand $r_1 = 240\Omega$ und einer Bandbreite $b = 5MHz$ sowie einem Rauschmaß $F = 7,5dB$ verwendet werden soll?

Lösung:

Mit $P_{1S} = u_{1eff}^2/r_1$ folgt sofort aus Gl.(765) die Beziehung

$$u_{1eff} = \sqrt{kT_0bFS_{r2}r_1} \tag{766}$$

Aus $10\lg F = 7,5$ folgt $F = 5,62$, so daß mit $S_{r2} = 10^4$ hier $u_{1eff} \geq 0,5mV$ gefordert werden muß.

Literaturverzeichnis

[1] Kirschbaum, H.D.: Transistorverstärker. Band 1
     Technische Grundlagen. Teubner Stuttgart, 4.Auflage 1989
[2] Kirschbaum, H.D.: Transistorverstärker. Band 2
     Schaltungstechnik Teil 1. Teubner Stuttgart, 3.Auflage 1985
[3] Filipkowski, A.: Transistorverstärker für hohe Frequenzen.
     Dt. Übersetzung v. K.Lunze. Verlag Technik, VEB, Berlin 1966
[4] Shea, R.F.: Transistortechnik. 2.Auflage. Berliner Union 1962
[5] Schubert, J.: Röhre und Transistor als Vierpol
     (Telefunken-Fachb.) 2.Auflage. Franzis-Verlag 1970
[6] Siemens-Datenbuch
[7] Hetterscheid, W.Th.H.: Selektive Transistorverstärker.
     Band I Grundlagen. Philips Techn. Bibliothek 1965
[8] Hetterscheid, W.Th.H.: Selektive Transistorverstärker.
     Band II Entwicklung und Konstruktion. 1971
[9] Shea, R.F.: Amplifier handbook. Mc Graw-Hill, New York 1966
[10] Siemens: Bauelemente. Technische Erläuterungen und
     Kenndaten für Studierende. 3.Auflage 1981
[11] Feldtkeller, R.: Einführung in die Theorie der Hoch-
     frequenz-Bandfilter. Hirzel-Verlag Stgt., 6.Auflage 1969
[12] Meinke, H./Gundlach,F.W.: Taschenbuch der Hochfrequenz-
     technik. Springer-Verlag, 3.Auflage 1968; 4.Auflage 1986
[13] Weitzsch, F.: Einige theoretische Untersuchungen ...
     in transistorbestückten ZF-Verstärkern bei Verwendung
     von Bandfiltern. Nachr.Techn.Fachber. 18(1960) S.A-23
     bis A-37 oder Valvo-Berichte V(1959), H.3, S.98-112
[14] Gerdsen, P.: Großsignalaussteuerung eines bipolaren
     Transistors mit Stromflußwinkeln $\Theta < 180°$.
     elektronik-industrie 3(1976) S.30-32 und 4(1976) S.76-79
[15] Valvo-Fachbuch: Transistor-Kompendium III.
     Niederfrequenz-Verstärker. Hamburg 1970
[16] Telefunken-Laborbuch, Band 4, 3.Auflage 1970
[17] Oberg, H.J.: Berechnung nichtlinearer Schaltungen.
     Teubner Stuttgart 1973

[18] Koch, H.: Transistorsender. Entwurf, Berechnung und Bau.
     Franzis-Verlag 1969
[19] Wüstehube, J.: Feldeffekt-Transistoren. Valvo-Fachbuch 1968
[20] Gad, H.: Feldeffektelektronik. Teubner Stuttgart 1976
[21] Texas Instruments: Das FET-Kochbuch. München 1977
[22] Bittel, H./Storm, L.: Rauschen. Springer 1971
[23] Henne, W.: Rauschkenngrößen der Antennen, HF- und NF-
     Verstärker. R.Oldenbourg München 1972
[24] Telefunken-Laborbuch: Band 3, 4.Auflage 1968
[25] Herter/Röcker: Nachrichtentechnik. Hanser Verlag 1976;
     5.Auflage 1990
[26] Sarkowski, H.(Hrsg.): Dimensionierung von Halbleiter-
     Schaltungen. Lexika-Verlag Grafenau-Döffingen 1974;
     4.Auflage 1991
[27] Kovacs, F.: Hochfrequenzanwendungen von Halbleiter-
     Bauelementen. Franzis-Verlag München 1977
[28] Jansen, J.H.: Transistor-Handbuch. Franzis 1980
[29] Connor, F.R.: Rauschen: Zufallssignale, Rauschmessung,
     Systemvergleich. Dt. Übersetzung v. H.Früchting. Vieweg 1986

Die Seitenangaben bei Literaturbezügen im Buchtext beziehen sich stets auf die erstgenannte Auflage.

Formelzeichen

Die Formelzeichen aus [1] und [2] werden - mit wenigen Ausnahmen -
konsequent weiter benutzt und hier nicht erneut aufgeführt.

a	Aussteuerungsfaktor und gelegentlich Abkürzungsgröße
b'	normierte Bandbreite
d	Dämpfung
F	Rauschzahl und Abkürzungsgröße in Gl.(571)
f_0	Bandmittenfrequenz
Δf	Frequenzabweichung; Meßbandbreite
I_{DSS}	Drain-Source-Kurzschlußstrom
k	Kopplungsfaktor; Klirrfaktor; Boltzmann'sche Konstante
k/d	normierte Kopplung
N,n	Windungszahlen; Anzahl der Filter
P_L	abgegebene Wirkleistung
$P_\ominus$	Gleichleistung der Batterie ohne Aussteuerung
$\tilde{P}_\ominus$	Gleichleistung der Batterie mit Aussteuerung
P_{tot}	Transistorverlustleistung ohne Aussteuerung
$\tilde{P}_{tot}$	Transistorverlustleistung mit Aussteuerung
P_{1S}	Eingangs-Nutzsignalleistung
P_{1r}	Eingangs-Rauschleistung
P_{2S}	Ausgangs-Nutzsignalleistung
P_{2r}	Ausgangs-Rauschleistung
ΔP_r	Eigenrauschleistung des Verstärkervierpols
P_{vgS}	verfügbare Nutzsignalleistung der Quelle
P_{vgr}	verfügbare Rauschleistung der Quelle, Gl.(741)
P_r	Rauschleistung
Q_0	Leerlaufgüte
Q_B	Betriebsgüte
q	Güteverhältnis, Gl.(554)
R_{gr}	Grenzwiderstand
S	Selektivität
s	Stabilitätsfaktor
S_r	Rauschabstand
T_0	Rausch-Bezugstemperatur
U_S	Schleusenspannung

u_r Rauschspannung
ü Übersetzungsverhältnis
v Verstimmung; Verstärkung
η Wirkungsgrad
Θ Stromflußwinkel
ρ Abkürzung [2] Gl.(88)
σ Abkürzung [2] Gl.(87)
ϕ_A Verluste infolge Fehlanpassung
ϕ_K Einfügungsverluste
Ω normierte Verstimmung; Einheit Ohm
ω_0 Resonanzfrequenz; Bandmittenfrequenz

Indizes

b, B Bulk
d, D Drain
g, G Gate
h obere Bandgrenze
m Vollaussteuerung
N Neutralisation
r Rauschen
s, S Source
t untere Bandgrenze
0 Bandmitte; Leerlauf in [1]; NF-Wert in [2]

$\sim$ proportional
$\overline{I}, \overline{u}$ zeitlicher Mittelwert